国家级线下一流本科课程配套实验教材

大学物理信息化教学丛书

大学物理实验

姚文俊 主编

中南民族大学教材建设项目资助

科学出版社

北京

内 容 简 介

全书共 4 章，按先基础后综合方式编排，目的是逐步提高学生的实验技能. 第 1 章阐述测量误差和数据处理的基本知识，目的是让学生掌握“不确定度”的数据处理方法；第 2 章为基础技能训练实验，对每个实验目的和原理、实验仪器的使用、实验内容与步骤给出详细介绍，并给出完整的数据记录表格、具体的数据处理和误差分析方法，以便学生在数据处理时参考；第 3 章和第 4 章分别为提高性实验和综合及设计性实验，目的是使学生在初步掌握基础实验技能的基础上，通过自设实验项目，自拟数据测量表格，独立分析实验数据，解决实验数据误差过大等问题，来提高实验能力和创新能力.

本书可供理(非物理学)工类专业的大学生使用，也可为从事物理教学的大学、中学老师提供参考.

图书在版编目(CIP)数据

大学物理实验 / 姚文俊主编. —北京：科学出版社，2022.8
(大学物理信息化教学丛书)
国家级线下一流本科课程配套实验教材
ISBN 978-7-03-072863-0

Ⅰ. ①大…　Ⅱ. ①姚…　Ⅲ. ①物理学-实验-高等学校-教材
Ⅳ. ①O4-33

中国版本图书馆 CIP 数据核字(2022)第 144315 号

责任编辑：吉正霞 / 责任校对：高　嵘
责任印制：赵　博 / 封面设计：无极书装

科学出版社 出版
北京东黄城根北街 16 号
邮政编码：100717
http://www.sciencep.com
固安县铭成印刷有限公司印刷
科学出版社发行　各地新华书店经销
*
开本：787×1092　1/16
2022 年 8 月第　一　版　印张：16
2024 年 3 月第二次印刷　字数：403 000

定价：55.00 元

(如有印装质量问题，我社负责调换)

《大学物理实验》编委会

主　编： 姚文俊

副主编： 沈　健

编　委：（以姓氏汉语拼音为序）

曹振洲　程衍富　戴同庆　冯又层

雷洁梅　李成德　潘林峰　邱学军

王皓宁　肖　凯　谢金翠　熊青玲

前　　言 >>>

物理实验是高等学校理工科学生必修的一门重要基础实验课程. 本书根据教育部《高等工业学校物理实验课程教学基本要求修定征求意见稿》和《普通高等学校教材管理办法》(教材〔2019〕3 号), 以编者多年的教学经验并吸取目前高等学校物理实验的一些新实验、新思想, 结合本校实验教学改革的实际情况编写.

物理实验作为科学实验的基础实验, 其研究方法、观察和分析手段、各种仪器设备已被广泛地应用在自然科学和工程技术的各个领域. 因此, 作为基础实验课, 它既能让学生通过实验学习到科学实验的基础知识, 又能让学生在实验方法的考虑、测量仪器的选择、实验误差的分析中受到训练, 并为学生后续实验打下基础.

考虑到条件所限, 学生很难按循序渐进的方式进行实验训练, 结合大学物理理论课的教学实际, 本书按两个大循环对实验进行编排. 第一循环为基础性实验, 着重进行基本测量工具、基本测量方法和数据处理训练; 第二循环为提高性及综合性实验. 在第一个循环中, 每个实验的原理描述都十分完整, 仪器的介绍比较翔实、清楚, 实验步骤尽可能详细, 并给出完整的数据记录表格和具体的数据处理及误差分析方法, 以便学生在第一次实验时得到良好的训练. 第二个循环的编写就较为简略, 目的是使学生在初步掌握基础实验技能的基础上, 通过自设实验项目, 自拟数据测量表格, 独立分析实验数据, 解决实验数据误差过大等问题, 来提高实验能力和创新能力. 同时每个实验前都有简单的引言, 作为实验知识的补充, 实验后都留有思考题供学生分析和讨论实验后的得失.

基于以上考虑, 本书分为 4 章, 按先基础后综合方式编排. 第 1 章阐述了测量误差和数据处理的基本知识, 目的是让学生掌握“不确定度”的数据处理方法; 第 2 章为基础技能训练实验, 对每个实验目的和原理、实验仪器的使用、实验内容与步骤给出了详细介绍, 并给出了完整的数据记录表格和具体的数据处理及误差分析方法, 以便学生在数据处理时进行参考; 第 3 章和第 4 章分别为提高性实验和综合及设计性实验, 目的是提高学生的实验能力和培训学生的创新能力.

实验课程的建设是一项集体事业, 需要从事实验教学的老师长期不懈地努力工作, 不断优化实验内容, 积累实践经验和技能, 完善讲义. 本书是集体智慧的结晶, 是本校所有物理实验教学工作人员辛勤工作的结果!

姚文俊担任本书主编，组织教材的编写，并修改全部书稿. 参与本书编写的人员有：戴同庆(第 2.7、3.5、3.11、3.13 节)、潘林峰（第 2.5、3.12 节)、谢金翠（第 4.7 节)、熊青玲（第 3.3 节)、李成德（第 3.4 节)、沈健（第 3.7、4.2 节)、冯又层（第 4.8 节)、曹振洲（第 4.1、4.3 节)、邱学军（第 2.4 节)、肖凯（第 2.6 节)、雷洁梅（第 3.10 节)、王皓宁（第 4.6 节)，程衍富和姚文俊一起完成本书的其他章节编写。本书在编写过程中，实验中心的技术人员给予了很大的支持，同时，编者也参阅了其他院校的大学物理实验教材，在此一并致谢！

由于编者水平和教学经验有限，书中难免存在不足之处，希望读者加以指正，以便本书在改版时进一步完善.

编 者

2021 年 12 月

目　　录 >>>

绪　论 >>>

物理学是研究物质的基本结构、相互作用和物质最基本、最普遍的运动形式及其规律的学科. 物理学按研究方法可分为理论物理和实验物理两大分支. 理论物理是从一系列基本原理出发, 经过数学的推演得出结果, 并将结果与观测和实验相比较, 从而达到理解现象、预测未知的目的. 实验物理是以观测和实验为手段来发现新的物理规律, 验证理论结论, 同时也为理论物理提供新的研究课题. 因此, 物理实验是研究自然规律的最基本的手段, 是物理理论的源泉.

物理学从本质上说是一门实验科学. 历史表明, 在物理学的建立和发展过程中, 物理实验一直起着重要的作用, 并且在今后探索和开拓新的科技领域时, 物理实验仍然是强有力的工具. 在高等理工院校, 物理实验课是学生进入大学后受到系统实验方法和实验技能训练的开端, 是理工类专业对学生实验训练的重要基础, 是大学生学习或从事科学实验的起步. 因此, 教育部把物理实验列为理工院校培养大学生进行科学实验基本训练的一门独立的、重要的必修课程. 所以, 学好物理实验对于高等理工院校的学生来说是十分重要的.

一、物理实验课的任务

根据教育部颁发的《高等工业学校物理实验课程教学基本要求修定征求意见稿》的规定, 物理实验课的具体任务如下.

(1) 通过对物理实验现象的观察、分析及对物理量的测量, 学习物理实验知识, 加深对物理学原理的理解.

(2) 培养与提高学生的科学实验能力, 其中包括:

①能够自行阅读实验教材和资料, 做好实验前的准备;

②能够借助教材或仪器说明书正确使用常用仪器;

③能够运用物理学理论对实验现象进行初步分析判断;

④能够正确记录和处理实验数据, 绘制曲线, 说明实验结果, 撰写合格的实验报告;

⑤能够完成简单的设计性实验.

(3) 培养与提高学生的科学实验素养. 要求学生具有理论联系实际和实事求是的科学作风, 严肃认真的工作态度, 主动研究的探索精神和遵守纪律、爱护公共财产的优良品德.

笔记栏

笔记栏

二、物理实验课的主要教学环节

为达到物理实验课的目的，学生应重视物理实验教学的三个重要环节.

1. 实验预习

课前要仔细阅读实验教材或有关的资料，基本弄懂实验所用的原理和方法，并学会从中整理出主要实验条件、实验关键及实验注意事项，根据实验任务画好数据表格. 有些实验还要求学生课前自拟实验方案，自己设计电路图或光路图，自拟数据表格等. 因此，课前预习的好坏是实验中能否取得主动的关键.

2. 实验操作

学生进入实验室后应遵守实验室规则，像一个科学工作者那样要求自己. 井井有条地布置仪器，安全操作，注意细心观察实验现象，认真钻研和探索实验中的问题. 不要期望实验工作会一帆风顺，在遇到问题时，应看成是学习的良机，冷静地分析和处理它. 仪器发生故障时，也要在教师的指导下学习排除故障的方法. 总之，要将着重点放在实验能力的培养上，而不是测出几个数据就以为完成了任务. 对实验数据要严肃对待，要用钢笔或圆珠笔记录原始数据. 如确实记错了，也不要涂改，应轻轻画上一道，在旁边写上正确值(错误多的，需重新记录)，使正误数据都能清晰可辨，以供在分析测量结果和计算误差时参考. 不要用铅笔记录原始数据，自己留有涂抹的余地，也不要先草记在另外的纸上再誊写到数据表格里，这样容易出错，况且，这已不是原始记录. 希望同学们注意纠正自己的不良习惯，从开始就应该养成良好的科学作风. 实验结束时，将实验数据交教师审阅签字，整理还原仪器后方可离开实验室.

3. 实验总结

实验后要对数据及时进行处理. 如果原始记录删改较多，应加以整理，对重要的数据要重新列表. 数据处理过程包括计算、作图、误差分析等. 计算要有计算式，代入的数据都要有依据，便于别人看懂，也便于自己检查. 作图按作图规则，图线要规矩、美观. 数据处理后应给出实验结果. 最后要撰写出一份简洁、明了、工整、有见解的实验报告. 这是每个学生必须具备的报告工作成果的能力.

实验报告内容包括：

(1) 实验名称，实验项目或实验选题.

(2) 实验目的，实验所希望得到的结果和希望实现的目标.

(3) 实验原理，简要叙述有关物理内容(包括电路图、光路图或实验装置示意图)及测量中依据的主要公式，式中各量的物理含义及单位、公式成立应满足的实验条件等.

(4)实验步骤，写下主要实验步骤．设计性实验的步骤应详细写明，还要注明注意事项．

(5)数据表格与数据处理，记录中要有仪器编号、规格及完整的实验数据．要完成数据计算、曲线图绘制及误差分析．最后写明实验结果．

(6)分析与讨论，对实验进行合理的评价．可以是实验中现象的分析，对实验关键性问题的研究体会，实验的收获和建议，也可解答思考题．

三、实验室规则

(1)学生进入实验室需带上记录实验数据的表格，课前应完成指定的预习内容，经教师检查同意方可进行实验．

(2)遵守课堂纪律，保持安静的实验环境．

(3)使用电源时，务必经过教师检查线路后才能接通电源．

(4)爱护仪器．进入实验室不能擅自搬弄仪器，实验中严格按仪器说明书操作，如有损坏，照章赔偿．公用工具用完后应立即归还原处．

(5)做完实验后学生应将仪器整理还原，将桌面和凳子收拾整齐．经教师审查测量数据和仪器还原情况并签字后，方可以离开实验室．

(6)实验报告应在实验后两周内交给实验指导教师．

笔记栏

第 1 章 >>>
测量误差和数据处理的基本知识

在物理实验中，需要对物理量进行测量. 实验仪器的灵敏度或分辨率的限制、测量方法的不完善等因素，使得测量结果与真实值之间总有一定差异. 因此在实验中除了获得必要的测量数据，还必须对测量结果进行评价. 对测量结果精确程度的评价涉及面非常广泛，包括对测量误差的分析估算和对实验数据的处理，它是完整的科学实验的一个重要方面. 在物理实验课中，将对有关知识作初步介绍，并将通过具体实验进行最基本的训练.

1.1 测量与误差

物理实验是以测量为基础的. 实践表明，测量结果都存在误差，误差自始至终存在于一切科学实验和测量的过程中. 任何测量仪器、测量方法、测量环境、测量者的观察力等都不能做到严密，这就使测量不可避免地伴随着误差的产生. 因此，分析测量中可能产生的各种误差，尽可能消除其影响，并对测量结果中可能的误差做出估计，就是物理实验和许多科学实验中必不可少的工作. 为此必须了解误差的概念、特性、产生的原因和估计方法等有关知识.

笔记栏

1.1.1 常用误差概念

1. 绝对误差 δ

被测物理量的客观大小称为真值，记为 μ_0. 用实验手段测量出来的值为测量结果，也即测量值，记为 x_i. 测量结果减去被测量的真值叫测量误差，简称误差，记为 δ，即

$$\delta = x_i - \mu_0 \tag{1.1.1}$$

真值是理想概念，一般是不可知的. 为了求得测量误差，通常用约定真值(近似的相对真值)代替真值. 在实际运用中，对单次测量可直接将测量结果当成约定真值，对多次测量将其算术平均值当成约定真值. 式(1.1.1)表示的误差是与测量值同量纲的，故又称为绝

笔记栏

对误差. 绝对误差可以用来比较不同仪器测量同一被测物理量的测量准确度的高低.

2. *相对误差 E*

测量的绝对误差与真值之比称为测量的相对误差. 一般用百分比来表示

$$E = \frac{\delta}{\mu_0} \times 100\% \tag{1.1.2}$$

相对误差 E 可以用来比较不同被测物理量测量准确度的高低, 或者说用相对误差能确切地反映测量的效果. 被测量的量值大小不同, 允许的误差也应有所不同. 被测量的量值越小, 允许测量的绝对误差也应越小.

3. *偏差 Δx_i*

在多次测量中, 测量列内任意一个测量值 x_i 与测量列的算术平均值 $\overline{x}$ 的差称为偏差, 即

$$\Delta x_i = x_i - \overline{x} \tag{1.1.3}$$

式中: $\overline{x} = \frac{1}{n}\sum_{i=1}^{n} x_i$. 偏差可正可负, 可大可小.

4. *标准误差 σ*

在同一条件下, 若对某物理量 x 进行 n 次等精度、独立的测量, 则测量列中单次测量的标准误差 σ 为

$$\sigma = \lim_{n\to\infty}\sqrt{\frac{\sum_{i=1}^{n}(x_i - \mu)^2}{n}} \tag{1.1.4}$$

式中: μ 相应于测量次数 $n\to\infty$时测量的平均值. 式(1.1.4)是对这一组测量数据可靠性的估计, 标准误差小, 说明这一组测量的重复性好, 精密度高.

5. *标准偏差 S_x*

在有限的 n 次测量中, 单次测量的标准偏差 S_x 为

$$S_x = \sqrt{\frac{\sum_{i=1}^{n}(x_i - \overline{x})^2}{n-1}} \tag{1.1.5}$$

这个公式又称为**贝塞尔公式**. 它表示测量的随机误差, 标准偏差小就表示测量值很密集, 即测量的精密度高; 标准偏差大就表示测量值很分散, 即测量的精密度低.

6. *平均值的标准偏差 $S_{\overline{x}}$*

在进行有限的 n 次测量中, 可得一最佳值 $\overline{x}$. $\overline{x}$ 也是一个随机变量,

笔记栏

它随 n 的增减而变化，显然它比单次测量值可靠. 可证明平均值的标准偏差 $S_{\bar{x}}$ 与一列测量中单次测量的标准偏差 S_x 满足如下关系:

$$S_{\bar{x}} = \frac{S_x}{\sqrt{n}} = \sqrt{\frac{\sum_{i=1}^{n}(x_i - \bar{x})^2}{n(n-1)}} \tag{1.1.6}$$

7. 仪器误差限 $\Delta_{仪}$

任何测量过程都存在测量误差，其中包括仪器误差. 仪器误差限或最大允许误差是指在正确使用仪器的条件下，测量结果和被测量值的真值之间可能产生的最大误差，用 $\Delta_{仪}$ 表示. 对照国际标准及我国制定的相应的计算器具检定标准和规定，考虑物理实验教学的要求，下面做简略的介绍或约定.

在长度测量类中，最基本的测量工具是直尺、游标卡尺、螺旋测微器. 在基础物理实验中，除具体实验另有说明外(如游标卡尺、螺旋测微器)，我们约定: **这些测长度的工具仪器误差限按其最小分度值的一半估算**.

在质量测量类中，主要工具是天平. 天平的测量误差应包括示值变动性误差、分度值误差和砝码误差等. 单杠杆天平按精度分为十级，砝码的精度分为五等，一定精度级别的天平要配用等级相当的砝码. 在简单实验中，我们约定: **取天平的最小分度值作为仪器误差限**.

在时间测量类中，停表是物理实验中常用的计时仪表. 在本课程中，对较短时间的测量，我们约定: **取停表的最小分度值作为仪器误差限**. 对石英电子秒表，其最大偏差 $\leqslant \pm(5.8\times10^{-6}t + 0.01)\text{s}$，其中 t 是时间的测量值.

在温度测量类中，常用的测量仪器包括水银温度计、热电偶和电阻温度计等. 在本课程中，我们约定: **水银温度计仪器误差限按其最小分度值的一半估算**.

在电学测量类中，电学仪器按国家标准大多是根据准确度大小划分其等级，其基本误差限可通过准确度等级的有关公式给出.

对电磁仪表，如指针式电流、电压表

$$\Delta_{仪} = \alpha\% \cdot A_{\mathrm{m}} \tag{1.1.7}$$

式中: A_{m} 是 α 以百分数表示的准确度等级，电表精度分别为 5.0, 2.5, 1.5, 1.0, 0.5, 0.2, 0.1 七个级别.

对直流电阻器(包括标准电阻、电阻箱)，准确度等级分为 0.0005, 0.001, 0.002, 0.005, 0.01, 0.02, 0.05, 0.1, 0.2, 0.5 等级别. 实验室使用的电阻箱，其优点是阻值可调，但接触电阻的变化要比固定的标准电阻大. 一般按不同度盘分别给出准确度级别，同时给出残余电阻值(刻度盘开关取零时，连接点的电阻). 仪器误差限按不同度盘允许误差限之和加上残余电阻来估算，即

笔记栏

$$\Delta_{仪} = \sum_i \alpha_i\% \cdot R_i + R_0 \tag{1.1.8}$$

式中: R_0是残余电阻; R_i是第 i 个度盘的示值; α_i是相应电阻的准确度级别. 对于 ZX21 型 0.1 级电阻箱, 我们约定 $R_0 = 0.005(N+1)\Omega$, 式中 N 是实际所用十进制电阻盘的个数, 并且刻度盘的准确度等级都取为 0.1, 则其允许误差限为

$$\Delta_{仪} = \alpha_i\% \cdot R + R_0 = 0.1\% \cdot R + 0.005(N+1) \tag{1.1.9}$$

式中: R 是刻度盘电阻值之和. 考虑残余电阻 R_0 很小, 可以舍去, 因此直接取

$$\Delta_{仪} = \alpha_i\% \cdot R \tag{1.1.10}$$

仪器的标准误差用 $\Delta_{仪}$ 表示, 它与误差分布有关.

1.1.2　测量误差的分类

测量中的误差主要分为两种类型, 即系统误差和随机误差. 它们的性质不同, 需分别处理.

1. 系统误差

系统误差是指在重复性条件下, 对同一被测量进行无限多次测量所得结果的平均值与被测量的真值之差. 系统误差按其来源可分为仪器误差、调整误差、环境误差、理论误差、人员误差等. 系统误差按其规律又可分为恒定的系统误差、线性误差、周期性系统误差等.

由于系统误差服从确定性规律, 在相同条件下, 这一规律可重复地表现出来, 原则上可用函数的解析式、曲线或图表来对它进行描述. 系统误差虽有确定的规律, 但这一规律并不一定确知. 按照对其测量误差的符号和大小可以确定和不能确定, 可将系统误差分为已知的系统误差(已定系统误差)和未知的系统误差(未定系统误差). 已定系统误差可通过修正的方法从测量结果中消除; 未定系统误差一般只能估计出它的限值或分布范围, 它与后述不确定度 B 类分量有大致的对应关系.

2. 随机误差

测量结果与在重复性条件下, 对同一被测量进行无限多次测量所得结果的平均值之差即为随机误差. 随机误差是以不可预知的方式变化的测量误差. 在少量测量数据中, 它的取值不具有规律性, 但在大量的测量数据中表现出统计规律, 要用统计理论给予解释.

3. 系统误差与随机误差的关系

系统误差和随机误差虽是两个截然不同的概念, 但在任何一次测量中, 误差既不会是单纯的系统误差, 也不会是单纯的随机误差, 而是两者兼而有之, 并且两种误差之间没有严格的分界线. 在实际测量中有

许多误差是无法准确判断其从属性的，并且在一定的条件下，随机误差的一部分可转化为系统误差.

1.1.3 精密度、准确度、精确度

1. 精密度

精密度表示测量数据集中的程度. 它反映随机误差的大小，与系统误差无关. 测量精密度高，则数据集中，随机误差小.

2. 准确度

准确度表示测量值与真值符合的程度. 它反映系统误差的大小，与随机误差无关. 测量准确度高，则平均值对真值的偏离小，系统误差小.

3. 精确度

精确度是对测量数据的精密度与准确度的综合评定. 它反映随机误差和系统误差合成的大小，即综合误差的大小. 测量的精确度高，说明测量数据不仅比较集中而且接近真值.

下面用打靶时子弹着弹点的分布图说明上述三个名词的含义. 在图 1.1.1 中(a)表示精密度高而准确度低；(b)表示准确度高而精密度低；(c)表示精密度和准确度都高，即精确度高.

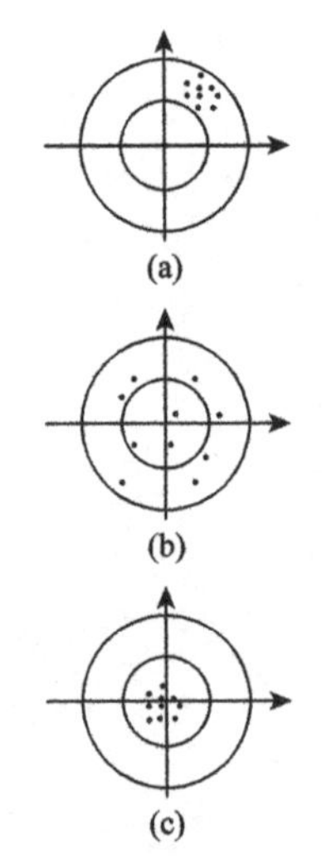

图 1.1.1 子弹着弹点的分布图

等精度测量是指在测量条件相同的情况下进行的一系列测量. 例如，由同一人在相同的环境下，在同一仪器上用同样的测量方法，对同一被测物理量进行多次测量，每次测量的可靠性相同，这种测量就是等精度测量. 在对同一物理量进行多次测量中，若改变测量条件，则测量结果的精确度会不相同，称为不等精度测量. 实验一般都采用等精度测量. 本书也只介绍等精度测量的数据处理方法.

1.1.4 误差分布

在测量过程中，由于误差的来源不同，它们所服从的规律也不相同. 常见的随机误差分布有：二项式分布、正态分布、双截尾正态分布、泊松分布、χ^2分布、F分布、t分布、均匀分布等. 下面介绍两种典型的分布.

1. 正态分布

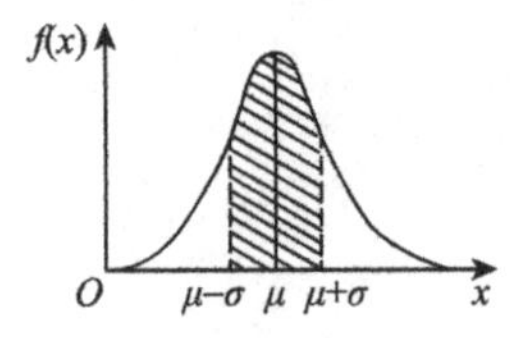

图 1.1.2 标准的正态分布曲线图

在等精度测量中，大多数情况下的测量值及其随机误差都服从正态分布. 正态分布又叫高斯分布，标准的正态分布曲线如图 1.1.2 所示，它满足如下的概率密度分布函数：

$$f(x)=\frac{1}{\sigma\sqrt{2\pi}}\exp\left[-\frac{(x-\mu)^2}{2\sigma^2}\right] \tag{1.1.11}$$

式中：x为测量值；σ为测量值的标准偏差；μ表示当测量次数无限多时的算术平均值(真值的最佳估计值)，即

$$\mu=\lim_{n\to\infty}\frac{\sum_{i=1}^{n}x_i}{n},\quad \sigma=\lim_{n\to\infty}\sqrt{\frac{\sum_{i=1}^{n}(x_i-\mu)^2}{n}} \tag{1.1.12}$$

从曲线可以看出被测量值在 $x=\mu$ 处的概率密度最大, 曲线峰值处的横坐标相应于测量次数 $n\to\infty$时被测量的平均值 μ. 横坐标上任一点到μ值的距离$(x-\mu)$即为与测量值x相应的随机误差分量. 随机误差小的概率大, 随机误差大的概率小. σ 为曲线上拐点处的横坐标与 μ 值之差, 它是表征测量值分散性的重要参数, 称为正态分布的标准偏差. 这条曲线是概率分布曲线, 当曲线和 x 轴之间的总面积定为 1 时, 其中介于横坐标上任何两点的某一部分面积可用来表示随机误差在相应范围内的概率. 如图 1.1.2 中阴影部分 $\mu-\sigma$ 到 $\mu+\sigma$ 之间的面积就是随机误差在$\pm\sigma$ 范围内的概率(又称置信概率), 即测量值落在$(\mu-\sigma,\ \mu+\sigma)$区间中的概率, 由定积分可计算出其值为$P=68.3\%$. 如将区间扩大到$-2\sigma$到$+2\sigma$, 则 x 落在$(\mu-2\sigma,\mu+2\sigma)$区间中的概率就提高到 95.4%; x 落在$(\mu-3\sigma,\mu+3\sigma)$区间中的概率为 99.7%.

从分布曲线还可以看出: ①在多次测量时, 正负随机误差常可以大致相消, 因而用多次测量的算术平均值表示测量结果可以减小误差的影响; ②测量值的分散程度直接体现随机误差的大小, 测量值越分散, 测量的随机误差就越大. 因此, 必须对测量的随机误差作出估计才能表示出测量的精密度.

2. 均匀分布

测量误差服从均匀分布是指在测量值的某一范围内, 测量结果取任一可能值的概率相等; 或在某一误差范围内, 各误差值出现的概率相等. 服从均匀分布的误差的概率密度函数为

$$f(\delta)=\frac{1}{2\Delta_{仪}} \tag{1.1.13}$$

分布曲线如图 1.1.3 所示, 在$[-\Delta_{仪},\ +\Delta_{仪}]$各误差值出现的概率相同, 区间外出现的概率为 0.

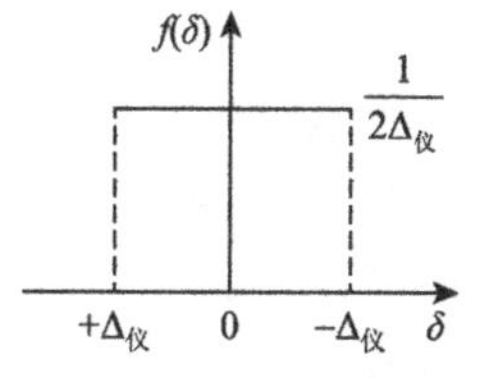

图 1.1.3 均匀分布曲线图

均匀分布的平均值、标准误差、标准偏差及平均值的标准偏差的计算方法与正态分布相同.

随机误差服从均匀分布的例子有: 由仪表分辨力限制所产生的示值误差, 因为在分辨力范围内的所有测量参数值出现的概率相同; 对于数字式仪表, 由最小计量单位限制引起的误差(截尾误差); 在对测量数据的处理中, 修约引起的误差; 指示仪表调零不准所产生的误差; 数学用表的数据位数限制所产生的误差等.

1.2 不确定度和测量结果的表示

根据国际标准化组织起草，7 个国际组织联合发布的《测量不确定

 笔记栏

度表示指南》的精神和《国际计量局实验不确定度的规定建议书 INC—1 (1980)》，实验测量的不确定度表示方法被广泛用于对各类测量结果的评价. 因此，大学物理实验的测量结果也应该用不确定度来表示.

1.2.1 不确定度

1. 不确定度的定义

测量不确定度是指由于测量误差的存在而对被测量值不能确定的程度，它是测量质量的表述，表征合理地赋予被测量之值的分散性，与测量结果相联系的参数. 它不同于测量误差，测量误差是被测量的真值与测量值之差，而不确定度则是误差可能数值(或数值可能范围)的测度.

在物理实验中进行着大量的测量，测量结果的质量如何，要用不确定度来说明. 在相同置信概率的条件下，不确定度越小，其测量质量越高，使用价值也越高；反之，不确定度越大，其测量质量越低，使用价值也越低.

2. 不确定度的分类

测量不确定度的大小表征测量结果的可信程度. 按其数值的来源和评定方法，不确定度可分为统计不确定度和非统计不确定度两类分量.

1) A 类不确定度分量 U_A

由观测列的统计分析评定的不确定度，也称统计不确定度，它的分量用符号 U_A 表示. 在实际测量时，一般只能进行有限次测量，这时测量误差不完全服从正态分布规律，而是服从 t 分布(又称学生分布)的规律. 这种情况下，对测量误差的估计，就要在贝塞尔公式(1.1.5)的基础上再乘以一个因子. 在相同条件下对同一被测量作 n 次测量，若只计算不确定度 U 的 A 类分量 U_A，则它等于测量值的标准偏差 S_x 乘以因子 $t_p/\sqrt{n}$，即

$$U_A = \frac{t_p}{\sqrt{n}} S_x \tag{1.2.1}$$

式中：t_p 是与测量次数 n、置信概率 P 有关的量. 概率 P 及测量次数 n 确定后，t_p 也就确定了，因子 t_p 的值可以从专门的数据表中查得. 当 $P=0.95$ 时，$t_p/\sqrt{n}$ 的部分数据可以从表 1.2.1 中查得.

表 1.2.1 $t_p/\sqrt{n}$ 的部分数据

数据	测量次数 n								
	2	3	4	5	6	7	8	9	10
$t_p/\sqrt{n}$ 因子的值	8.98	2.48	1.59	1.24	1.05	0.93	0.84	0.77	0.72

笔记栏

大学物理实验测量次数 n 一般小于 10. 从表 1.2.1 知，当 $5<n\leqslant10$ 时，因子 $t_p/\sqrt{n}$ 近似取为 1，误差并不很大. 这时式(1.2.1)可简化为

$$U_A = S_x \tag{1.2.2}$$

有关的计算还表明，当 $5<n\leqslant10$ 时，作 $U_A=S_x$ 近似，置信概率近似为 0.95 或更大. 所以可以这样简化：**直接把 S_x 的值当做测量结果的 A 类不确定度分量 U_A**. 当然，测量次数 n 不在上述范围或要求误差估计比较精确时，要从有关数据表中查出相应的因子 $t_p/\sqrt{n}$ 的值.

2) B 类不确定度分量

B 类不确定度分量 U_B 是指由非统计方法估计出的不确定度. 它主要由仪器误差引起，与仪器的误差限有关. 实验室常用仪器的误差或误差限值，是生产厂家参照国家标准规定的计量仪表、器具的准确度等级或允许误差范围给出，或由实验室结合具体测量方法和条件简化而约定的. B 类不确定度分量表示为

$$U_B = k_P \frac{\Delta_{仪}}{C} \tag{1.2.3}$$

式中：k_P 为一定置信概率下相应分布的置信因子；C 为相应的置信系数. C 值因误差分布不同而异. 对于正态分布 $C=3$；对于均匀分布 $C=\sqrt{3}$. 置信概率为 0.68 时，$k_P=1$；置信概率为 0.95 时，$k_P=1.96$；置信概率为 0.99 时，$k_P=3$. **在物理实验中，一般取置信概率为 0.95，因此从简约和实用出发，统一规定取 $C=\sqrt{3}$，$k_P=1.96$. 则**

$$U_B = \frac{1.96}{\sqrt{3}}\Delta_{仪} \approx \Delta_{仪} \tag{1.2.4}$$

3. 不确定度的合成

置信概率为 0.68 时的不确定度为标准不确定度，其他置信概率对应的不确定度称为扩展不确定度，也称总不确定度. 不确定度 U 包含两类分量 U_A 和 U_B，因此扩展不确定度应由这两类分量合成，满足如下公式：

$$U = \sqrt{U_A^2 + U_B^2} \tag{1.2.5}$$

由式(1.2.1)和式(1.2.4)得

$$U = \sqrt{U_A^2 + U_B^2} = \sqrt{\left(\frac{t_p}{\sqrt{n}}S_x\right)^2 + (\Delta_{仪})^2} \tag{1.2.6}$$

当测量次数 n 符合 $5<n\leqslant10$ 条件时，式(1.2.6)可简化为

$$U = \sqrt{S_x^2 + \Delta_{仪}^2} \tag{1.2.7}$$

式(1.2.7)是今后实验中估算不确定度经常要用的公式，请同学们认真记.

笔记栏

1.2.2 测量结果的评价

1. 测量结果的表达形式

完整的测量结果应给出被测量的量值 x_0(多次测量时用 x)，同时还要标出测量的不确定度 U 和单位. 写成

$$x = x_0 \pm U(\mathrm{SI}) \tag{1.2.8}$$

它表示测量的真值在区间$(x_0 - U, x_0 + U)$的可能性很大，或者说该区间以一定的置信概率包含真值.

2. 直接测量结果的评价

在相同条件下对被测量作多次直接测量时，其随机误差用式(1.1.5)来计算，原则上应该用式(1.2.7)来计算总不确定度. 若因 $S_x < \frac{1}{3}U_B$，或因估计出的U_A对实验最后结果的影响甚小，则可简单地用U_B表示总不确定度 U. 对于单次测量，不确定度 A 类分量虽然存在，但不能用式(1.1.5)来表示，它的值比$\Delta_{仪}$小很多. 因此，不考虑A类分量，只考虑B类分量. 当实验中只要求测量一次时，U 取 U_B 的值并不说明只测一次比测多次时 U的值小，只说明用 U_B 和用 $\sqrt{U_A^2+U_B^2}$ 估算出的结果相差不大，或者说明整个实验中对该被测量 U 的估算要求能够放宽或必须放宽. 测量次数 n 增加时，用式(1.2.7)估算出的 U 虽然一般变化不大，但真值落在 $x_0 \pm U$ 范围内的概率却更接近 100%. 这说明 n 增加时真值所处的量值范围实际上更小，因此测量结果更准确了.

例 1.2.1 用游标卡尺测长度.

一般为单次测量，因此不计 U_A，而游标卡尺的仪器误差限是其最小分度值(对 50 分度的游标卡尺$\Delta_{仪} = 0.02$ mm)，误差服从均匀分布，在置信概率为 0.95 的条件下，有

$$U = U_B = U_{仪} = 0.02\ \mathrm{mm}$$

例 1.2.2 用毫米尺测长度.

用毫米尺测量时，其误差主要来源于尺刻度的不准和读数不准. 取 $\Delta_{仪} = 0.5$ mm，则

$$U_B = \Delta_{仪} = 0.5\ \mathrm{mm}$$

例 1.2.3 用天平测物体的质量.

用天平测质量时，天平的最小分度值(若为 0.05 g)作为仪器误差限 $\Delta_{仪}$，则

$$U_B = \Delta_{仪} = 0.05\ \mathrm{g}$$

例 1.2.4 时间的测量.

用秒表测量时间时，不确定度由操作误差和秒表本身的误差构成. 对于后者，若取$\Delta_{仪} = 0.1$ s，则

$$U_B = \Delta_{仪} = 0.1\ \text{s}$$

用光电计时器(毫秒计)测量时，其误差服从均匀分布，仪器误差限 $\Delta_{仪} = 0.001\ \text{s}$，则

$$U_B = U_{仪} = 0.001\ \text{s}$$

例 1.2.5 用安培表测电流.

磁电式仪表的测量误差主要是由电表结构上的缺陷造成的，其测量误差取决于电表的准确度等级 α 和使用的量程 A_m. 其误差分布较复杂，对于单次测量不考虑 U_A，则 $U = \Delta_{仪} = A_m \times \alpha\%$. 例如，电路中电流值约为 2.5 A 时，分别用量程为 3 A 和 30 A、准确度等级均为 0.5 级的电流表进行测量，则电表不准对应的不确定度分别为

$$U = 3 \times 0.5\% = 0.015\,(\text{A})$$
$$U' = 30 \times 0.5\% = 0.15\,(\text{A})$$

由此可知，量程越大不确定度越高，不确定度与待测量值的大小无关，不随电表的示值而变. 正因为如此，在实验中选择电表时，不仅要考虑电表的准确度等级，还要考虑量程的大小. 测量时，一般应使示值接近量程的 2/3.

3. 间接测量结果的评价

间接测量是指被测量不是直接测得，而是通过被测量与直接测量值之间的函数关系间接获得. 这样一来，直接测量结果的不确定度就必然影响到间接测量结果，这种影响的大小由相应的数学式计算出来.

设间接测量所用的数学式可以表述为如下的函数形式:

$$\varphi = F(x, y, z, \cdots)$$

式中: φ 是间接测量结果; $x, y, z, \cdots$ 是直接测量结果，它们是互相独立的量. 设 $x, y, z, \cdots$ 的不确定度分别为 $U_x, U_y, U_z, \cdots$，它们必然影响测量结果，使 φ 值也有相应的不确定度 U_φ. 由于不确定度都是微小的量，相当于数学中的“增量”，所以间接测量的不确定度的计算公式与数学中的全微分公式基本相同. 不同之处是: ①要用不确定度 U_x 等替代微分 dx 等; ②要考虑到不确定度合成的统计性质，一般是用“方、和、根”的方式进行.

$$U_\varphi = \sqrt{\left(\frac{\partial F}{\partial x}\right)^2 (U_x)^2 + \left(\frac{\partial F}{\partial y}\right)^2 (U_y)^2 + \left(\frac{\partial F}{\partial z}\right)^2 (U_z)^2 + \cdots} \quad (1.2.9)$$

$$\frac{U_\varphi}{\varphi} = \sqrt{\left(\frac{\partial \ln F}{\partial x}\right)^2 (U_x)^2 + \left(\frac{\partial \ln F}{\partial y}\right)^2 (U_y)^2 + \left(\frac{\partial \ln F}{\partial z}\right)^2 (U_z)^2 + \cdots} \quad (1.2.10)$$

式(1.2.9)和式(1.2.10)称为间接测量不确定度的传播公式. 式(1.2.9)适用于 φ 是和差形式的函数，式(1.2.10)适用于 φ 是积商形式的函数. 实际使用时要注意各直接测量值的不确定度应有相同的置信概率，并且一般只取一位有效数字. 表 1.2.2 给出一些常用函数的不确定度传播公式.

笔记栏

表 1.2.2 常用函数的不确定度传播公式

函数形式	不确定度传播公式
$\varphi = x \pm y$	$U_\varphi = \sqrt{U_x^2 + U_y^2}$
$\varphi = x \cdot y$ 或 $\varphi = x/y$	$U_\varphi / \varphi = \sqrt{(U_x / x)^2 + (U_y / y)^2}$
$\varphi = ax$（a 为常数）	$U_\varphi = aU_x$
$\varphi = (x^l \cdot y^m)/z^n$	$U_\varphi / \varphi = \sqrt{l^2 (U_x / x)^2 + m^2 (U_y / y)^2 + n^2 (U_z / z)^2}$
$\varphi = \sin x$	$U_\varphi = \lvert \cos x \rvert U_x$
$\varphi = \ln x$	$U_\varphi = U_x / x$

例 1.2.6 已知金属环的外径 $D_2 =$（2.400±0.004）cm，内径 $D_1 =$（1.200±0.004）cm，高 $h =$（2.850±0.004）cm，求环的体积 V 及其不确定度 U_V .

解 环的体积为

$$V = \frac{\pi}{4}(D_2^2 - D_1^2)h = \frac{\pi}{4} \times (2.400^2 - 1.200^2) \times 2.850 \text{ cm}^3 \approx 9.670 \text{ cm}^3$$

环体积的对数及其偏导数为

$$\ln V = \ln\frac{\pi}{4} + \ln(D_2^2 - D_1^2) + \ln h$$

$$\frac{\partial \ln V}{\partial D_2} = \frac{2D_2}{D_2^2 - D_1^2}, \quad \frac{\partial \ln V}{\partial D_1} = \frac{2D_1}{D_2^2 - D_1^2}, \quad \frac{\partial \ln V}{\partial h} = \frac{1}{h}$$

代入积商形式的合成式(1.2.10)，则有

$$\begin{aligned} \frac{U_V}{V} &= \sqrt{\left(\frac{2D_2}{D_2^2 - D_1^2}\right)^2 (U_{D_2})^2 + \left(\frac{2D_1}{D_2^2 - D_1^2}\right)^2 (U_{D_1})^2 + \left(\frac{1}{h}\right)^2 (U_h)^2} \\ &= \sqrt{\left(\frac{2 \times 2.400 \times 0.004}{2.400^2 - 1.200^2}\right)^2 + \left(\frac{2 \times 1.200 \times 0.004}{2.400^2 - 1.200^2}\right)^2 + \left(\frac{1 \times 0.004}{2.850}\right)^2} \\ &\approx (26.55 \times 10^{-6})^{1/2} \approx 0.005\,2 \end{aligned}$$

$$U_V = 0.005\,2V = 0.005\,2 \times 9.670 \text{ cm}^3 \approx 0.05 \text{ cm}^3$$

因此环体积为

$$V = (9.67 \pm 0.05) \text{ cm}^3$$

1.3 数据处理的基本知识

数据处理是实验的重要组成部分，它贯穿于物理实验的始终，与实验操作、误差分析及结果评定形成一个有机的整体. 因此，提高数据处理的能力，掌握基本数据处理方法，对提高实验能力至关重要.

笔记栏

1.3.1　有效数字及其运算

1. 有效数字的概念

在实验中我们所测得的被测量都是含有误差的数值，对这些数值的尾数不能任意取舍，否则影响测量的精确度. 所以在记录数据、计算以及书写测量结果时，应写出几位数字，有严格的要求，要根据测量误差或实验结果的不确定度来确定.

例如，用最小分度为 1 mm 的钢尺测量某物体的长度，正确的读法是除了确切地读出钢尺上该刻线的位数，还应估计一位数字，即读到 0.1 mm 量级. 比如，测出某物的长度是 12.4 mm，这表明 12 是确切数字，而最后的 4 是估计的，是不可靠的，是存疑数字. 一般来说，**有效数字是由准确数字和存疑数字组成**. 测量数据中的存疑数字一般只取一位(特殊情况下也可取两位，这是由测量结果的不确定度来确定的).

实验测量数值和纯数学上的数值是有区别的. 数学上的数字是不考虑有效数字的，如数学上 12.3 = 12.30，而在测量中，12.3 与 12.30 是有差别的，前者是三位有效数字，后者是四位有效数字，它反映了测量的不同精度.

有效数字与测量条件密切相关，它的位数由测量条件和待测量的大小共同决定. 一定大小的量，测量精度越高，有效数字位数越多；而测量条件一定时，被测量越大，有效数字位数越多.

写有效数字要注意以下的要点.

(1) 测量时，一般必须在仪器的最小分度内再估读一位，若读数正好与某刻度对齐，则应该在相应估读位上记为“0”. 但也有例外，如用最小分度为 0.02 mm 的游标卡尺测长度时，只读到 0.02 mm；又如分度值为 5 μA 的电表，当表指针指在 1.3 格处时，读成 1.0 μA 或 1.5 μA 都是可行的. **当被测量过于粗糙时甚至不应读到分度值所在位**.

(2) 有效数字的位数与小数点位置无关，单位的 SI 词头改变时，有效数字的位数不应发生变化. 例如，重力加速度 980 cm/s^2，在保持有效数字不变而改变 SI 词头时可记为 9.80 m/s^2，若记为 9.8 m/s^2，则是不同的，前者是三位有效数字，后者是两位有效数字. 若写为 0.00980 km/s^2，则有效数字位数仍为三位. 数值前表示小数点定位所用的“0”不是有效数字，有效数字应从非“0”的第一个数字算起，而数值后面的“0”则是有效数字，不能去掉.

(3) 为表示方便，特别是对较大或较小的数值，常用 $\times 10^{\pm n}$ 的形式(n 为一正整数)书写，这样可避免有效数字写错，也便于识别和记忆，这种表示方法叫科学记数法. 用这种方法记数时，在小数点前只写一位数字.

笔记栏

2. 有效数字的修约规则(四舍五入规则)

(1)测量数据中打算舍弃的最左一位数字小于5时则舍去，欲保留的各位数字不变. 例如，数据3.1448取三位有效数字时为3.14.

(2)测量数据中打算舍弃的数字的最左一位数字大于5(或等于5而其后跟有非全部为0的数字时)，则应进一，即保留数字的末位加1. 如3.146 500 1 取两位有效数字时为 3.1，取三位有效数字时为 3.15，取四位有效数字时为3.147.

(3)测量数据中打算舍去的最左一位数字为 5，而它后面无数字或全部为0时，若所保留数字的末位为奇数则进一，为偶数或0则舍弃. 如数据 3.1050 取三位有效数字为 3.10，数据 3.15 取两位有效数字则为3.2.

(4)负数修约时，先将它的绝对值按上述(1)(2)(3)规定进行修约，然后在修约值前加上负号.

以上对有效数字的修约规则可以归纳为一句话: **四舍、大于五入、缝五凑偶**.

对仪器误差限、标准差及不确定度的最后结果，在去掉多余位时，一般只入不舍. 如计算不确定度时计算数据为0.0316，取一位有效数字时为0.04.

3. 测量结果不确定度及有效数字位数的取法

测量值或数据处理结果的有效数字中含有可疑数字，可疑数字的数位是与测量结果的不确定度有关的. 确定最后结果的有效位数的一般原则是: **一次直接测量结果的有效数字由仪器的误差限决定的不确定度来确定；多次直接测量结果(算术平均值)的有效数字，或间接测量结果的有效数字由计算出来的不确定度来确定**. 总之，一般要由不确定度来决定有效数字的位数.

对于给出的不确定度或计算出来的不确定数据，因为它本身就是一个估计数，**所以一般情况下只取一位**. 在一些精密测量和重要测量中，不确定度可取两位. 测量结果数据的最末一位取到与不确定度末位同一量级，或说**测量结果数值的最后一位与不确定度的最后一位对齐**. 如间接测量结果为 4.295 8 m，不确定度为 0.005 m，则间接测量结果取为4.296 m，最后结果表示为(4.296±0.005) m.

4. 有效数字的运算

由于测量误差的存在，直接测得的数据只能是近似数，通过此近似数求得的间接测量值也是近似数. 几个近似数的运算可能会增大误差. 为了不因计算而引起误差，同时为了使运算更简洁，下面对有效数字的运算作如下规定.

(1)加减运算. 先找出各数中的存疑数最靠前的，即绝对误差最大

笔记栏

的一个，以此数的最后一位数的位置为标准，对其他数进行取舍，但在运算过程中可多保留一位.

例 1.3.1　计算 $N = A + B + C, A = 472.33, B = 0.754, C = 1234$.

解　存疑数最靠前的是 C，其可疑位在个位上，则对其他数取舍为 $A = 472.3, B = 0.8$，然后相加为 $N = 472.3 + 0.8 + 1234 = 1707$.

(2) 乘除运算. 先找出参与运算的有效数位最少的数据，以它的有效数字位数为标准，简化参与运算的其余各数的有效数字，一般比标准多保留一位，常数应多保留两位. 运算结果的有效数字位数一般与作标准的数据位数相同.

例 1.3.2　计算 $93.52 \div 12$; $80.5 \times 0.0014 \times 3.0832 \div 764.9$.

解　$93.5 \div 12 = 7.8$; $80.5 \times 0.0014 \times 3.08 \div 765 = 4.5 \times 10^{-4}$.

用计算器计算时，可采取“抓两头放中间”的方法，即注重原始测量数据的读数及最后计算结果的有效数字的确定，运算过程中的数和中间结果都可适当多保留几位有效数字.

(3) 其他运算. 乘方、开方的有效数字与原数的有效数字位数相同. 以 e 为底的自然对数，计算结果的小数点后面的位数与原数的有效数字位数相同，如 $\ln 56.7 = 4.038$（结果的小数点后取三位）. 以 10 为底的常用对数，计算结果的有效数字位数比 $\ln x$ 的结果多取一位.

指数（包括 10^x、e^x）函数运算后的有效数字的位数可取比指数的小数点后的位数多一位，如 $e^{9.24} = 1.03 \times 10^4$（指数上的小数点后有两位，计算结果的有效数字为三位）.

对三角函数，一般角度的不确定度分别为 $1'$, $10''$, $1''$，有效数字位数分别取四、五、六位.

对参与运算的一些特殊的准确数或常数，如倍数 2、测量次数 n，常数 π、e 等，2、n 没有可疑成分，不受有效数字运算规则限制；π、e 等常数的有效数字位数可任意取，一般与被测量的有效数字位数相同.

1.3.2　处理实验数据的几种方法

1. *列表法*

列表法是将实验数据中的自变量和因变量的各个数据按一定的格式、秩序排列起来. 有时也将一个物理量的多次测量值排列成表格.

列表可以简单明了地表示出有关物理量之间的对应关系，便于随时检查测量数据，及时发现问题和分析处理问题；并且可以找出有关量之间的规律. 列表还可以提高处理数据的效率，减少或避免错误. 列表时要遵循下列原则.

(1) 简单明了，分类清楚，便于看出数据间的关系，便于归纳处理.

(2) 在表格上方写上表格名称，在表内标题栏中注明物理量名称和单位，不要把单位写在数字后.

(3) 数据应正确反映测量结果的有效数字.

笔记栏

(4) 记录数据必须实事求是，切忌伪造或随意修改. 不要用铅笔记录实验数据.

2. 作图法

实验所揭示的物理量之间的关系，可以用函数关系式来表示，也可用几何图线来直观地表示. 作图法就是在坐标纸上描绘出一系列数据间的对应关系，再寻找与图线对应的函数形式，通过图解方法确定函数表达式——经验公式. 作图法是科学实验中最常用的一种数据处理方法.

为了使图线能清楚地、定量地反映出物理现象的变化规律，并能准确地从图线上确定物理量值的关系，所作的图应符合准确度要求，并要遵循一定的规则.

(1) 坐标纸的选择. 一般用方格坐标纸，坐标纸的大小根据实验数据的有效数位和数值范围来确定.

(2) 选坐标轴. 一般以自变量为横坐标，因变量为纵坐标. 用粗实线在坐标纸上描出坐标轴，在轴上注明物理量名称、符号、单位，并按顺序标出标尺整分格上的量值. 这些量值一般应是一系列正整数及其 10^n 倍，而不要标注实验点的测量数据.

(3) 选择合适的坐标分度值. 坐标分度值的选取应符合测量值的准确度，即应能反映测量值的有效数字位数. 一般以 1 小格(或 2 小格)对应于测量仪表的仪器误差或坐标轴代表的物理量的不确定度. 对应比例的选择应便于读数. 最小坐标值不必都从零开始，以使作出的图线大体能充满全图，布局美观、合理.

(4) 描点和连线. 用铅笔把对应的数据标在图纸上. 描点时用 +、×、⊙、Δ 等较明显的符号标出，同一曲线上的点要用同种符号. 连线时应尽量使图线紧贴所有的实验点，但不应强求曲线通过每一个实验点而成为折线(仪表的校正曲线不在此列)，即使连线成为光滑的曲线且使图线两侧的所有实验点与图线的距离都最为接近且分布大体均匀. 曲线正穿过实验点时，可以在点处断开. 若将图线延伸到实验数据范围之外，一般依趋势用虚线描出.

(5) 写明图线特征. 有必要时，可利用图上的空白位置注明实验条件和从图线上得出的某些参数，如截距、斜率、极大值、拐点和渐近线等.

(6) 写图名. 在图的正下方写出图线的名称，在空白处写出比例以及某些必要的说明，要使图线尽可能全面反映实验的情况.

3. 实验数据的直线拟合

虽然作图法在数据处理中是一个很便利的方法，但在图线的绘制上往往会引入附加误差，尤其是在根据图线确定常数时，这种误差有时

笔记栏

很明显. 为了克服这一缺点，人们在数理统计中研究了直线拟合问题(或称为一元线性回归问题)，常用一种以最小二乘法为基础的实验数据处理方法. 由于某些曲线可以通过数学变换改写为直线，如对指数型函数 $y = ae^{-bx}$ 取对数得 $\ln y = \ln a - bx$，这样 $\ln y$ 与 x 的函数就变成了直线型了，因此，这一方法也适用于某些曲线型的规律.

设某一实验中，测得一组数据 x_i, y_i $(i = 1, 2, \cdots, n)$. 假定每个测量值都是等精度的，且对 x_i 值的测量误差很小，而主要误差都出现在 y_i 的测量上. 从上述 (x_i, y_i) 中任取两组实验数据就可得出一条满足 $y = a' + b'x$ 的直线，那么这条直线的误差可能很大. 直线拟合的任务是从这些数据中求出一个误差最小的最佳经验公式 $y = a + bx$. 按这一最佳经验公式作出的图线虽然不一定能通过每一个实验点，但是它以最接近这些点的方式平滑地穿过它们. 显然，对应于每一个 x_i 值，观测值 y_i 和最佳经验公式的 y 值之间存在一偏差 δ_{y_i}，称之为观测值 y_i 的偏差，即

$$\delta_{y_i} = y_i - y = y_i - (a + bx_i) \quad (i = 1, 2, \cdots, n)$$

最小二乘法的原理是：如果各观测值 y_i 的误差互相独立且服从同一正态分布，当 y_i 的偏差的平方和为最小时，得到最佳经验公式. 根据这一原理可求出 a 和 b.

设 S 表示 δ_{y_i} 的平方和，它应满足

$$S = \sum (\delta_{y_i})^2 = \sum [y_i - (a + bx_i)]^2 = \min$$

上式中的各 y_i 和 x_i 是测量值，都是已知量，而 a 和 b 是待求量，因此 S 实际上是 a 和 b 的函数. 令 S 对 a 和 b 的偏导数为零，即可解出满足上式的 a 和 b 值.

$$\frac{\partial S}{\partial a} = -2\sum (y_i - a - bx_i) = 0, \quad \frac{\partial S}{\partial b} = -2\sum (y_i - a - bx_i)x_i = 0$$

即

$$\sum y_i - na - b\sum x_i = 0, \quad \sum x_i y_i - a\sum x_i - b\sum x_i^2 = 0$$

如令

$$\overline{x} = \sum x_i / n, \quad \overline{y} = \sum y_i / n, \quad \overline{x^2} = \sum x_i^2 / n, \quad \overline{xy} = \sum x_i y_i / n$$

则可解得

$$a = \overline{y} - b\overline{x}, \quad b = \frac{\overline{x} \cdot \overline{y} - \overline{xy}}{(\overline{x})^2 - \overline{x^2}} = \frac{\sum (x_i - \overline{x})(y_i - \overline{y})}{\sum (x_i - \overline{x})^2} \tag{1.3.1}$$

将得出的 a 和 b 代入直线方程，即得到最佳的经验公式 $y = a + bx$.

用这种方法计算的常数值 a 和 b 是“最佳的”，但并不是没有误差的，它们的误差估计比较复杂. 一般来说：如果一列测量值的 δ_{y_i} 大，那么由这一列数据求出的 a, b 的误差也大，由此定出的经验公式可靠程度

笔记栏

就低；如果一列测量值的 δ_{y_i} 小，那么由这一列数据求出的 a, b 值的误差就小，由此定出的经验公式可靠程度就高.

由最小二乘法求出的经验公式是否恰当，还要考虑相关系数. 相关系数定义为

$$r=\frac{\sum(x_i-\overline{x})(y_i-\overline{y})}{\sqrt{\sum(x_i-\overline{x})^2\cdot\sum(y_i-\overline{y})^2}} \tag{1.3.2}$$

这里$|r|\leqslant1$. 当 x 和 y 为互相独立的变量时，$\Delta x_i=(x_i-x)$ 和 $\Delta y_i=(y_i-y)$的取值和符号彼此无关，因此$\sum\Delta x_i\Delta y_i=0$，即 $r=0$. 若 x 和 y 并不互相独立，而是有线性关系，则$|r|>0$，$|r|=1$ 表示完全线性相关. 即从相关系数可以判断实验数据是否符合线性. 实验中若r达到0.99，就表示实验数据的线性关系良好，各实验点聚集在一条直线附近. 反之，r很小，说明实验数据很分散，x 与 y 无线性关系. 用直线拟合法处理数据时一定要计算相关系数.

4. 直线拟合的计算机处理

(1) Excel 作图和直线拟合. 步骤①在 Excel 中输入两列数据，选中数据并在插入项目中选择图表向导，在图表向导中选中散点图，单击“下一步”按钮则出现有实验数据点的散点图. 单击没有连线的散点图；步骤②右键单击数据点选择添加趋势线，在趋势线格式类型中选择线性，选项中选择显示公式和显示 R 平方值，在填充与线条中进行自定义操作，可在线条类型、颜色、粗细选择后单击“确定”；步骤③点击右上角绿色 + 号，选择图表和坐标轴标题栏并填写标题，X 轴和 Y 轴标注，并对网格线进行选择；步骤④右击坐标轴设置坐标轴格式，选择合理的边界、单位和交叉点；步骤④在绘图区选择无色填充(或者选择填充颜色)，则Excel绘图及最小二乘法的直线拟合基本完成. 在图中显示有直线方程和相关系数 R 的平方值.

(2) MATLAB 直线拟合. 用 MATLAB 语言可以方便地进行最小二乘法的直线拟合，下面通过具体的实例加以说明.

例 1.3.3 在金属的线胀系数实验中，测得温度 t 和标尺的读数 n 如表 1.3.1 所示.

表 1.3.1 温度 t 和标尺的读数 n

读数	t/℃							
	22.5	32.5	42.5	52.5	62.5	72.5	82.5	92.5
n_i/mm	8.8	10.6	11.9	13.5	14.8	16.7	18.6	20.4

已知 n 和 t 呈线性关系，即可表示为 $n=kt+b$，求系数 k, b 和相关系数 r 并图示实验点与拟合直线.

执行程序如下:

```
t=[22.5,32.5,42.5,52.5,62.5,72.5,82.5,92.5];    %输入实验数据点 t 值
n=[8.8,10.6,11.9,13.5,14.8,16.7,18.6,20.4];     %输入实验数据点 n 值
p=polyfit(t,n,1);                                %用 polyfit 命令得到拟合方程
n1=polyval(p,t);                                 %计算拟合直线 t 对应点的函数值
k=p(1),b=p(2)                                    %得到斜率 k 和截距 b
r=corrcoef(n,t)                                  %用 corrcoef 命令得到相关系数
plot(t,n,'r + ',t,n1)                            %用红+表示实验点并画直线
xlabel('t/^oC')                                  %横轴标注为 t/℃
ylabel('n/mm')                                   %纵轴标注为 n/mm
```

运行后有 $k = 0.1630$, $b = 5.0414$, 相关系数 $R = 0.9982$(非主对角元). 图形如图 1.3.1 所示.

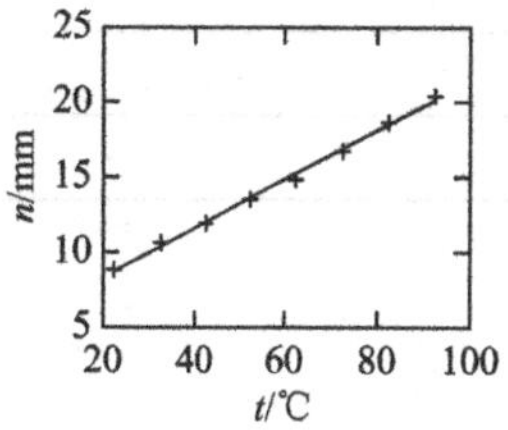

图 1.3.1 标尺读数与温度关系

练 习 题

1. 指出下列各数是几位有效数字.

(1) 0.002; (2) 0.020; (3) 2.000; (4) 123.4560; (5) 3.256.

2. 改正下列错误, 写出正确答案.

(1) $R = (5.236 \pm 0.4)$ cm; (2) $f = (21960 \pm 125)$ kg;

(3) $d = (25.328 \pm 0.246)$ cm; (4) $y = (14.5 \times 10^3 \pm 400)$ cm.

3. 下列计算结果从有效数字的运算来看正确的是( ).

(1) $45.3 - 2.314 = 42.986$; (2) $0.66 \times 3.000 = 198.0$;

(3) $(0.8501)^{1/2} = 0.9220$; (4) $78.0 + 1.234 = 79.2$.

4. 找出下列正确的数据记录.

(1) 用分度值为 0.05 mm 的游标卡尺测长度: 32.50 mm, 32.48 mm, 32.5 mm, 32.500 mm.

(2) 用分度值为 0.02 mm 的游标卡尺测长度: 52.78 mm, 64.05 mm, 84 mm, 73.464 mm.

(3) 用分度值为 0.01 mm 的螺旋测微器测长度: 0.50 mm, 0.5 mm, 0.500 mm, 0.324 mm.

(4) 用量程为 100 mA, 刻有 100 小格的 0.1 级表测量电流, 指针指在 80 小格上, 电流读数为: 80 mA; 80.0 mA; 80.00 mA;

(5) 用量程为 100 V, 刻有 50 小格的 1.0 级表测量电压, 指针指在 40 小格上, 电压读数为: 80 V; 80.0 V; 80.00 V.

5. 利用单摆测重力加速度 g 时, 当摆角很小时有 $T = 2\pi\sqrt{l/g}$ 的关系. 已知它们的测量结果分别为 $l = (97.69 \pm 0.03)$ cm, $T = (1.9842 \pm 0.0005)$ s, 求重力加速度及其不确定度.

6. 用量程为 3 mA、准确度等级为 0.5 级的电流表测量某恒流源输出电流 I, 电表表盘共有 30 个分格, 当指针恰好指向第 15 分格线上时, 测量结果为多少?

7. 试推导圆柱体体积 $V = \pi R^2 h$ 的不确定度合成公式 $\frac{U_V}{V}$.

8. 某次实验测得电流 I 和电压 U 有如表 1.3.2 所示关系.

笔记栏

笔记栏

表 1.3.2　电流 I 和电压 U 测量值

测量值	I/mA							
	10	20	30	40	50	60	70	80
U/mA	91	125	142	169	198	224	250	279

试用最小二乘法拟合 U 与 I 之间的线性关系，画出 U-I 曲线图并求出直线的斜率和相关系数.

第 2 章 >>> 基础技能训练实验

2.1 拉伸法测量金属丝的弹性模量

物体在外力作用下都会产生形变, 在弹性限度内其正应力与拉伸应变的比值叫弹性模量. 弹性模量是反映材料抗形变能力的物理量, 是工程技术中常用的重要参数. 本实验用拉伸法测量弹性模量, 研究拉伸应力与线应变的关系.

2.1.1 实验目的

(1) 学习用拉伸法测量弹性模量的方法.
(2) 掌握螺旋测微器的使用.
(3) 掌握用光杠杆法测量微小伸长量.
(4) 学习用逐差法处理数据.

2.1.2 实验原理

1. 弹性模量测量原理

本书讨论最简单的形变——拉伸形变, 即固体(金属丝)在外力作用下发生伸长形变. 设一长为 L、截面积为 S 的均匀金属丝, 沿长度方向受外力的作用而伸长 δL, 则金属丝内部将产生一个恢复原状的弹性力 F, 它的方向沿截面 S 的法线. 把单位截面积所受的弹性力 F/S 称为正应力, 金属丝的相对伸长量 $\delta L/L$ 称为线应变. 实验表明, 在弹性限度内正应力与线应变成正比, 即

$$\frac{F}{S}=E\frac{\delta L}{L} \tag{2.1.1}$$

式中: 比例系数 E 称为材料的弹性模量, 它的大小仅取决于材料本身的性质. 一些常用材料的 E 值见表 2.1.1.

表 2.1.1 常用材料的 E 值

指标	材料名称						
	钢	铁	铜	铝	铅	玻璃	橡胶
E/GPa	196～216	113～157	73～127	约 70	约 17	约 55	约 0.0078

笔记栏

笔记栏

若金属丝的直径为 d, 则式(2.1.1)可进一步写为

$$E=\frac{F}{S}\cdot\frac{L}{\delta L}=\frac{4FL}{\pi d^2\delta L} \tag{2.1.2}$$

式(2.1.2)中的 F 就等于加在金属丝上的拉伸外力, 其大小及金属丝的长度 L 和直径 d 都很容易测量. 金属丝的伸长量 δL 是一个微小量, 需要用光杠杆放大法进行测量.

2. 光杠杆及其放大原理

图 2.1.1 是弹性模量测量实验装置示意图. 待测金属丝上端固定, 下端由夹具固定并可随夹具移动而伸长. 光杠杆的两前足置于固定的工作台的槽中, 后足放在夹具的平台上并随夹具平台移动, 从而使光杠杆上的平面镜发生仰俯变化. 在光杠杆平面镜的正前方放有望远镜和标尺, 从望远镜观察到标尺及标尺刻度线的变化, 从而可算出光杠杆后足的移动, 即金属丝的伸长量.

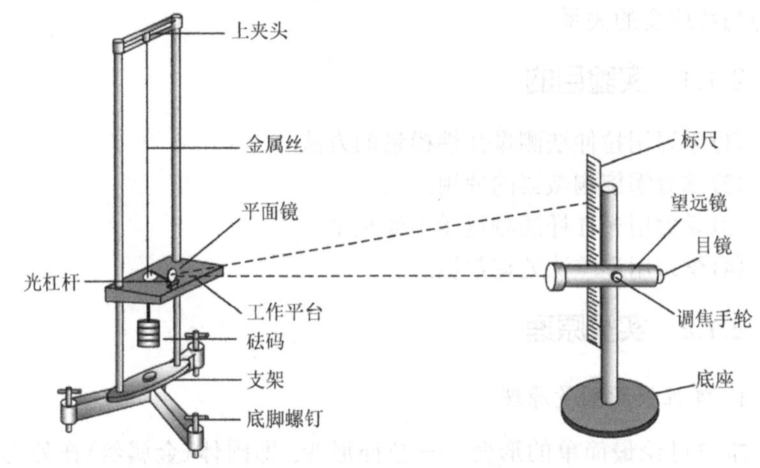

图 2.1.1 弹性模量测量实验装置示意图

光杠杆放大原理如图 2.1.2 所示, 当金属丝在外力作用下发生微小变化时, 光杠杆的平面反射镜发生偏转. 设转角为 θ, 此时从望远镜中看到的是标尺刻度 n_i 经平面镜反射所成的像, 则入射线和反射线之间的夹角为 2θ, 标尺刻线的像移为 δn. 因 θ 角很小, 故有几何关系:

$$\theta\approx\tan\theta=\frac{\delta L}{b}$$

$$2\theta\approx\tan 2\theta=\frac{\delta n}{R}$$

从上两式中消去 θ, 可得

$$\delta L=\frac{b}{2R}\delta n \tag{2.1.3}$$

笔记栏

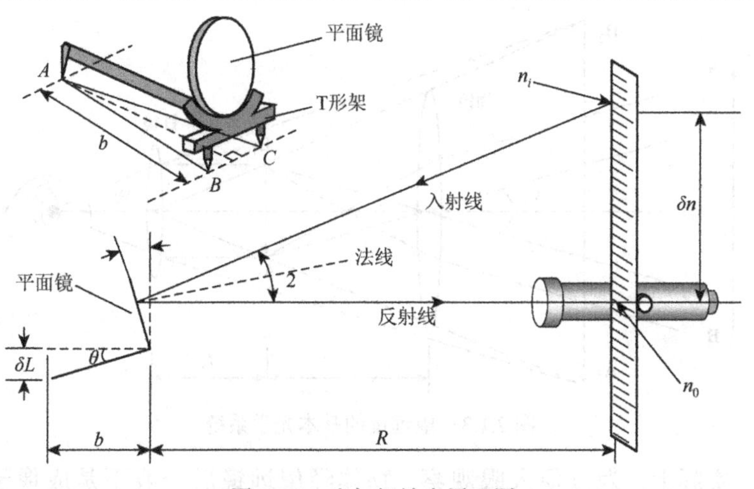

图 2.1.2　光杠杆放大原理图

式(2.1.3)说明 δL 被放大了 $2R/b$ 倍. 将式(2.1.3)代入式(2.1.2)，可得

$$E=\frac{8FLR}{\pi d^2 b\delta n} \tag{2.1.4}$$

式(2.1.4)就是本实验所依据的公式.

2.1.3　实验仪器

拉伸仪、光杠杆、望远镜及标尺、水准器、钢卷尺、螺旋测微器、钢直尺等.

1. 拉伸仪

拉伸仪由底座、支架、砝码、工作平台、上夹头、金属丝(钢丝)等组成. 底座的螺钉可调节使支架垂直；上、下夹头夹紧钢丝，下夹头可自由移动；工作平台上放光杠杆，光杠杆的后足放在下夹头的平台上，可随下夹头一起移动；砝码用来拉伸钢丝.

2. 望远镜

望远镜一般用于观察远距离物体，也可作为测量和对准的工具. 基本的望远系统是由物镜和目镜组成的无焦系统，即物镜的像方焦点和目镜的物方焦点重合. 物镜和目镜都是会聚透镜，在物镜与目镜之间的中间像平面上安装分划板(其上有叉丝和刻尺)以供瞄准或测量，这种望远镜称为开普勒望远镜，其光学成像原理如图 2.1.3 所示. 无穷远的物体 AB 发出的光经物镜(长焦距 f_o)后在物镜的焦平面上成一倒立缩小的实像 A_1B_1，再由目镜(短焦距 f_e)将此实像在无穷远处成一放大倒立(相对物)的虚像 A_2B_2，从而可放大像对人眼的视角($\varphi_2>\varphi_1$). 可见望远镜的实质是起视角放大作用.

笔记栏

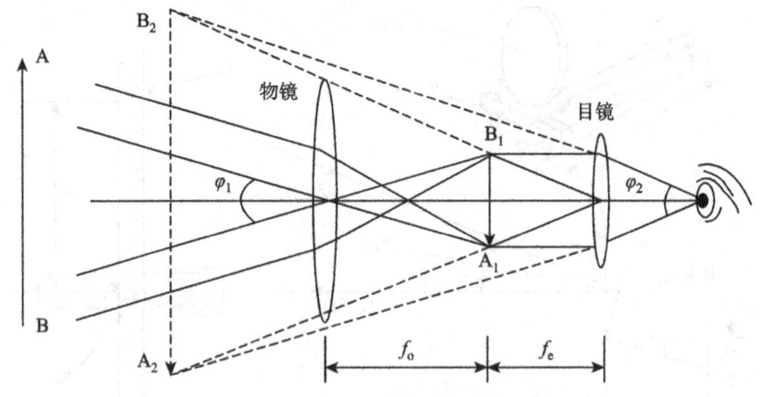

图 2.1.3 望远镜的基本光学系统

实际上，为方便人眼观察，物体经望远镜后一般不是成像于无穷远，而是成虚像于人眼的明视距离(约 25 cm)处；而且为实现对远近不同物体的观察，物镜与目镜的间距即筒长是可调的，即物镜的像方焦点与目镜的物方焦点可能会不重合．望远镜的结构示意图如图 2.1.4 所示，镜筒、内筒和目镜三者均可相对移动．使用望远镜时要遵循如下调节步骤．

(1) 使望远镜轴对准被观察物体．本实验中要使人从望远镜外侧沿镜筒方向看到平面镜中标尺的像(可调节平面镜的镜面方向及移动望远镜的位置和高度)．

(2) 调节目镜看清叉丝，即旋转目镜改变其与叉丝之间的距离，直至看到清晰的十字叉丝．

(3) 望远镜对物体调焦，即旋转调焦手轮，改变目镜(连同叉丝)与物镜之间的距离，使被观察物体(标尺刻度)清晰可见并与分划板叉丝无视差(使中间像落在叉丝平面上)．

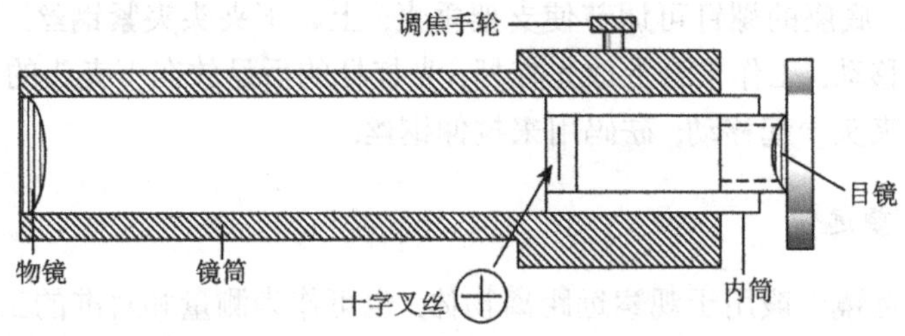

图 2.1.4 望远镜的结构示意图

3. 螺旋测微器

螺旋测微器又称千分尺，是比游标卡尺更精密的长度测量仪器．实验室常用的螺旋测微器外形示意图如图 2.1.5 所示，其量程为 25 mm，分度值为 0.01 mm，仪器的示值误差为±0.004 mm．

螺旋测微器的主要部件是精密测微螺杆和套在螺杆上的螺母套管以及紧固在螺杆上的微分套筒．螺母套管上的主尺有两排刻线，毫米刻线和半毫米刻线．微分套筒圆周上刻有 50 个等分格，当它转一

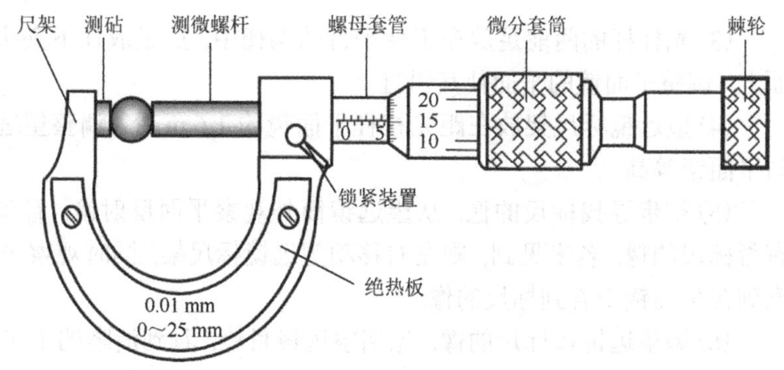

图 2.1.5　螺旋测微器外形示意图

周时，测微螺杆前进或后退一个螺距(0.5 mm)，所以螺旋测微器的分度值为(0.5/50) mm，即 0.01 mm.

螺旋测微器的读数方法如下.

(1) 测量前后应进行零点校正，即以后要从测量读数中减去零点读数. 零点读数时顺刻度序列记为正值，反之为负值. 图2.1.6所示是顺刻度序列，零点读数为 + 0.006 mm；图 2.1.7 所示是逆刻度序列，零点读数为 – 0.002 mm.

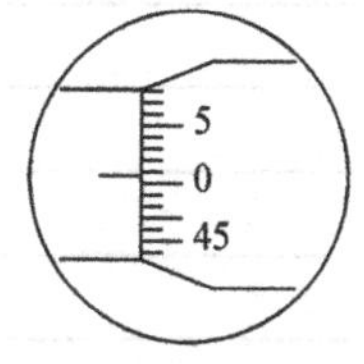

图 2.1.6　零点读数为 + 0.006 mm

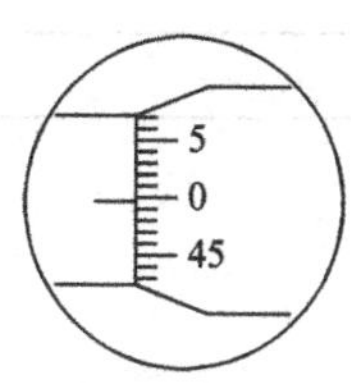

图 2.1.7　零点读数为 – 0.002 mm

(2) 读数时由主尺读整刻度值，0.5 mm 以下由微分套筒读出，并估读到 0.001 mm 量级. 如图 2.1.8 所示，主尺上的读数为 5 mm，微分套筒上的读数为 0.338 mm，其中 0.008 mm 是估读的数，最后读数为 5.338 mm.

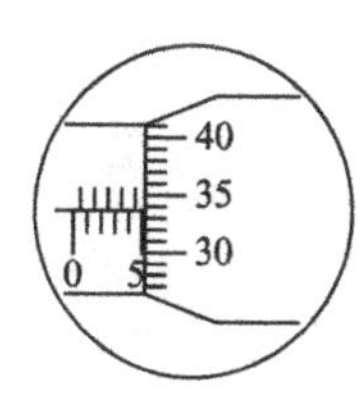

图 2.1.8　读数为 5.338 mm

(3) 要特别注意主尺上半毫米刻线，如果它露出到套筒边缘，主尺上就要读出 0.5 mm 的数. 如图 2.1.9 所示，读数为 5.804 mm.

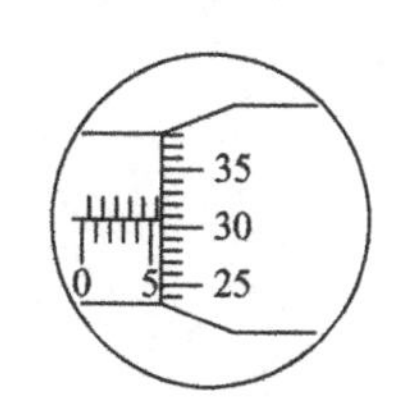

图 2.1.9　读数为 5.804 mm

注意事项：

(1) 测量时必须用棘轮. 测量者转动螺杆时对被测物所加压力的大小会直接影响测量的准确度. 为此，螺旋测微器在结构上加一棘轮作为保护装置. 当测微螺杆端面将要接触到被测物之前，应旋转棘轮；接触上被测物后，棘轮就自行打滑，并发出“嗒嗒”声响，此时应立即停止旋转棘轮，进行读数.

(2) 仪器用毕放回盒内之前，记住要将螺杆退回几圈，留出空隙，以免热胀使螺杆变形.

2.1.4　实验内容与步骤

1. 测量前仪器的调整

(1) 将钢丝上端固定在支架的上夹头，下端用可自由移动的夹具夹紧让其穿过工作平台的小孔，下夹头悬挂砝码钩(约 1 kg)以使钢丝拉直.

(2) 调整支架的底座螺钉使钢丝竖直，工件平台水平(用水准器). 此时钢丝的下夹头应处于无碍状态(不能与周围支架碰蹭).

笔记栏

(3) 光杠杆的两前足放在工件平台的沟槽中，后足放在下夹头的平面上，调整平面镜的平面使其铅直.

(4) 望远镜标尺架放在距光杠杆平面镜约 1.6 m 处，调整望远镜筒与平面镜等高.

(5) 初步寻找标尺的像. 从望远镜筒外观察平面反射镜，看到镜中有否标尺的像. 若未见到，则左右移动望远镜标尺架，同时观察平面镜，直到在平面镜中看到标尺的像.

(6) 调望远镜找标尺的像. 先调望远镜目镜，看到清晰的十字叉丝；再调调焦手轮，使标尺成像在十字叉丝平面上；最后要在望远镜中看到清晰的标尺刻线和十字叉丝.

(7) 调平面镜镜面使其垂直于望远镜光轴. 望远镜中看到的标尺刻度数应与望远镜所在处的标尺刻度数尽量接近，若两者相差太大，则适当调节平面反射镜的俯仰. 最好使十字叉丝水平线正好压住标尺零刻度线或靠近零刻度线的某一刻度线上.

2. 测量数据

(1) 测标尺的像移量 δn. 当钢丝有一个微小伸长量 δL 时，标尺中的像将有一个变化量 δn. 测量时先读出只挂砝码钩(其质量为 1 kg)时望远镜中标尺刻度像的读数 n_1，然后在砝码钩上每加一砝码(质量均为 1 kg)，读一次相应的标尺刻度像的读数 n_i，直至砝码增加到 9 个. 再从 9 个逐渐减少到 0 个，读出相应的数值，并记录在数据表格中.

(2) 测量钢丝的直径 d 和钢丝的原长 L. 用螺旋测微器在钢丝的不同地方测量其直径 d，共测 6 次，并且在测量前要测一次螺旋测微器的零点读数 r. 用钢卷尺测量钢丝只挂砝码钩(近似认为它只作拉直用)时的长度(上下夹头间的距离).

(3) 测量标尺到平面反射镜的垂直距离 R 和光杠杆常数 b. 用钢卷尺测量标尺到平面镜中心的垂直距离 R，光杠杆前后足的垂直距离 b 是本实验所用公式(2.1.4)中的重要参数，一定要准确测量. 测量方法如下：①把光杠杆的三足放在数据记录本上轻按下三个足印；②作连接两前足印的直线，并作后足到其直线的垂线；③用钢直尺量出后足印到两前足印所连直线的垂直距离.

注意：

(1) 在测量数据中，所有仪器都不能被碰动，否则所有测量数据都无效.

(2) 加减砝码时，一定要轻拿轻放，砝码的槽口要相互错开；加减砝码后，一定要等钢丝稳定后才能读数.

2.1.5 数据处理

1. 逐差法处理数据简介

逐差法是实验中常用的一种数据处理方法，它用于等间隔线性变

笔记栏

化测量所得数据的处理. 本实验中测量了 10 次相应的数据 $n_1,n_2,\cdots,n_{10}$, 在计算每增加一个砝码测量值平均增加了多少时, 若采用相邻数据的差值取平均, 则有

$$\overline{\delta n}=\frac{(n_2-n_1)+(n_3-n_2)+\cdots+(n_{10}-n_9)}{9}=\frac{(n_{10}-n_1)}{9} \tag{2.1.5}$$

可见, 实际上只用了两个数据 n_1 与 n_{10}, 测量中间数据均未起作用, 这与一次增加 9 个砝码等价. 为了充分利用数据, 可以改变数据处理的方法, 把前后数据分成两组, n_1, n_2, n_3, n_4, n_5 为一组, $n_6, n_7, n_8, n_9, n_{10}$ 为另一组. 将两组中对应的数据相减得出 5 个 δn_i, 那么平均值为

$$\begin{aligned}\overline{\delta n}&=\frac{\delta n_1+\delta n_2+\delta n_3+\delta n_4+\delta n_5}{5}\\&=\frac{(n_6-n_1)+(n_7-n_2)+(n_8-n_3)+(n_9-n_4)+(n_{10}-n_5)}{5}\end{aligned} \tag{2.1.6}$$

这样相当于每次增加了 5 个砝码, 而连续测量了 5 次. 这就发挥了多次测量数据的特点. 这种处理数据的方法称为逐差法, 它可以减小测量的随机误差, 而且可以减小测量仪器带来的误差, 因此是实验中常用的一种处理数据的方法.

2. *测标尺刻线的像移 δn(表 2.1.2 和表 2.1.3)*

表 2.1.2　测量 δn 的数据表格

值	序号 i									
	1	2	3	4	5	6	7	8	9	10
m/kg	0	1	2	3	4	5	6	7	8	9
增砝码 n_+/mm										
减砝码 n_-/mm										
$\overline{n}_i=(n_++n_-)/2$										

表 2.1.3　逐差法处理数据表格

值	序号					$\overline{\delta n}=\frac{1}{5}\sum_{i=1}^{5}\delta n_i$/mm
	1	2	3	4	5	
$\delta n_i=(\overline{n}_{i+5}-\overline{n}_i)$/mm						
$\delta n_i-\overline{\delta n}$/mm						$S_{\delta n}=$

这里 δn 的标准偏差为

$$S_{\delta n}=\sqrt{\sum_{i=1}^{5}\frac{(\delta n_i-\overline{\delta n})^2}{5-1}}$$

δn 的 A 类不确定度分量

$$U_A=S_{\delta n}=\_\_\_\_\_\_\_\_\text{mm}$$

δn 的 B 类不确定度分量

笔记栏

$$U_B = \Delta_{仪} = 0.5\ \text{mm}$$

总不确定度

$$U_{\delta n} = \sqrt{U_A^2 + U_B^2} = \_\_\_\_\_\_\_\_\_\_\ \text{mm}$$

最后标尺刻线的像移可表示为

$$\delta n = \overline{\delta n} \pm U_{\delta n} = \_\_\_\_\_\_\_\_\_\_\ \text{mm}$$

3. 测钢丝的直径 d

测钢丝的直径前测一次螺旋测微器的零点读数 r，记录 $r=$______mm. 表 2.1.4 为测钢丝直径 d 数据表格.

表 2.1.4　测钢丝直径 d 数据表格

值	测量次数						$\overline{d}$/mm
	1	2	3	4	5	6	
d_i/mm							
$d_i-\overline{d}$/mm							$S_d=$

这里 d 的标准偏差为

$$S_d = \sqrt{\sum_{i=1}^{6} \frac{(d_i - \overline{d})^2}{6-1}}$$

$$U_A = S_d = \_\_\_\_\_\_\_\_\_\_\ \text{mm}$$

$$U_B = \Delta_{仪} = 0.004\ \text{mm}$$

$$U_d = \sqrt{U_A^2 + U_B^2} = \_\_\_\_\_\_\_\_\_\_\ \text{mm}$$

$$d = (\overline{d} - r) \pm U_d = \_\_\_\_\_\_\_\_\_\_\ \text{mm}$$

4. 测量钢丝的长度 L、光杠杆常数 b 及 R

钢丝的长度 L、光杠杆常数 b 及光杠杆平面镜到标尺的距离 R 都是单次测量值，都不考虑不确定度的 A 类分量，只考虑 B 类分量，即主要由仪器误差决定.

钢丝的长度 L 用钢卷尺测量，$U_L = 3$ mm，则钢丝长度

$L=$ (________±________) mm.

光杠杆常数 b 用毫米尺测量，则 $U_b = \Delta_{仪} = 0.5$ mm，

$b=$ (________±________) mm.

标尺到平面镜的距离 R 用钢卷尺测量，$U_R = 3$ mm，

$R=$ (________±________) mm.

5. 计算弹性模量 E

由式(2.1.4)，有

$$E = \frac{8FLR}{\pi \overline{d}^2 b \overline{\delta n}} = \frac{40mgLR}{\pi \overline{d}^2 b \overline{\delta n}} = \_\_\_\_\_\_\_\_\_\_\ \text{Pa}$$

这里与 δn 对应的力 F 是增加 5 个砝码的值(5 kg), 重力加速度取 $g = 9.8\ \mathrm{m/s^2}$.

不确定度为

$$U_E = \bar{E}\cdot\sqrt{\left(\frac{U_L}{L}\right)^2+\left(\frac{U_R}{R}\right)^2+4\left(\frac{U_d}{d}\right)^2+\left(\frac{U_{\delta n}}{\delta n}\right)^2+\left(\frac{U_b}{b}\right)^2} = \_\_\_\_\_\_\_\_\_\_\ \mathrm{Pa}$$

测量结果　$E = \bar{E} \pm U_E = \_\_\_\_\_\_\_\_\_\_\_\_\_\_\ \mathrm{Pa}$

2.1.6　实验思考题

1. 螺旋测微器使用的注意事项是什么？棘轮如何使用？螺旋测微器用完作何处理？

2. 从 E 的不确定度计算式分析哪个量的测量对 E 的结果的准确度影响最大？测量中应注意哪些问题？

3. 本实验可否用作图法去确定钢丝的弹性模量？作怎样的关系曲线？

4. 怎样提高光杠杆测微小伸长量的灵敏度？这种灵敏度是否越高越好？

2.2　金属线胀系数的测定

材料的线膨胀是材料受热膨胀时，在一维方向的伸长. 线胀系数是选用材料的一项重要指标，特别是研制新材料时，对材料的线胀系数测定是一个重要内容. 本实验用光杠杆放大法对金属丝的线胀系数进行测定，从实验中还可学习如何分析影响测量精度的诸因素.

2.2.1　实验目的

(1) 学习用光杠杆法测金属丝线胀系数的原理.

(2) 掌握调整光杠杆和望远镜的基本要领.

(3) 学习游标卡尺测长度的方法.

2.2.2　实验原理

固体受热后其长度的增加称为线膨胀. 在一定的温度范围内，原长为 L 的物体，受热后其伸长量 δL 与 L 成正比，与温度的增加量 Δt 近似成正比，即

$$\delta L = \alpha L \Delta t \tag{2.2.1}$$

式中：比例系数 α 称为固体的线膨胀系数(简称线胀系数). 实验表明，一般来说塑料的线胀系数最大，金属次之，因瓦合金、熔凝石英的线胀系数很小. 因此，因瓦合金和熔凝石英的这一特性在精密测量仪器中有较多的应用. 几种材料的线胀系数见表 2.2.1.

笔记栏

笔记栏

表 2.2.1 几种材料的线胀系数

数据	材料			
	铜、铁、铝	普通玻璃、陶瓷	因瓦合金	熔凝石英
α 的数量级/℃$^{-1}$	约 10^{-5}	约 10^{-6}	$<2\times10^{-6}$	约 10^{-7}

实验还发现，同一材料在不同温度区域，其线胀系数不一定相同. 某些合金在金相组织发生变化的温度附近，同时会出现线胀量的突变. 因此，测定线胀系数是了解材料特性的一种手段. 但是，在温度变化不大的范围内，线胀系数仍可认为是一常量.

为测量线胀系数，常常将材料做成条状或杆状，本实验就是测定金属杆的线胀系数. 由式(2.2.1)，若测量出温度为 t_1 时的杆长 L，受热后温度达到 t_2 时杆的伸长量为 δL，受热前后的温度为 t_1, t_2，则线胀系数可写为

$$\alpha=\frac{\delta L}{L(t_2-t_1)} \tag{2.2.2}$$

线胀系数 α 的物理意义是：固体材料在温度$(t_1,\ t_2)$区域内，温度每升高 1 ℃时材料的相对伸长量，单位为℃$^{-1}$.

线胀系数的测量中的主要问题是如何测微小伸长量 δL，本实验用光杠杆放大法进行测量. 线胀系数测定仪的实验装置如图 2.2.1 所示，它由底座、外筒、支杆、放置光杠杆的平台和给被测金属杆加热的加热管组成. 支杆、平台与底座牢固地连接在一起. 加热管中放置待测金属杆和插入温度计. 当金属杆受热伸长时，使光杠杆上平面镜的仰俯变化. 在光杠杆平面镜的正前方放有望远镜和标尺，从望远镜观察到标尺及标尺刻度线的变化，从而可算出光杠杆后足的移动，即金属杆的伸长量.

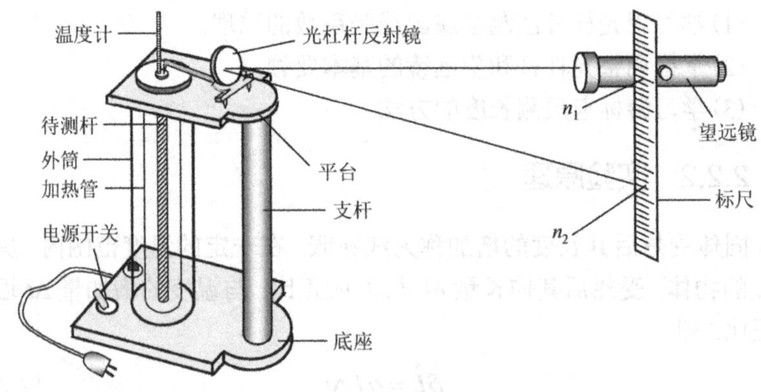

图 2.2.1 测定线胀系数的实验装置

根据光杠杆放大原理图 2.1.2，由式(2.1.3)有

$$\delta L=\frac{b(n_2-n_1)}{2R} \tag{2.2.3}$$

笔记栏

这里 $2R/b$ 是光杠杆的放大倍数. 将式(2.2.3)代入式(2.2.2)有

$$\alpha=\frac{b(n_2-n_1)}{2LR(t_2-t_1)} \tag{2.2.4}$$

式中: L 是待测金属杆的长度; R 是光杠杆平面反射镜到望远镜标尺的距离; n_1, n_2 是对应 t_1, t_2 时标尺的像的读数. 式(2.2.4)是本实验所依据的公式.

2.2.3 实验仪器

线胀系数测定仪、光杠杆、望远镜及标尺、温度计、钢卷尺、钢直尺、游标卡尺、待测金属棒等.

1. *游标卡尺*

游标卡尺是比钢尺更精密的测量长度的工具, 它的精度比钢尺高出一个数量级. 游标卡尺的结构如图 2.2.2 所示.

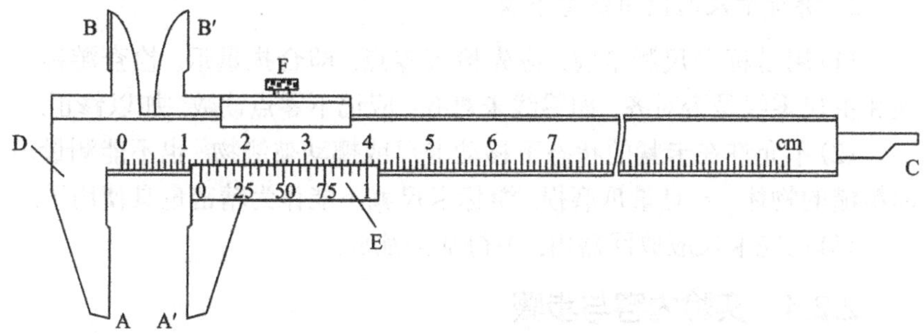

图 2.2.2　游标卡尺的结构图

主尺D是钢制的毫米分度尺, 主尺上附有外量爪A和内量爪B, 游标上有相应的外量爪 A′和内量爪 B′以及深度尺 C, 游标紧贴主尺滑动, F 是固定游标的螺钉. 游标卡尺可用来测量物体的长度和槽的深度及圆环的内外径等.

(1)游标原理. 游标卡尺的特点是让游标上的 n 个分格的总长与主尺上$(kn-1)$个分格的总长相等. 设主尺上的分度值为 a, 游标上的分度值为 b, 则有

$$nb=(kn-1)a \tag{2.2.5}$$

主尺上 k 个分格与游标上 1 个分格的差值是

$$ka-b=\frac{a}{n} \tag{2.2.6}$$

这里 a/n 就是游标卡尺的最小分度值.

以10分度的游标卡尺为例. 当它的量爪AA′合拢时, 游标的零刻线与主尺的零刻线刚好对齐, 游标上第 10 个分格的刻线正好对准主尺上第 9 个分格的刻线, 如图 2.2.3 所示. 游标的 10 个分格的长度等于主尺上 9 个分格的长度, 而主尺的分度值为 $a=1$ mm, 那么游标上的分度值为 $b=(9/10)$ mm $=0.9$ mm. 则其最小分度值为 $a/n=1$ mm/10 $=0.1$ mm.

图 2.2.3　10 分度游标原理

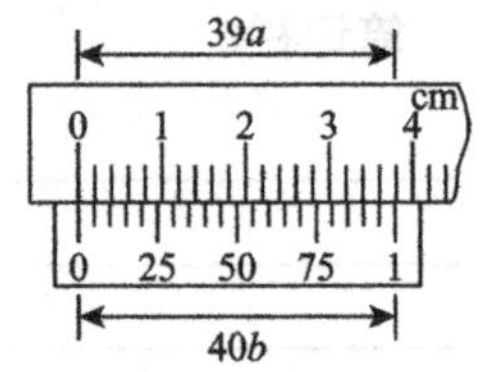

图 2.2.4　20 分度游标原理

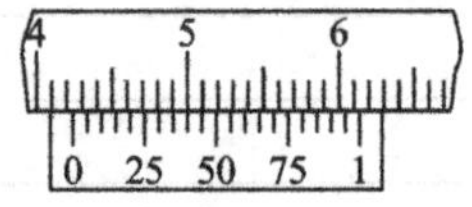

图 2.2.5　20 分度游标
读数: 42.35 mm

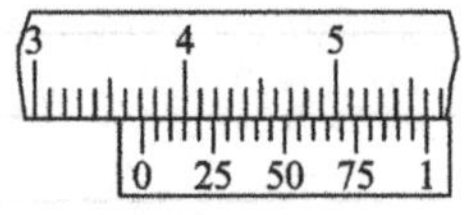

图 2.2.6　220 分度游标
读数: 37.10 mm

若是 20 分度的游标卡尺, 则游标上的 20 个分格的长度正好等于主尺上 39 个分格的长度, 如图 2.2.4 所示. 那么, $a = 1$ mm, $b = (39/20)$ mm = 1.95 mm, 则 $2a - b = 1$ mm/20 = 0.05 mm(这里 k 取 2), 则此游标卡尺的最小分度值为 0.05 mm.

同理对 50 分度的游标卡尺, $a = 1$ mm, $b = (49/50)$ mm = 0.98 mm, 那么其最小分度值为(1 − 0.98) mm = 1 mm/50 = 0.02 mm.

(2) 游标卡尺的读数要点. 测量时, 主尺上的读数以游标的零刻线为准, 先从主尺上读毫米以上的整数值. 毫米以下从游标上读出, 若游标上第 n 条刻线正好与主尺上某一刻线对齐, 则读: $n\times$最小分度值. 如图 2.2.5 所示 20 分度的游标卡尺, 其游标上第 7 条刻线正好与主尺上的某一刻度线对齐, 毫米以下的读数为 7×0.05 = 0.35 mm, 则最后读数为 42.35 mm. 如图 2.2.6 所示的游标上的第 2 条刻线与主尺上的刻线对齐, 毫米以下的读数为 2×0.05 = 0.10 mm, 则最后读数为 37.10 mm.

2. 游标卡尺的使用注意事项

(1) 用游标卡尺测量前, 应先检查零点. 即合拢量爪, 检查游标零线和主尺零线是否对齐, 如零线未对齐, 应记下零点读数, 加以修正.

(2) 不允许在卡紧的状态下移动卡尺或挪动被测物, 也不能测量表面粗糙的物体. 一旦量爪磨损, 游标卡尺就不能作为精密量具使用了.

(3) 用完卡尺应放回盒内, 不得乱丢乱放.

2.2.4　实验内容与步骤

1. 仪器的安装和调整

(1) 用钢尺测量待测金属杆的长度 L 后, 将其轻轻插入线胀系数测定仪的加热管中, 使其与底座紧密相接, 上端露出少许在筒外.

(2) 温度计插入管内适当的位置(插温度计时切记要小心, 不要碰撞, 以防损坏).

(3) 光杠杆的两前足放在平台的槽中, 后足立于金属杆的顶端, 并使三足尖在一水平面上. 望远镜及标尺放在光杠杆前约 1.5 m 处, 望远镜筒与光杠杆等高. 粗调光杠杆平面镜使法线大致与望远镜同轴, 且平行于水平底座.

(4) 细调光杠杆系统的光路. 先用眼睛在望远镜筒外找到平面镜中标尺的像; 然后缓缓地变动平面镜法线方向, 使眼睛观察像的方位逐渐与望远镜的方位一致; 这时再从望远镜内观察标尺的像, 并稍作调整使观察到的像为望远镜附近的标尺刻度的像.

(5) 调节望远镜. ①调节目镜看清十字叉丝; ②调节调焦手轮, 使标尺成像清晰且与叉丝无视差.

2. 测量数据

(1) 记下初温 t_1, 读出望远镜中十字叉丝处标尺像的刻线数值 n_1, 然后开始给金属杆加热.

笔记栏

(2) 加热过程中温度每增加 5 ℃时记录一次温度值 t_i，并同时读出望远镜中十字叉丝处标尺像的刻线数值 n_i，记录在数据表格中．当温度升高到 90 ℃以上后停止加热，并记下最后的数值 t_m 和 n_m.

(3) 测量标尺到平面反射镜的垂直距离 R 和光杠杆常数 b．用钢卷尺测量标尺到平面镜中心的垂直距离 R．光杠杆前后足的垂直距离 b 是本实验所用公式(2.2.4)中的重要参数，一定要准确测量．测量方法如下：①把光杠杆的三足放在数据记录本上轻按下三个足印；②作连接两前足印的直线，并作后足到其直线的垂线；③用游标卡尺量出后足印到两前足印所连直线的垂直距离.

注意:

(1) 线胀系数测定仪中的外筒及加热管不要固定太紧，因为在加热过程中它也会伸长，从而使支杆变形影响放置光杠杆平台的水平.

(2) 实验过程中所有仪器不能稍有碰动，否则将前功尽弃.

2.2.5　数据处理

1. 测量 n_i 的数据表格及计算不确定度 $U_{n_2-n_1}, U_{t_2-t_1}$（表 2.2.2）

表 2.2.2　测量 n_i 的数据表格

测量值	序号													
	1	2	3	4	5	6	7	8	9	10	11	12	13	14
t_i/℃														
n_i/mm														

开始加热时的温度为 t_1，温度升到最高温度时的温度 t_m 取为式(2.2.4)中的 t_2，相应有 n_1, n_2．由于是单次测量，不确定度由 B 类分量 U_B 决定．望远镜的读数误差主要由标尺的示值误差决定，则取 $U_{n_2-n_1} = U_B = \sqrt{2}\Delta_尺 = 0.7$ mm．同理，温度的测量误差也是由温度计的仪器误差限决定，其值为 0.5 ℃，则取 $U_{t_2-t_1} = U_B = \sqrt{2}\Delta_仪 = 0.7$ ℃.

2. 其他直接测量数据及不确定度

金属杆 L、光杠杆常数 b 及平面镜到标尺的距离 R 都是单次测量值，都不考虑 A 类不确定度分量，只考虑 B 类分量，即主要由仪器误差限决定.

金属杆的长度 L 用钢尺测量，$U_L = \Delta_尺 = 0.5$ mm，

L = (________±________) mm.

光杠杆常数 b 用 50 分度游标卡尺测量，$U_b = 0.02$ mm，

b = (________±________) mm.

距离 R 用钢卷尺测量，$U_R = 3$ mm，R = (________±________) mm.

3. 计算线胀系数 α 及不确定度

由式(2.2.4)有

 笔记栏

$$\overline{\alpha}=\frac{b(n_2-n_1)}{2LR(t_2-t_1)}=\underline{\qquad\qquad}℃^{-1}$$

不确定度为

$$U_\alpha=\overline{\alpha}\sqrt{\left(\frac{U_L}{L}\right)^2+\left(\frac{U_R}{R}\right)^2+\left(\frac{U_{t_2-t_1}}{t_2-t_1}\right)^2+\left(\frac{U_{n_2-n_1}}{n_2-n_1}\right)^2+\left(\frac{U_b}{b}\right)^2}=\underline{\qquad\qquad}℃^{-1}$$

测量结果为

$$\alpha=\overline{\alpha}\pm U_\alpha=\underline{\qquad\qquad}℃^{-1}$$

4. 用逐差法处理数据

我们在实验中记录了一系列中间数据，并且所取温度是等间隔增加的，对应的标尺读数也应该是线性变化. 若要充分利用这些数据，可用逐差法进行数据处理. 逐差法原理见实验 2.1.5，这里把数据分为两组，每组对应数据相减，对应的温度增加为 35 ℃. 在表 2.2.3 中进行计算.

表 2.2.3 逐差法处理数据表格

值	序号							$\overline{\delta n}=\frac{1}{7}\sum_{i=1}^{7}\delta n_i$
	1	2	3	4	5	6	7	
$\delta n_i=n_{i+7}-n_i$								$=\underline{\qquad}$mm

$$\overline{\alpha}=\frac{b\overline{\delta n}}{70LR}=\underline{\qquad\qquad}℃^{-1}$$

5. 作图法求线胀系数

测量中已记录一系列中间数据 t_i, n_i，由式(2.2.4)知它们满足直线方程 $n=At+B$，其中直线的斜率 $A=2\alpha LR/b$. 利用这些数据用最小二乘法进行直线拟合，求出直线的斜率 A，从而求出线胀系数

$$\alpha=\frac{Ab}{2LR}=\underline{\qquad\qquad}℃^{-1}$$

要求在坐标纸上或者用电脑软件作出规范的 n-t 图，并标出直线方程.

2.2.6 实验思考题

1. 游标卡尺的使用注意事项是什么？

2. 本实验测量公式(2.2.4)中，各个长度量分别用不同仪器测量，是根据什么原则确定的？哪一个量的测量误差对结果的影响最大？

3. 在实验中若仪器的支杆也由于受热而膨胀，则对实验结果将产生怎样的影响？

2.3 模拟示波器的原理和使用

示波器是一种应用十分广泛的电子测量仪器. 用它不仅能直接观

笔记栏

察电信号随时间变化的波形, 测量电信号的幅度、周期、频率、相位等, 而且配合相应的传感器, 还可以观测各种可以转化为电学量的非电量.

2.3.1 实验目的

(1) 了解示波器的大致结构和工作原理.

(2) 学习低频信号发生器和双轨迹示波器的使用方法.

2.3.2 实验原理

1. 示波器的基本结构

示波器的种类很多, 但其基本原理和结构大致相同, 主要由示波管、电子放大系统、扫描与触发系统、电源等几个部分组成, 如图 2.3.1 所示.

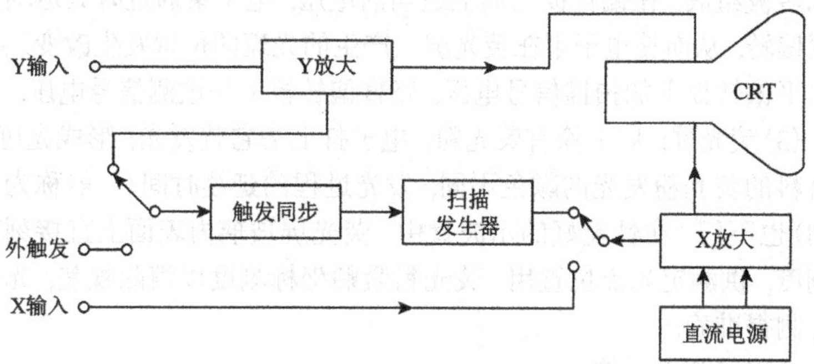

图 2.3.1 示波器原理框图

1) 示波管

示波管又称阴极射线管(CRT), 其基本结构示意图如图 2.3.2 所示. 示波管主要包括电子枪、偏转系统和荧光屏三个部分, 全都密封在玻璃外壳内, 里面抽成高真空.

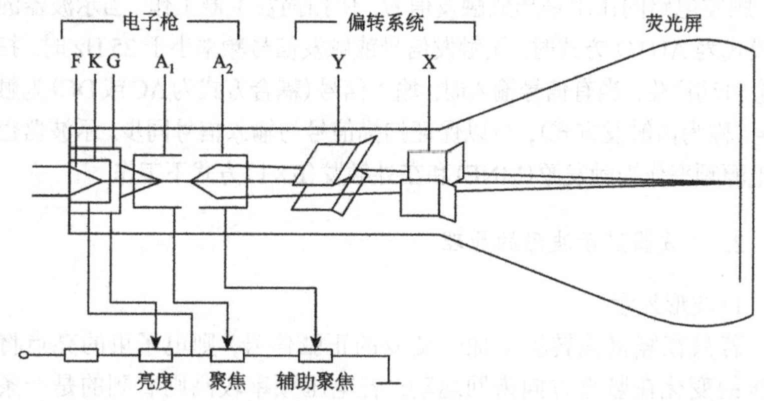

图 2.3.2 示波管结构示意图

F—灯丝; K—阴极; G—控制栅极; A_1—第一阳极; A_2—第二阳极; Y—竖直偏转板; X—水平偏转板

(1) 电子枪: 由灯丝、阴极、控制栅极、第一阳极和第二阳极组成.

笔记栏

灯丝通电后，加热阴极. 阴极是一个表面涂有氧化物的金属圆筒，被加热后发射电子. 控制栅极是一个顶端有小孔的圆筒，套在阴极外面，它的电位相对阴极为负，只有初速达到一定的电子才能穿过栅极顶端的小孔. 因此，改变栅极的电位，可以控制通过栅极的电子数，从而控制到达荧光屏的电子数目，改变屏上光斑的亮度. 示波器面板上的"亮度"旋钮就是起这一作用的. 阳极电位比阴极高很多，电子被它们之间的电场加速形成射线. 当控制栅极、第一阳极与第二阳极三者的电位调节合适时，电子枪内的电场对电子射线有聚焦作用，所以第一阳极又叫聚焦阳极. 第二阳极电位更高，又称加速阳极. 示波器面板上的"聚焦"旋钮就是调第一阳极电位的. 有的示波器还有"辅助聚焦"，实际上是调节第二阳极电位的.

(2) 偏转系统：由两对相互垂直的平行偏转板——水平偏转板和竖直偏转板组成. 在偏转板上加上适当的电压，电子束通过时其运动方向发生偏转，从而使电子束在荧光屏上产生的光斑的位置发生改变. 通常，在水平偏转板上加扫描信号电压，竖直偏转板上加被测信号电压.

(3) 荧光屏：屏上涂有荧光粉，电子打上去它就发光，形成光斑. 不同材料的荧光粉发光的颜色不同，发光过程的延续时间(一般称为余辉时间)也不同. 在性能好的示波管中，荧光屏玻璃内表面上直接刻有坐标刻度，供测定光点位置用. 荧光粉紧贴坐标刻度以消除视差，光点位置可测得准确.

2) 电子放大系统

为了使电子束获得明显的偏移，必须在偏转板上加足够的电压. 被测信号一般较弱，必须进行放大. 竖直(Y 轴)和水平(X 轴)放大器就起这一作用.

3) 扫描与触发系统

扫描发生器的作用是产生一个与时间成正比的电压信号作为扫描信号. 触发电路的作用是形成触发信号，使扫描发生器工作. 当示波器的触发模式为 AUTO 方式时，无触发信号或触发信号频率小于 25 Hz 时，扫描也会自动产生；当有信号输入时，输入信号(耦合方式为 AC 或 DC)为触发信号(称为内触发方式)，可以保证扫描信号与输入信号同步. 示波器也可由电源频率作为触发源(LINE)和在外触发(EXT)方式下工作.

2. 示波器显示波形的原理

1) 波形显示

若只在竖直偏转板上加一交变的正弦信号，则电子束的亮点将随电压的变化在竖直方向来回运动；若电压频率较高则看到的是一条竖直亮线，如图 2.3.3 所示.

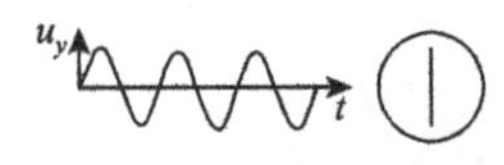

图 2.3.3　只在竖直偏转板上加一正弦电压的情形

要能显示波形，应使电子束在水平方向上也要有偏移，这就必须同时在水平偏转板上加一扫描电压，使电子束的亮点沿水平方向拉开. 这种扫描电压的特点是电压随时间呈线性关系到最大值，然后回到最小，以后再重复地变化，这种电压随时间变化的关系曲线形同“锯齿”，故称为“锯齿波电压”．当只有扫描电压信号时，则锯齿波电压加在水平偏转板上，若频率足够高，则荧光屏上只能看到一条水平亮线，如图 2.3.4 所示.

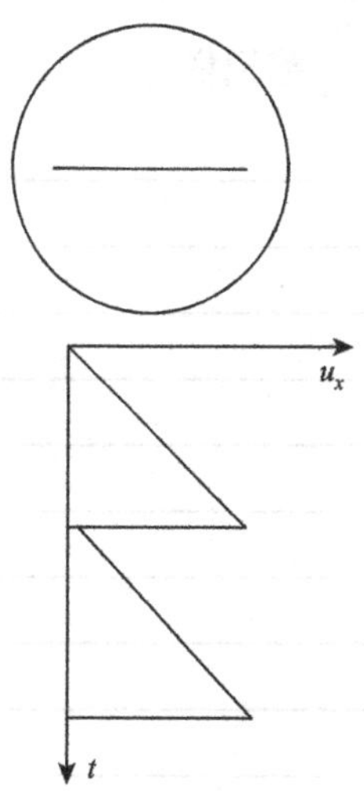

图 2.3.4　只在水平偏转板加锯齿波电压

如果在竖直偏转板上(简称 Y 轴)加正弦电压，同时在水平偏转板上(简称 X 轴)加锯齿波电压，那么电子受竖直、水平两个方向的力的作用，电子的运动是两相互垂直运动的合成．当锯齿波电压与正弦电压的变化周期相等时，在荧光屏上将能显示出完整周期的所加正弦电压的波形，如图 2.3.5 所示.

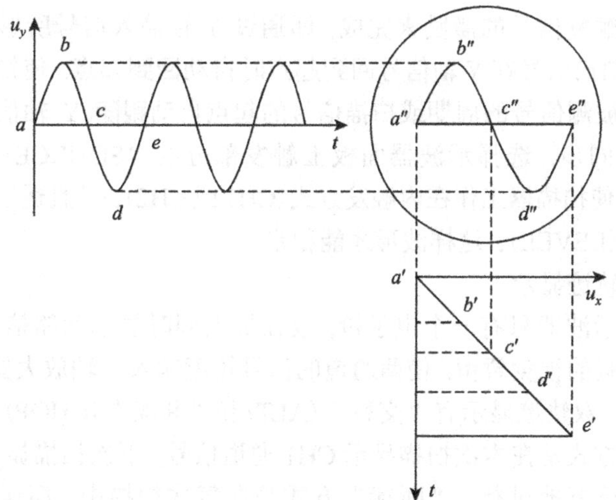

图 2.3.5　示波器显示正弦波形的原理图

2) 同步的概念

若竖直方向的正弦波和水平方向的锯齿波的周期稍微不同时，则在下一扫描周期显示的波形与本次扫描周期显示的波形不能重叠，这时屏上出现移动的不稳定图形．如图 2.3.6 所示为水平方向和竖直方向两波的周期比为 7/8 时的波形．在第一扫描周期内，屏上显示正弦信号 0～4 点的曲线段；在第二周期内，显示 4～8 点的曲线段，起点在 4′处；第三周期内，显示 8～11 点的曲线段，起点在 8′处．这样，屏上显示的波形每次都不重叠，波形好像在向右移动．同理，若 T_x 略大于 T_y，则波形向左移动．以上描述的情况在示波器使用过程中经常会出现．其原因是扫描电压的周期与被测信号的周期不相等或不呈整数倍，以致每次扫描开始时波形曲线上的起点均不一样所造成的.

要使前后两个扫描时间内的波形重合，波形稳定，有两个解决办法：①尽量使水平锯齿波电压的周期为输入的正弦电压周期的整数倍($T_x = nT_y$)，则示波器上显示 n 个完整的波形(调节 TIME/DIV 及 SWP.VAR 旋钮可做到这一点)；②使扫描电压的起点自动跟着 Y 轴的输入信号改变.

笔记栏

笔记栏

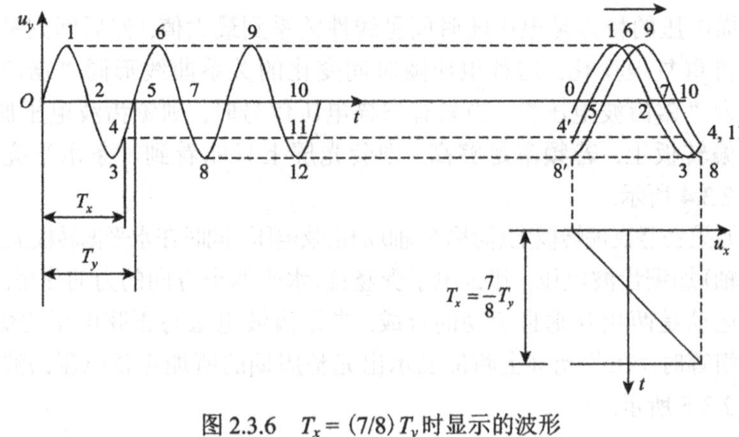

图 2.3.6 $T_x=(7/8)T_y$ 时显示的波形

这要通过触发信号的激励来完成，即通过 Y 轴输入信号所形成的触发信号，使扫描信号在 Y 轴信号回到起点时自动回到起点．使扫描信号的周期等于被测信号的周期或扫描信号的起点自动跟随 Y 轴信号改变的现象称为同步．选择示波器面板上触发部分的“SOURCE(触发源选择)”键，使扫描器工作在内触发方式(CH1 或 CH2)，并且适当调节触发准位电平(LEVEL)，这样波形才能稳定．

3) 双轨迹显示

一般示波器只有一个电子枪，要在屏上同时显示两路信号的图像，需利用人眼的视觉暂留，使两通道的信号轮流输入 Y 轴放大器，在屏上轮流显示．双轨迹显示有“交替”(ALT)和“断续”(CHOP)两种方式．“交替”方式是在本次扫描显示 CH1 通道信号，下次扫描显示 CH2 通道信号，反复地进行．“断续”方式是在每次扫描中，高速轮流显示 CH1 通道和 CH2 通道的信号，以虚线显示在屏上．由于虚线密集，使图形看起来为连续．取 MODE 的 DOUL 为双轨迹显示．

3. 示波器的测量原理

1) 李萨如图形的原理

如果示波器的 X 和 Y 输入是频率相同或呈简单整数比的两个正弦电压，那么屏上的光点将呈现特殊形状的轨迹，这种轨迹图称为李萨如图形．图 2.3.7 为 $f_y:f_x=2:1$ 的李萨如图形．如图 2.3.8 所示的是频率比呈简单整数比值的几组李萨如图形．从图形中可以总结出如下规律：如果作一个限制光点 x, y 方向变化范围的假想方框，那么图形与此框相切时，横边上的切点数 n_x 与竖边上的切点数 n_y 之比恰好等于 Y 轴和 X 轴输入的两正弦信号的频率之比，即

$$f_y:f_x=n_x:n_y \tag{2.3.1}$$

但若出现如图 2.3.8(a)、(b)或(c)所示的图形，有端点与假想边框相接时，应把一个端点计为 1/2 个切点．所以利用李萨如图形能方便地比较出两个正弦信号的频率．若已知其中一个信号的频率，数出图上的切点数 n_x 和 n_y，便可算出另一待测信号的频率．

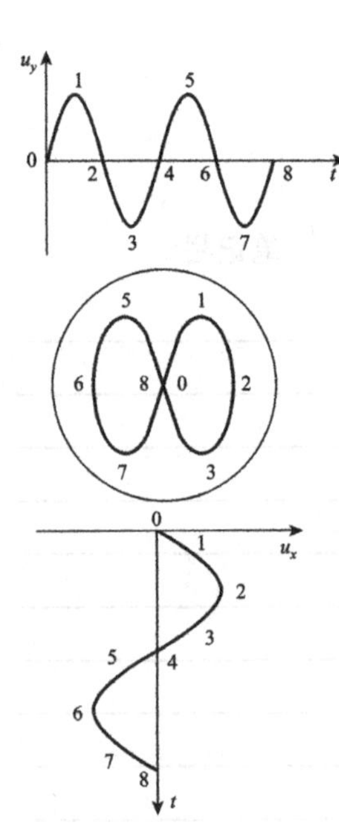

图 2.3.7 $f_y:f_x=2:1$ 的李萨如图形

2) 拍现象

如果在示波器的 Y 轴输入两个(同振动方向的)正弦电压，那么可以呈现两个同方向振动的合成轨迹，当两正弦电压的频率的差值 f_1-f_2 远小于 f_1、f_2，且振幅相近时，则出现特殊的振动现象——拍，如图 2.3.9 所示. 这里拍频为

$$\Delta f=|f_2-f_1| \tag{2.3.2}$$

取 MODE 的 ADD 可做到这一特殊振动现象.

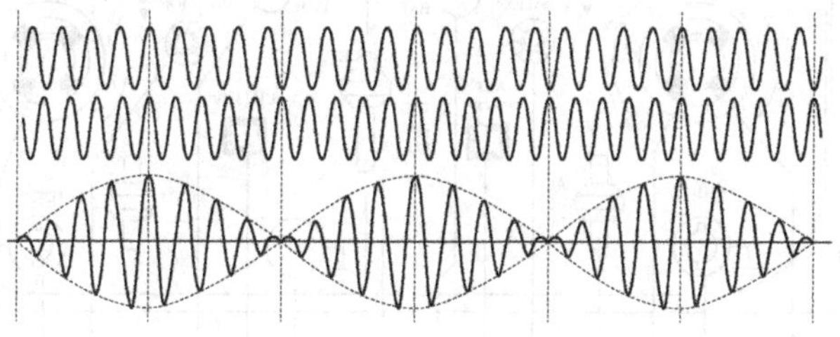

图 2.3.9　拍的形成

3) 测量信号的电压和周期

用示波器测量信号的电压一般是测其峰-峰值 U_{pp}，即信号的波峰到波谷之间的电压值. 在选择适当的通道电压/分度(VOLTS/DIV)因子和扫描时间因子(TIME/DIV)后，只要从屏上读出峰-峰值对应的垂直距离 Y(DIV)和一个周期对应的水平距离 X(DIV)，即可求出电压和周期.

$$U_{pp}=\mathrm{Y(DIV)}\times\mathrm{VOLTS/DIV} \tag{2.3.3}$$

$$T=\mathrm{X(DIV)}\times\mathrm{TIME/DIV} \tag{2.3.4}$$

信号的有效值 U_{eff} 与峰-峰值 U_{pp} 的关系为

$$U_{eff}=\frac{1}{2\sqrt{2}}U_{pp} \tag{2.3.5}$$

若被测信号电压较高，则必须通过衰减后输入示波器的 Y 通道. 衰减倍数用分贝表示，定义为

$$\mathrm{dB}=20\lg\frac{U_0}{U} \tag{2.3.6}$$

式中：U_0 为未衰减时的电压. 根据示波器测得的电压值和衰减的分贝数，可得到被信号的电压值 U.

2.3.3　实验仪器

1. MOS-6××20 MHz 双轨迹示波器

MOS-6××是频宽从直流到 20 MHz 范围的双轨迹示波器，其面板如图 2.3.10 所示，其面板各部件名称及功能见表 2.3.1.

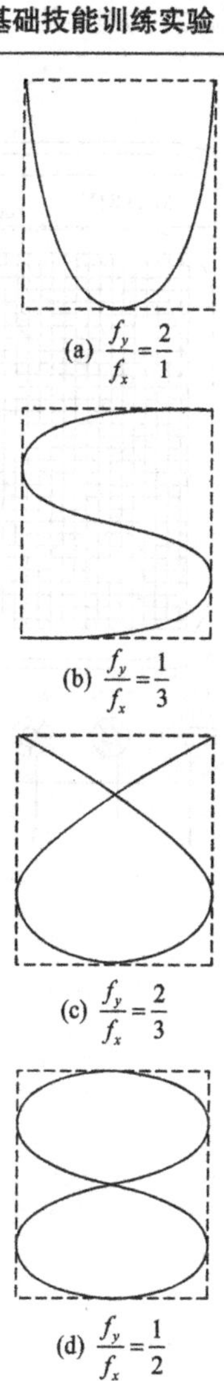

(a) $\frac{f_y}{f_x}=\frac{2}{1}$

(b) $\frac{f_y}{f_x}=\frac{1}{3}$

(c) $\frac{f_y}{f_x}=\frac{2}{3}$

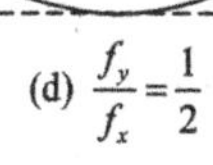

(d) $\frac{f_y}{f_x}=\frac{1}{2}$

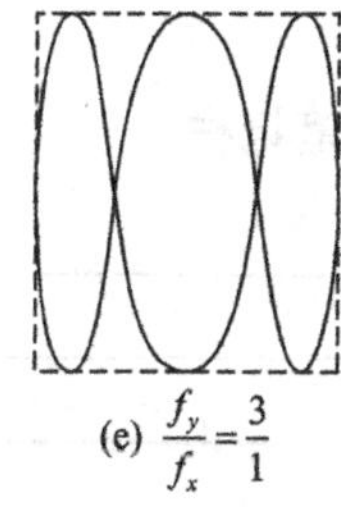

(e) $\frac{f_y}{f_x}=\frac{3}{1}$

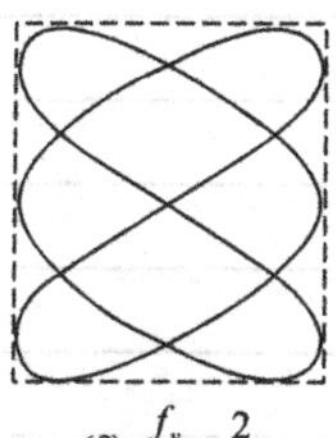

(f) $\frac{f_y}{f_x}=\frac{2}{3}$

图 2.3.8　$f_y : f_x = n_x : n_y$ 的几种李萨如图形

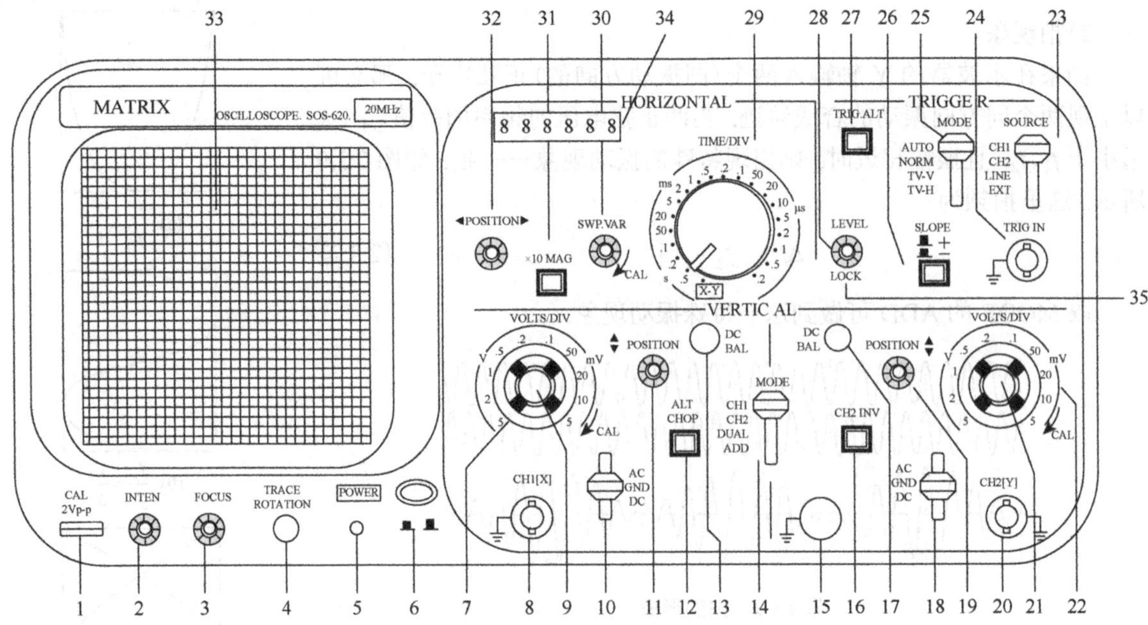

图 2.3.10　MOS-6××20 MHz 示波器面板图

表 2.3.1　MOS-6××20 MHz 双轨迹示波器面板各部件名称及功能

按钮序号		英文名	中文名	操作	功能
1		CAL	校准信号	连线	输出 2Vp-p, 1 kHz 方波信号
2		INTEN	亮度	旋转	顺时针旋转，轨迹亮度增加
3		FOCUS	聚焦	旋转	调整轨迹及文字的清晰度
4		TRACE ROTATION	轨迹旋转	转动	使水平轨迹与刻度线平行
5		POWER	指示灯		接通电源后指示灯亮
6		POWER	电源开关	按下	接通 220 V 交流电，灯 5 亮
竖直偏转	7, 22	VOLTS/DIV	Y 轴灵敏度	旋转	Y 轴信号幅度选择，共 10 档
	10, 18	AC-GND-DC	耦合选择	选择	AC(交流), DC(直流), GND(接地)
	8, 20	CH1、CH2	通道 1、2	接入	信号输入端口
	9, 21	VARIABLE	Y 灵敏微调	旋转	CAL 位置，灵敏度为档位显示值
	11, 19	POSITION	光点位置	旋转	旋转，竖直位置调节
	14	VERT MODE	操作模式	选择	单频(CH1, 2)；双频(DUAL)；相加(ADD)
	13, 17	DC BAL	直流平衡钮	旋转	调整垂直轴衰减直流平衡点
	12	ALT/CHOP	显示方式	按下	在 DUAL 下，轨迹交替或断续显示
水平偏转	16	CH2 INV	反相	按下	使 CH2 信号反相
	29	TIME/DIV	时间/分度	旋转	扫描时间因子
	30	SWP.VAR	扫描微调	旋转	扫描微调，在 CAL 位置可读准读数
	31	×10 MAG	水平放大	按下	扫描放大 10 倍
	32	POSITION	水平位置	旋转	水平位置调节

笔记栏

续表

按钮序号		英文名	中文名	操作	功能
触发	23	SOURCE	触发选择	选择	内触发，电源(LINE)、外触发(EXT)
	24	TRIN. IN	外触发	接入	输入外触发信号，取 SOURCE 为 EXT
	25	TRIG MODE	触发模式	选择	自动，正常，电视(TV-V, TV-H)
	26	SLOPE	触发斜率	按下	凸起：信号正向通过触发准位时触发
	27	RIG. ALT	触发源	按下	双频道工作时，两通道交替为触发源
	28	LEVEL	触发准位	旋转	触发准位上移，调此钮使波形同步
	35	LOCK	电平锁定	旋转	顺时针到底，触发电位为固定电平

注：面板中 15, 33, 34 不做介绍。

笔记栏

2. SG1651 函数信号发生器

SG1651 函数信号发生器面板结构如图 2.3.11 所示，各旋钮、按键的功能见表 2.3.2.

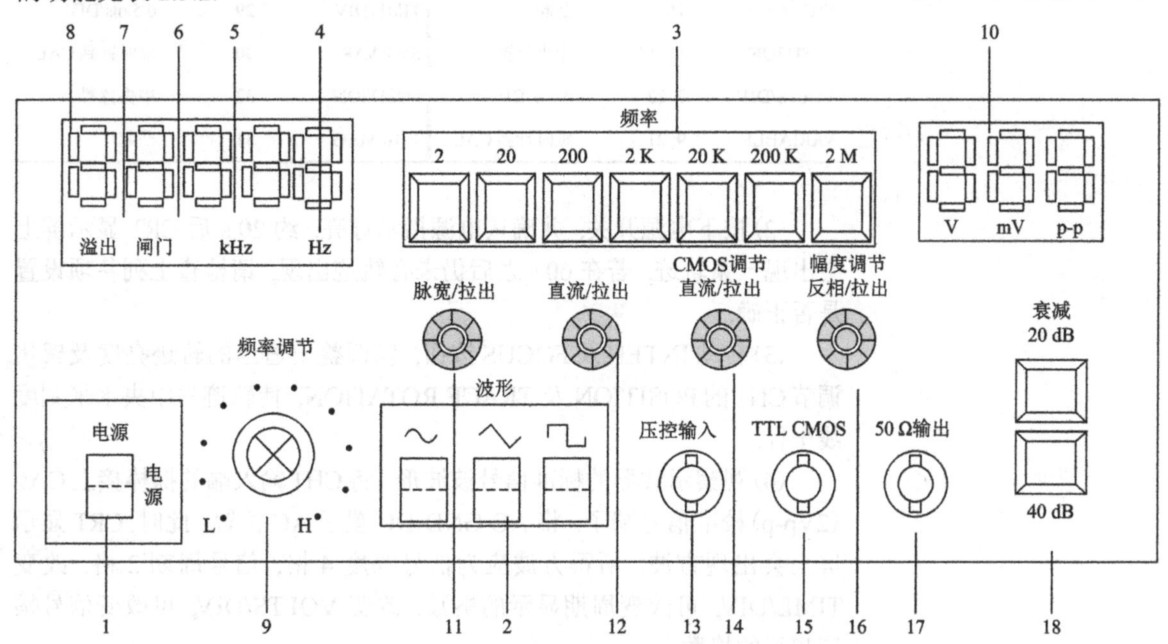

图 2.3.11 SG1651 函数信号发生器面板图

表 2.3.2 SG1651 函数信号发生器面板各按钮、按键的功能

序号	名称	功能	序号	名称	功能
1	电源开关	接通电源	10	电压显示	$U_{pp}=[R_L/(R_L+50)]\times$显示值
2	波形选择	与 16, 19 配合使用	11	波形调节	拉出改变斜波，脉冲波波形
3	频率选择	与 9 配合选择频率	12	直流偏置	拉出设定直流非零工作电位
4	频率单位	指示频率，灯亮	13	VCF 输入	外接电压控制频率输入端
5	频率单位	指示频率，灯亮	14	脉冲调节	拉出得 TTL 脉冲波
6	闸门显示	灯闪，频率计工作	15	脉冲输出	输出 TTL 或 CMOS 脉冲波
7	频率溢出	超过 5 个 LED 灯亮	16	幅度调节	①调幅度；②拉出波形反向
8	频率 LED	显示频率	17	信号输出	输出阻抗 50 Ω
9	频率调节	与 3 配合选择频率	18	输出衰减	按下产生 20 dB 或 40 dB 衰减

笔记栏

2.3.4 实验内容与步骤

1. 示波器使用练习

(1) 开机前的准备. 开机前, 把示波器面板上各旋钮调到如表 2.3.3 所示的位置.

表 2.3.3 开机前, 示波器上各旋钮的位置

项目	序号	设定	项目	序号	设定
POWER	6	OFF 状态	AC-GND-DC	10, 18	GND
INTEN	2	中央位置	SOURCE	23	CH1
FOCUS	3	中央位置	SLOPE	26	凸起(+)
VERT MODE	14	CH1	TRIC.ALT	27	凸起
ALT/CHOP	12	凸起	TRIGGER MODE	25	AUTO
CH2 INV	16	凸起	TIME/DIV	29	0.5 ms/DIV
POSITION	11, 19	中央位置	SWP.VAR	30	顺时针到 CAL
VOLTS/DIV	7, 22	0.5 V/DIV	POSITION	32	中央位置
VARIABLE	9, 21	顺时针到 CAL	×10 MAG	31	凸起

(2) 按下电源开关, 并确认电源指示灯亮. 约 20 s 后 CRT 显示屏上会出现一条轨迹, 若在 60 s 之后仍未有轨迹出现, 请检查上列各项设置是否正确.

(3) 转动 INTEN 及 FOCUS 按钮, 以调整出适当的轨迹亮度及聚焦, 调节 CH1 的 POSITION 及 TRACE ROTATION, 使轨迹与中央水平刻度线平行.

(4) 观察示波器的标准信号波波形. 将 CH1 输入端的探棒接上 CAL (2Vp-p) 校准信号端子. 将 AC-GND-DC 置于 AC 位置, 此时, CRT 显示屏上会出现方波. 所得方波应为信号幅度 4 格, 信号周期 2 格. 改变 TIME/DIV, 可改变周期显示的格数. 改变 VOLTS/DIV, 可改变信号幅度显示的格数.

(5) 调整 FOCUS 旋钮, 使轨迹更清晰. 调整 POSITION 旋钮, 使波形与刻度线齐平, 并使电压值 (Vp-p) 及周期 (T) 易于读数.

2. 测量正弦信号的电压和周期

(1) 观察正弦波. 将第一信号发生器的频率调为约 50 Hz, 100 Hz, 500 Hz, 输出电压约为 2 V, 选正弦波形由 CH1 输入, 取 CH1 的 VOLTS/DIV 为 0.5 V/DIV, TIME/DIV 为适当的档位, CH1 的 VARIABLE 取适当的位置, 使屏上显示稳定的正弦波形.

(2) 测量正弦波的电压和周期. 将第一信号发生器的频率取为约 200 Hz, 输出电压约为 2 V, 选正弦波形由 CH1 输入. 取 CH1 的 VOLTS/DIV

笔记栏

为 0.5 V/DIV, TIME/DIV 为适当的档位. CH1 的 VARIABLE 及 SWP.VAR 顺时针转到 CAL 位置, 若屏上的正弦波形不稳定, 则适当调节 LEVEL. 读出此时信号发生器上对应的数据和 CRT 显示屏上的电压峰–峰值及 n 个周期对应的分格度, 记录在数据表格中并计算结果.

3. 观察“拍”现象并测量正弦信号的频率

(1) 将第二信号发生器的频率取为约 1000 Hz, 选正弦波形, 由 CH2 通道输入. CH2 通道的 AC-GND-DC 置于 AC 位置, 此时 VERT MODE 选择为 CH2 工作方式, 则 CRT 显示第二个正弦波形.

(2) 双轨迹显示. CH1 及 CH2 取频率相近的正弦波, 设定 VERT MODE 为 DUAL 工作方式, 则 CRT 显示屏出现两个正弦波形. ALT/CHOP 键表明显示方式(交替/断续). SOURCE 键的 CH1 及 CH2 表示内部触发源(用 CH1 触发, 则第一个波形稳定; 用 CH2 触发, 则第二个波形稳定). 按下 TRIG.ALT 键, 则两种波形同步稳定显示.

(3) 在上述(2)的基础上将 VERT MODE 选为 ADD 方式. 由 CH1 输入的信号不变, 改变由 CH2 输入的信号频率, 使屏上出现稳定的“拍”波形(此时两输入信号的电压幅值及相应的衰减取为相同或相近). 记下此时“拍”的长度 X_1(水平分格度)、扫描 TIME/DIV 和 CH2 的信号频率 f_2. 缓慢改变 CH2 的频率, 得到另一个稳定的“拍”波形; 又记下此时“拍”的长度 X_2、扫描 TIME/DIV 和 CH2 的频率 f_2. 分别求出两次情况下的拍频 Δf, 并算出 CH1 通道信号的频率 f_1.

4. 观察李萨如图形并测量正弦信号的频率

(1) 将 CH1 通道的信号频率取为约 50 Hz, 使示波器显示正弦波形.

(2) 将 CH2 通道的信号频率也取为约 50 Hz, 调出稳定的正弦波形.

(3) 将 TIME/DIV 设为 X-Y 模式, 则屏上出现李萨如图形. 适当调整 VOLTS/DIV, 使图形不超出 CRT 显示屏.

(4) 调节 CH2 的频率, 使示波器上分别出现 $f_y : f_x = n_x : n_y = 1 : 1$, $2 : 1$, $3 : 1$, $3 : 2$ 的李萨如图形. 描下李萨如图形, 数出相应的水平方向和竖直方向的切点数 n_x, n_y, 记下 CH2 信号相应的频率 f_y, 记入数据表格, 并求出 f_x.

2.3.5　数据处理

1. 正弦信号电压和周期的测量(表 2.3.4)

表 2.3.4　正弦信号电压和周期测量数据表

信号发生器			示波器						测量结果	
频率/Hz	输出衰减/dB	电压显示/V	Y 灵敏度/(V/格)	分度/格	U_{pp}/V	时间/分度/(ms/格)	分度/格	周期数/个	U_{eff}/V	T/ms

笔记栏

2. 由拍现象测量正弦信号的频率(表 2.3.5)

表 2.3.5 由拍现象测量正弦信号的频率

	第二信号频率 f_2/Hz	时间/分度 /(ms/格)	拍长/格	拍周期 T/s	拍频/Hz	测量结果 f_1/Hz
1						
2						

3. 由李萨如图形测量正弦信号的频率(表 2.3.6)

表 2.3.6 由李萨如图形测量正弦信号的频率

n_x:n_y,	1∶1	2∶1	3∶1	3∶2
李萨如图形				
n_x				
n_y				
f_y				
f_x				

2.3.6 实验注意事项

(1) 不要使光点过亮，特别是光点不动时，应使亮度减弱，以免损伤荧光屏.

(2) 动旋钮时要有的放矢，不要将开关和旋钮强行旋转、死拉硬拧，以免损坏旋钮.

(3) 读电压和周期时一定要将相应的微调旋钮放在 CAL 位置上.

电磁学实验有关要求和说明

2.3.7 实验思考题

1. 打开示波器的电源开关后，在屏幕上既看不到扫描线又看不到光点，可能有哪些原因？应分别作怎样的调节？

2. 测量正弦信号时如果图形不稳定，总是向左或向右移动，该如何调节？

3. 若被测信号幅度太大(在不损坏仪器的前提下)，则在屏上看到什么图形？

2.4 数字示波器的使用

数字示波器是 20 世纪 70 年代初发展起来的一种新型示波器，由于数字示波器内含微处理器，所以能实现多种波形参数的测量和显示，能对波形实现多种复杂的处理，如对两种信号进行加、减、乘以及快速傅里叶变换(FFT)的数学运算，同时该仪器还具有许多自动操作功能，在现代的科学研究中的应用日益广泛，为使大学物理实验适应当代科学研究的需要，我们在本科生中开设了数字示波器的使用.

2.4.1　实验目的

(1) 了解数字示波器的基本结构和工作原理，掌握数字示波器的基本使用方法.

(2) 学会使用数字示波器测量电信号波形，电压、周期，频率和相位差.

(3) 利用数字示波器观察拍频和李萨如图形.

2.4.2　实验原理

在介绍数字示波器原理之前，先明确模拟信号与数字信号的概念. 模拟信号是指在时域上数学形式为连续函数的信号，数字信号则是指数字化的离散时间信号，一般用二进制 0 和 1 来表示. 由于数字信号只有两种状态，所以其抵抗外界环境干扰的能力比模拟信号要强，在现代技术的信号处理中，其应用日益广泛，几乎复杂的信号处理都离不开数字信号；或者说，能把物理量用数字信号来表示，就能使用计算机来对其进行处理.

数字示波器以微处理器系统(CPU)为核心，再配以数据采集系统、显示系统，时基电路、面板控制电路、存储器及外设接口控制器等组成，其工作原理图如图 2.4.1 所示，输入的模拟信号(analog signal)首先经垂直增益电路进行放大或衰减变成适于数据采集的模拟信号，经过 A/D 转换器进行数字化处理，转化为数字信号(digital signal)，采集存储器中存储的是一系列的二进制编码，这些数据就是数字化的波形数据，整个数据采集过程由时基电路控制. 利用微处理器 CPU 将数字信号依次读出，送入保持存储器进行数据保存. 利用显示电路中的 D/A 转换器将

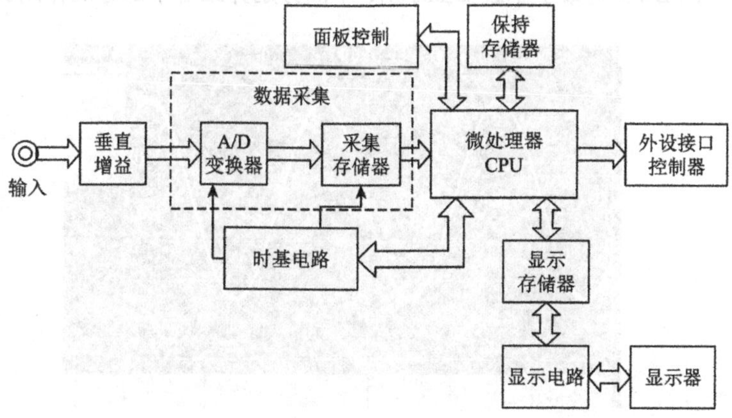

图 2.4.1　数字示波器工作原理图

笔记栏

其还原为连续的模拟信号，经垂直放大器放大后加到示波器的垂直系统. 与此同时, CPU 读出的地址信号加至 D/A 转换器，得到一扫描电压，经水平放大器放大后加至水平系统，从而达到在屏幕上重现输入模拟信号的目的. 屏幕在显示波形的时候，还可通过CPU控制面板对采集到的波形数据进行各种运算和分析，并将结果在显示器适当的位置显示出来. 此外，数字示波器还具有 RS-232、GPIB 等标准通信接口，可根据需要将波形数据送至计算机做更进一步的处理.

2.4.3 实验仪器

1. SDS1102X-E 数字示波器

SDS1102X-E 数字示波器是频带宽度为 100 MHz 的双踪示波器，能够存储波形和设置信息，提供精确的实时捕获功能，标准自动测量功能达到 11 项之多. 其前面板结构如图 2.4.2 所示，按功能可分为显示屏、垂直控制区、水平控制区、触发控制区、功能区五个部分，另有 6 个菜单按键，3 个输入连接端口. 下面分别介绍各部分的按钮和作用.

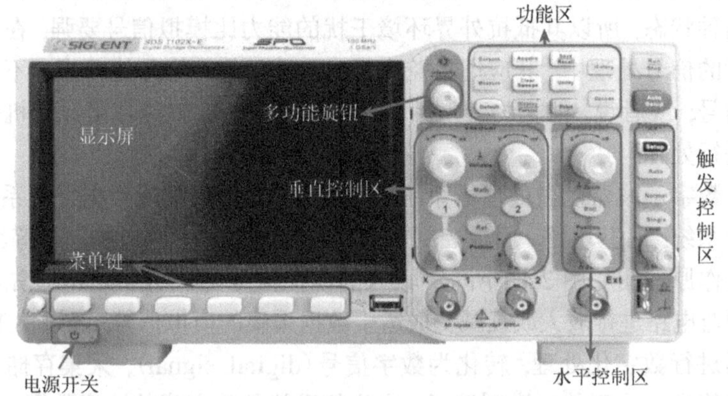

图 2.4.2 SDS1102X-E 示波器前面板图

1) 数字示波器的显示屏

图 2.4.3 为数字示波器显示屏，下面分别介绍各个部分的作用和功能.

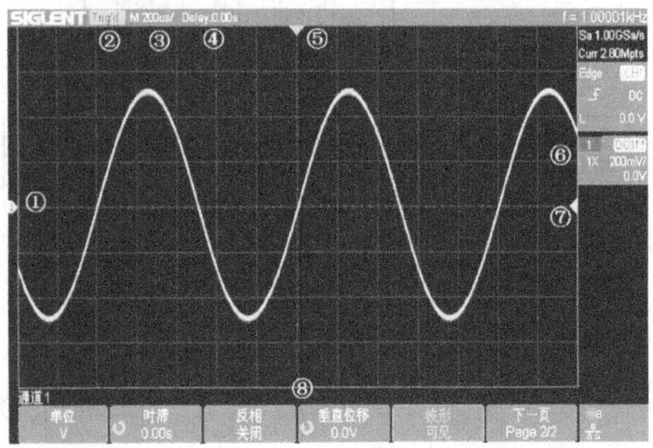

图 2.4.3 SDS1102X-E 数字示波器的显示屏

①**通道标记/波形**: 不同通道用不同的颜色表示, 通道标记和波形颜色一致.

②**运行状态**: 可能的状态包括: Arm(采集预触发数据)、Ready(等待触发)、Trig'd(已触发)、Stop(停止采集)、Auto(自动).

③**水平档位**: 表示屏幕水平轴上每格所代表的时间长度. 使用水平档位旋钮可以修改该参数, 可设置范围为 1 ns/div～100 s/div.

④**触发位移**: 使用水平 Position 旋钮可以修改该参数. 向右旋转旋钮使得箭头(初始位置为屏幕正中央)向右移动, 触发位移(初始值为 0)相应增加; 向左旋转旋钮使得箭头向左移动, 触发位移相应减小. 按下按钮参数自动被设为 0, 且箭头回到屏幕正中央.

⑤**触发位置**: 显示屏幕中波形的触发位置.

⑥**通道设置**: 探头衰减系数, 1X 显示当前开启通道所选的探头衰减比例. 可选择的比例有 0.1X, 0.2X, 0.5X,⋯, 1000X, 2000X, 5000X, 10000X(1-2-5 步进), 自定义 A, 自定义 B, 自定义 C, 自定义 D.

通道耦合: DC 显示当前开启通道所选的耦合方式. 可选择的耦合方式有 DC、AC、GND.

垂直档位: 200 mV/表示屏幕垂直轴上每格所代表的电压大小. 使用垂直 Position 旋钮可以修改该参数, 可设置范围为 500 μV/div～10 V/div.

输入阻抗: 1 M 显示当前开启通道的输入阻抗.

⑦**触发电平位置**: 显示当前触发通道的触发电平在屏幕上的位置. 按下按钮使电平自动回到屏幕中心.

⑧**菜单**: 显示示波器当前所选功能模块对应菜单. 按下对应菜单软键即可进行相关设置.

2) 数字示波器的垂直控制区

如图 2.4.4 所示, 在垂直控制区(Vertical)有一系列的按键、旋钮. 下面分别介绍其作用和功能.

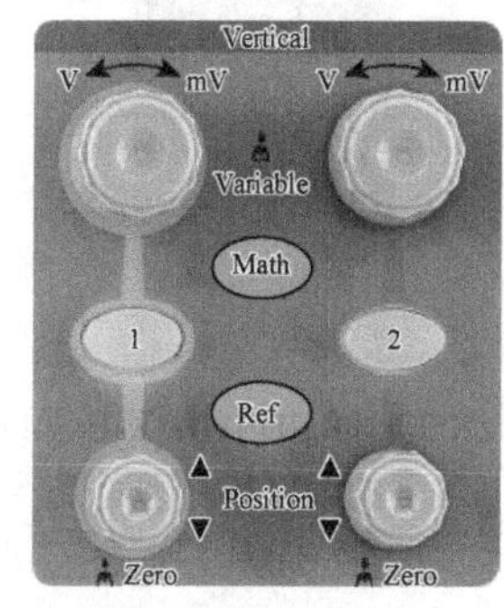

图 2.4.4　SDS1102X-E 示波器的垂直控制区面板

(1): 模拟输入通道. 两个通道标签用不同颜色标识, 且屏幕中波形颜色和输入通道连接器的颜色相对应. 按下通道按键可打开相应通道及其菜单, 连续按下两次则关闭该通道.

垂直 Position : 修改对应通道波形的垂直位移. 修改过程中波形会上下移动, 同时屏幕中下方弹出的位移信息会相应变化. 按下该按钮可将垂直位移恢复为 0.

垂直电压档位 Variable : 修改当前通道的垂直档位. 顺时针转动减小档位, 逆时针转动增大档位. 修改过程中波形幅度会增大或减小, 同时屏幕右方的档位信息会相应变化. 按下该按钮可快速切换垂直档位调节方式为“粗调”或“细调”.

(Math): 按下该键打开波形运算菜单. 可进行加、减、乘、除、FFT、积分、微分、平方根等运算.

Ref: 按下该键打开波形参考功能. 可将实测波形与参考波形相比较, 以判断电路故障.

3) 数字示波器的水平控制区

如图 2.4.5 所示, 在水平控制区(Horizontal)有一个按键、两个旋钮. 下面介绍水平控制区按键的作用和功能.

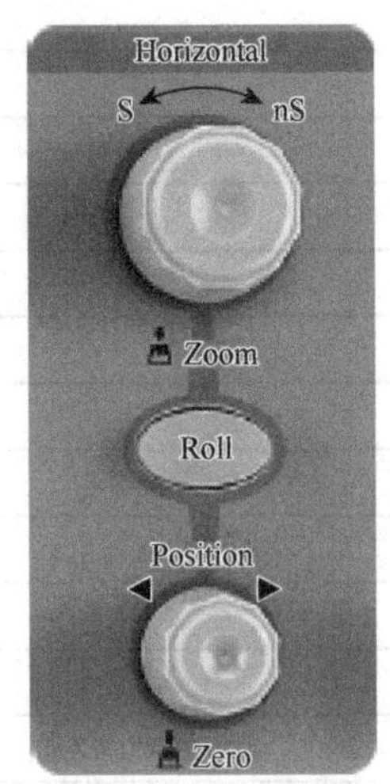

图 2.4.5 SDS1102X-E 示波器的水平控制区面板

Roll: 按下该键快进入滚动模式. 滚动模式的时基范围为 50 ms/div～100 s/div.

水平 Position : 修改触发位移. 旋转旋钮时触发点相对于屏幕中心左右移动. 修改过程中, 所有通道的波形同时左右移动, 屏幕上方的触发位移信息也会相应变化. 按下该按钮可将触发位移恢复为 0.

水平档位 Zoom : 修改水平时基档位. 顺时针旋转减小时基, 逆时针旋转增大时基. 修改过程中, 所有通道的波形被扩展或压缩, 同时屏幕上方的时基信息相应变化. 按下该按钮快速开启 Zoom 功能.

4) 数字示波器的触发控制区

如图 2.4.6 所示, 触发控制区(Trigger)有一个旋钮、四个按键. 下面分别介绍触发控制区按键的作用和功能.

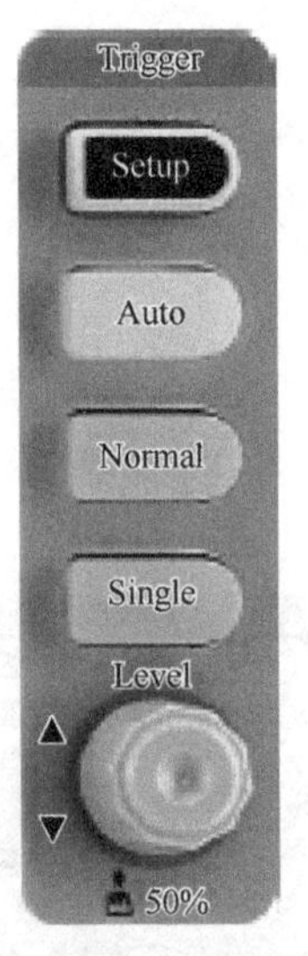

图 2.4.6 SDS1102X-E 示波器的触发控制区面板

Setup: 按下该键打开触发功能菜单. 本示波器提供边沿、斜率、脉宽、视频、窗口、间隔、超时、欠幅、码型和串行总线(I2C/SPI/URAT/CAN/LIN)等丰富的触发类型.

Auto: 按下该键切换触发模式为 Auto(自动)模式.

Normal: 按下该键切换触发模式为 Normal(正常)模式.

Single: 按下该键切换触发模式为 Single(单次)模式.

触发电平 Level : 设置触发电平. 顺时针转动旋钮增大触发电平, 逆时针转动减小触发电平. 修改过程中, 触发电平线上下移动, 同时屏幕右上方的触发电平值相应变化. 按下该按钮可快速将触发电平恢复至对应通道波形中心位置.

5) 数字示波器的功能区

如图 2.4.7 所示, 下面分别介绍功能区按键的作用和功能.

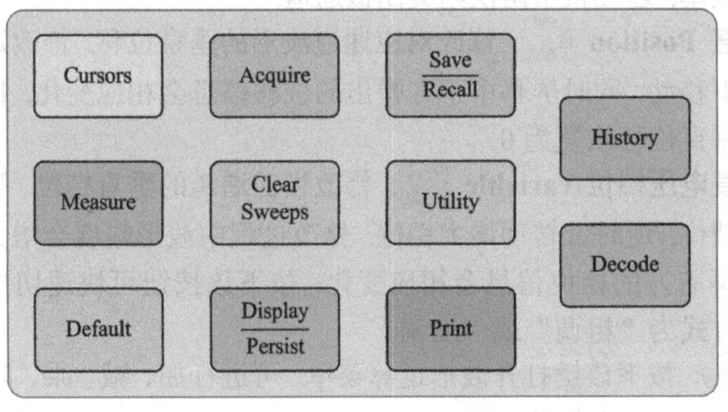

图 2.4.7 SDS1102X-E 示波器的功能区面板

笔记栏

Cursors: 按下该键直接开启光标功能. 示波器提供手动和追踪两种光标模式, 另外还有垂直和水平两个方向的两种光标测量类型.

Measure: 按下该键快速进入测量系统, 可设置测量参数、统计功能、全部测量、Gate 测量等. 测量可选择并同时显示最多任意四种测量参数, 统计功能则统计当前显示的所有选择参数的当前值、平均值、最小值、最大值、标准差和统计次数.

Default: 按下该键快速恢复至用户自定义状态.

Acquire: 按下该键进入采样设置菜单. 可设置示波器的获取方式(普通/峰值检测/平均值/增强分辨率)、内插方式、分段采集和存储深度(7 K/70 K/700 K/7 M/14 K/140 K/1.4 M/14 M/).

Clear Sweeps: 按下该键进入快速清除余辉或测量统计, 然后重新采集或计数.

Display Persist: 按下该键快速开启余辉功能. 可设置波形显示类型、色温、余辉、清除显示、网格类型、波形亮度、网格亮度、透明度等. 选择波形亮度/网格亮度/透明度后, 通过多功能旋钮调节相应亮度. 透明度指屏幕弹出信息框的透明程度.

Save Recall: 按下该键进入文件存储/调用界面. 可存储/调出的文件类型包括设置文件、二进制数据、参考波形文件、图像文件、CSV 文件、MATLAB 文件和 default 键预设.

Utility: 按下该键进入系统辅助功能设置菜单. 设置系统相关功能和参数, 例如接口、声音、语言等. 此外, 还支持一些高级功能, 例如 Pass/Fail 测试、自校正和升级固件等.

Print: 按此按键保存界面图像到 U 盘中.

History: 按下该键快速进入历史波形菜单. 历史波形模式最大可录制 80000 帧波形.

Decode: 解码功能按键. 按下该键打开解码功能菜单. SDS1000X-E 支持 I2C、SPI、UART、CAN 和 LIN 串行总线解码.

2. SDG1032X 函数信号发生器

SDG1032X 函数信号发生器, 最大带宽 100 MHz, 采样系统具备 1.2 GSa/s 采样率和 16 bit 垂直分辨率的优异指标, 具备调制、扫频、Burst、谐波发生、通道合并等多种复杂波形的产生能力. 其前面板结构如图 2.4.8 所示, 本实验中主要用到正弦波, 因此只介绍正弦波的设置方法.

选择 Waveforms→Sine, 触摸屏显示区中将出现正弦波的操作菜单, 通过对正弦波的波形参数进行设置, 可输出相应波形. 设置正弦波的参数主要包括: 频率/周期、幅值/高电平、偏移量/低电平、相位, 如图 2.4.9 所示. Sine 波形操作菜单说明见表 2.4.1.

笔记栏

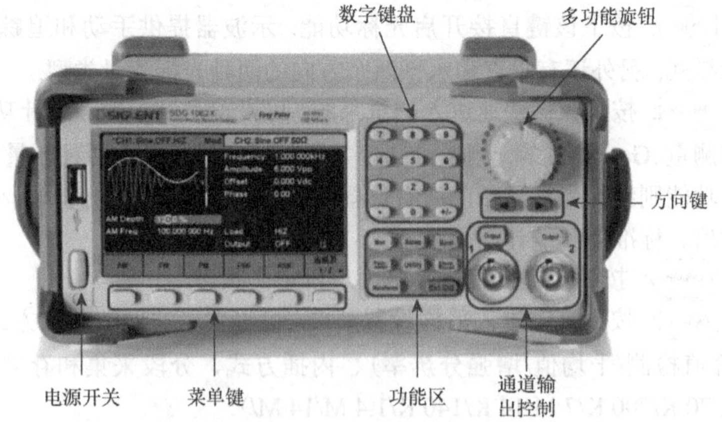

图 2.4.8 SDG1032X 函数信号发生器前面板图

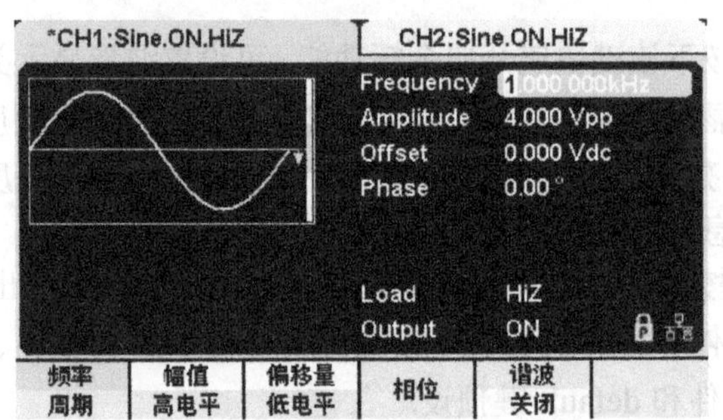

图 2.4.9 正弦波参数显示界面

表 2.4.1 Sine 波形操作菜单说明

功能菜单	设置说明
频率/周期	设置波形频率/周期，按下相应的菜单键可上下切换
幅值/高电平	设置波形幅值/高电平，按下相应的菜单键可上下切换
偏移量/低电平	设置波形偏移量/低电平，按下相应的菜单键可上下切换
相位	设置波形相位

1) 设置频率/周期

频率是基本波形最重要的参数之一，默认值为 1 kHz. 选择 Waveforms→Sine→频率，可设置频率参数值. 如图 2.4.10 所示，改变频率参数有两种方法：①可通过数字键盘直接输入参数值，然后通过相应的菜单键选择参数单位即可；②使用方向键来选择所需更改的数据位，再通过旋转多功能旋钮改变该位的数值. 当再次按下相应功能键时，可设置周期.

2) 设置幅值/高电平

选择 Waveforms→Sine→幅值，可设置幅值参数值，如图 2.4.11 所示. 设置幅值的方法与设置频率参数的方法相同. 当再次按下相应功能键时，可设置高电平.

笔记栏

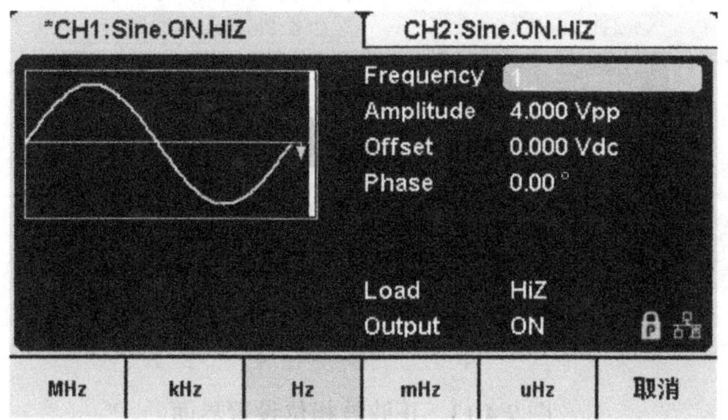

图 2.4.10 正弦波频率/周期设置界面

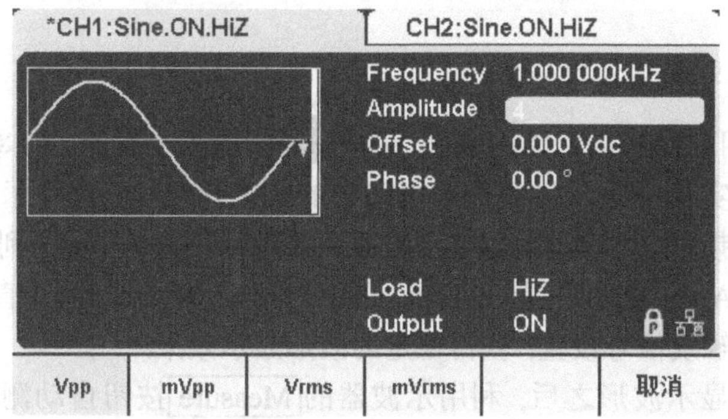

图 2.4.11 正弦波幅值/高电平设置界面

3) 设置偏移量/低电平

选择 Waveforms→Sine→偏移量, 可设置偏移量参数值, 如图 2.4.12 所示. 设置偏移量的方法与前述设置频率、幅值的方法相同. 当再次按下相应功能键时, 可设置低电平.

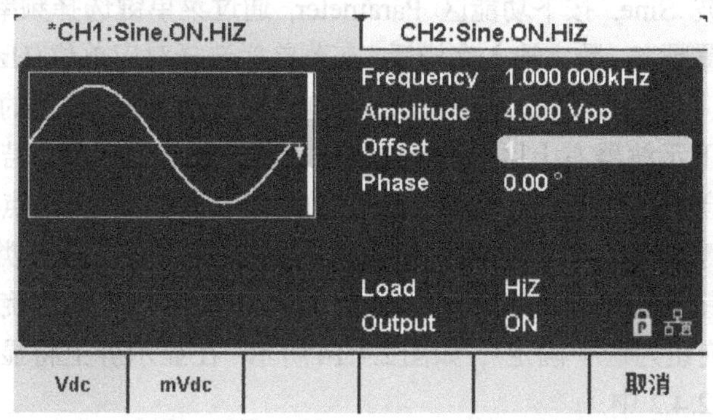

图 2.4.12 正弦波偏移量/低电平设置界面

4) 设置相位

波形相位的可设置范围为−360°至 360°. 默认值为 0°. 选择 Waveforms→Sine→相位, 可设置相位参数值, 如图 2.4.13 所示. 设置相位的方法与前述设置频率、幅值、偏移量的方法相同.

笔记栏

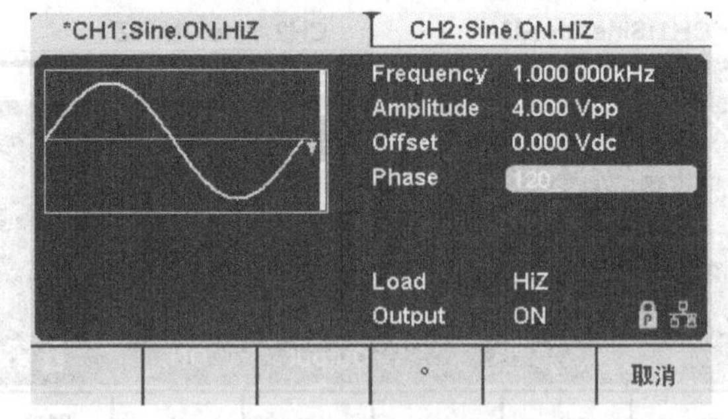

图 2.4.13 正弦波相位设置界面

2.4.4 实验内容与步骤

1. 正弦波信号的测量

(1)用自动测量功能测量信号的峰-峰值电压、周期、频率等参数.

电路实验中经常需要查看电路中的某个信号，但有不了解该信号的幅值和频率，可以利用数字示波器对其进行快速的测量. 利用数字示波器的“Auto(自动设置)”按钮，可以自动调整示波器的垂直档位，水平档位和触发信号设置，获得稳定的波形显示效果.

正确显示波形之后，利用示波器的[Measure]按钮自动测量信号的峰-峰值电压、周期、频率等参数. 测量方法及步骤如下.

①连接信号发生器与示波器. 将信号发生器输出通道 1 和通道 2 分别连至示波器输入通道 1 和通道 2 上.

②打开信号发生器和示波器电源开关.

③调节信号发生器通道 1 输出信号：正弦波，频率 1 kHz，峰-峰值电压 1 V. 具体设置方法如下：按下功能区 Waveforms，通过菜单按键选择正弦波 Sine. 按下功能区 Parameter，通过菜单键选择频率，通过数字键盘设置频率，数字输入完毕后，在菜单栏选择对应单位(Hz 或 kHz)完成设置. 同样方法通过菜单键选择幅值，完成信号峰-峰值的设置.

④按下示波器右上区 Auto Setup，完成初始自动设置. 若示波器无信号，请检查信号发生器输出端口对应的 Output 按键灯(需点亮).

⑤观察波形，按下功能区 Measure，通过菜单按键选择类型，通过多功能旋钮选择峰-峰值、频率、周期三个选项(旋转多功能旋钮移动光标，按下旋钮为选中确定)，如图 2.4.14 所示. 在显示屏上将显示的数据记录在表 2.4.2 中.

⑥调节信号发生器通道 1 输出信号：正弦波，频率 500 Hz，峰-峰值电压 2 V. 再次按下示波器[Auto Setup]自动设置，获得完整稳定的波形显示效果(也可以手动调整垂直 Position 旋钮，水平 Position 旋钮，垂直档位(伏特/格)，水平档位(秒/格)，使示波器能够显示 2～4 个完整的正弦波波形)，观察并记录此时屏幕下方显示的峰-峰值电压、周期和频率读数的变化.

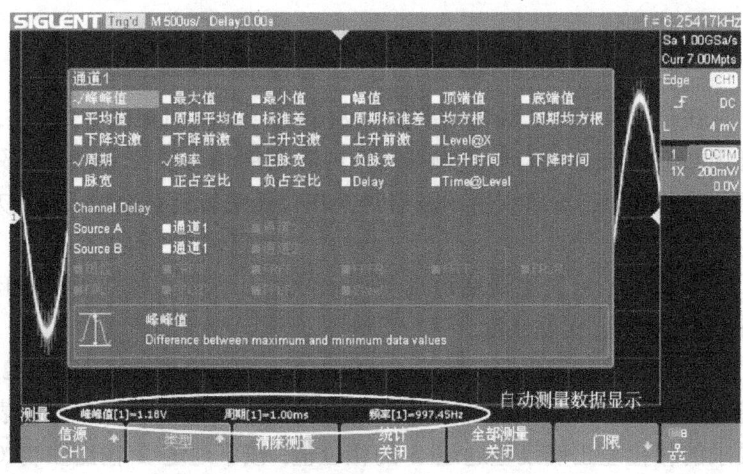

图 2.4.14　自动测量峰-峰值电压、周期和频率

(2) 用光标手动测量功能测量信号的峰-峰值电压、周期、频率等参数. 测量方法及步骤如下.

①调节信号发生器通道 1 输出信号：正弦波，频率 1 kHz，峰-峰值电压 1 V. 手动调整示波器的垂直档位、水平档位，使示波器能够观察 2～4 个完整的波形.

②按下功能区 Cursors，通过对应菜单按键选择 X，此时屏上出现两条竖直标线(黄色虚线)，通过多功能旋钮，将两条标线分别移动至波形上两个相邻的波峰/波谷处(**注意**：旋转旋钮移动其中一条标线位置，按下后可以切换至另一条标线)，此时示波器上显示的ΔX 和 1/ΔX 即为正弦波信号的周期和频率，如图 2.4.15(a) 所示，将对应数据记录在表 2.4.3 中.

笔记栏

图 2.4.15 彩图

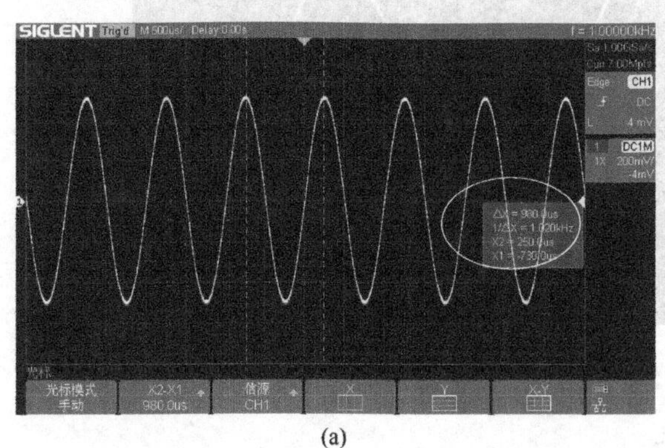

(a)

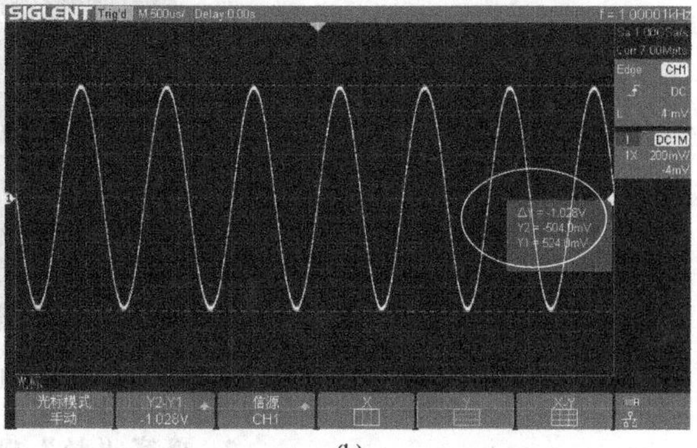

(b)

图 2.4.15　手动模式光标测量周期和频率

③通过对应菜单按键选择 Y，屏上出现两条水平标线(黄色虚线)，通过多功能旋钮移动两条标线使其分别和正弦波波峰、波谷相切，示波器上显示的ΔY 即为信号的峰-峰值电压，如图 2.4.15(b) 所示，将对应数据记录在表 2.4.3 中.

④调节信号发生器通道 1 输出信号：正弦波，频率 500 Hz，峰-峰值电压 2 V. 重复①～③步.

 笔记栏

2. 用光标手动测量功能测量两通道正弦信号相位差

在信号实验中，经常需要知道两个信号之间的相位差，此时，可以利用数字示波器进行快速测量. 该内容利用信号发生器产生两列固定相位的正弦波，然后利用示波器对其相位差进行定量测量. 测量方法及步骤如下.

①调节信号发生器通道 1 输出信号：正弦波，频率 1000 Hz，峰-峰值电压 1 V，相位 0 度.

②按下信号发生器功能区 CH1/CH2 ，切换选中通道为通道 2，调节通道 2 输出信号：正弦波，频率 1000 Hz，峰-峰值电压 1 V，根据表 2.4.3 要求的相位差正确设置通道 2 的相位值. 按下通道 2 输出控制 Output 按键.

③按下示波器垂直控制区 2 键，点亮按键灯，此时示波器显示屏显示通道 2 信号.

④按下示波器右上区 Auto Setup ，完成初始自动设置.

⑤观察波形，使用光标手动功能测量两通道信号相邻两个波峰或波谷之间的时间差 ΔX（调节方法参考正弦波信号手动测量第②步），如图 2.4.16 所示，记录时间差 ΔX 并根据 $\Delta\varphi=\dfrac{2\pi}{T}\Delta X$ 计算相位差. 数据记录在表 2.4.4 中.

图 2.4.16 彩图

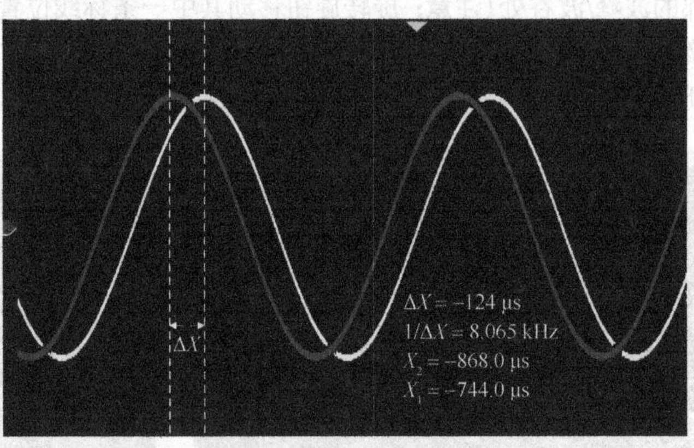

图 2.4.16 手动模式光标测量两正弦信号相位差

3. 观察“拍”现象

(1) 保持信号发生器通道 1 输出信号 f_1 不变，调节通道 2 输出信号 f_2：正弦波，频率 950 Hz，峰-峰值电压 1 V.

(2) 按下示波器垂直控制区 Math 按键，通过菜单按键选择操作符，在子菜单中选择+，通过菜单栏按键分别将信源 A 和信源 B 设置为 CH1 和 CH2.

(3) 隐藏通道 1 和通道 2 波形. 按下垂直控制区的 1 按键，使示波器下方显示通道 1 的菜单（**注意**：若示波器左下角显示了通道 1 字

笔记栏

样，如图 2.4.17 所示，则表示当前显示的就是通道 1 的菜单，此时不需再按下[1]按键，若按下则通道 1 信号会被关闭，再次开启通道 1 后需要重做第 2 步，重新设置信源），通过菜单键选择下一页，将菜单栏的波形可见切换为波形隐藏状态，即可隐藏通道 1 信号的波形，同样方法将通道 2 输入信号波形隐藏.

图 2.4.17　通道 1 的菜单

(4) 调节水平控制区[水平档位旋钮]，使屏幕上能看到两个以上的“拍”形，如图 2.4.18 所示.

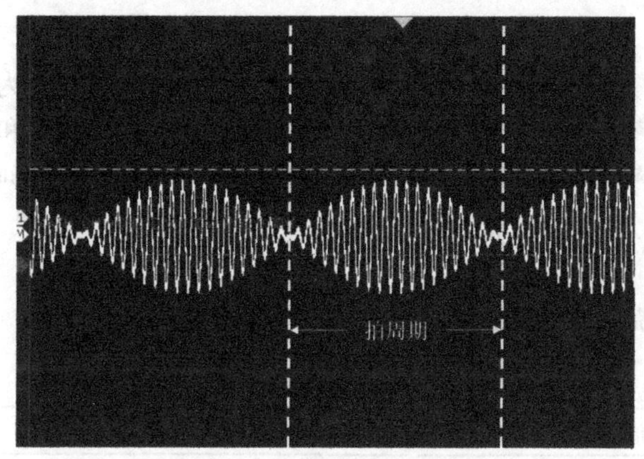

图 2.4.18　观察到的拍频现象

图 2.4.18 彩图

(5) 按下示波器右上角[Run/Stop]按键使波形稳定，拍照.

(6) 使用光标手动功能测量两个相邻振幅为 0 的点之间的时间差，即“拍周期”（调节方法参考正弦波信号手动测量第②步），如图 2.4.18 所示，记录 $1/\Delta X$ 的数据，即为拍频的实验测量结果（表 2.4.5），与理论值进行对比.

4. 观察李萨如图形并测量正弦信号的频率

(1) 将信号发生器两通道输出信号均设置为：正弦波，频率 500 Hz，峰-峰值电压 1 V，相位 0°.

(2) 按下示波器右上区的[Auto Setup]，恢复初始自动设置.

(3) 按下示波器垂直控制区[2]键，点亮通道 2 按键灯.

(4) 按下功能区[Acquire]，通过第三个菜单按键使对应菜单栏变为 XY 开启状态. 此时，两通道信号波形在垂直方向上相互叠加，示波器上出现的图形即为李萨如图形. 如图 2.4.19 所示.

(5) 保持示波器 1 通道对应信号的频率 $f_x = 500$ Hz，调节示波器 2 通道对应信号的频率 f_y，使示波器上分别出现 $n_x : n_y = 1:2$，$2:1$，$3:1$，$3:2$ 的李萨如图形. 描下对应李萨如图形，数出相应的水平方向和竖直方向的最多的交点个数 n_x、n_y，数据记录在表 2.4.6 中.

图 2.4.19 彩图

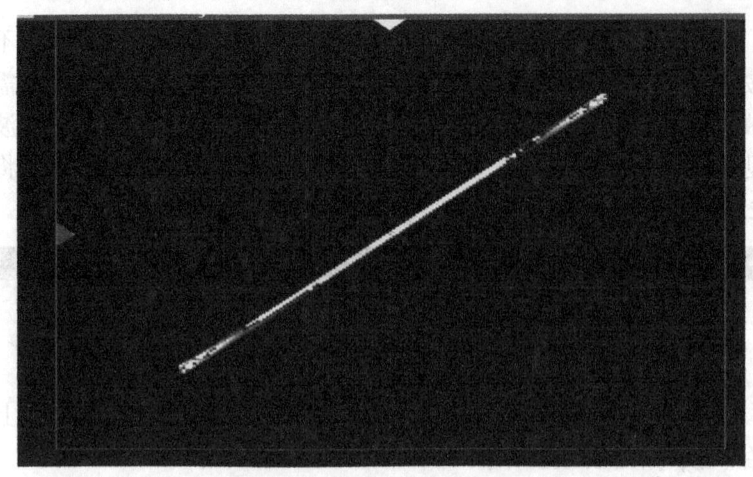

图 2.4.19 频率比为 1∶1 的李萨如图形

(6) 观察信号相位变化对李萨如图形的影响. 在相位差为 0°的不同比值的李萨如图形基础上，调节通道 2 信号相位分别为 45°和 90°，观察并记录李萨如图形的变化，比较不同相位对李萨如图形的影响.

2.4.5 数据处理

1. 正弦波信号的测量

表 2.4.2 正弦波信号的自动测量结果

信号发生器		示波器		
频率/Hz	电压显示/V	峰-峰值电压 U_{pp}/V	周期 T/ms	频率 f/Hz
1000	1			
500	2			

表 2.4.3 正弦波信号的手动测量结果

信号发生器		示波器		
频率/Hz	电压显示/V	峰-峰值电压 U_{pp}/V	周期 T/ms	频率 f/Hz
1000	1			
500	2			

2. 用光标手动测量功能测量两通道正弦信号相位差

使用的正弦波周期为 $T=$_________ms.

表 2.4.4 两通道正弦信号相位差的测量

信号发生器两正弦波相位差/(°)	示波器两信号波峰之间的时间差 ΔX/ms	$\Delta\varphi=\frac{2\pi}{T}\Delta X$
30		
45		
60		

笔记栏

3. 观察拍频信号(要求每位同学看到拍频信号，并拍照)

表 2.4.5 拍频信号测量

信号发生器通道 1 频率 f_1/Hz	信号发生器通道 2 频率 f_2/Hz	拍频 $\Delta f = \lvert f_1 - f_2 \rvert$	拍频测量结果
1000	950		
1000	970		

4. 由李萨如图形测量正弦波信号的频率

表 2.4.6 由李萨如图形测量正弦波信号的频率

指标	$n_x : n_y$											
	1 : 2			2 : 1			3 : 1			3 : 2		
相位差	0°	45°	90°	0°	45°	90°	0°	45°	90°	0°	45°	90°
李萨如图形												
n_x												
n_y												
f_y												
f_x	500 Hz			500 Hz			500 Hz			500 Hz		

2.4.6 实验思考题

1. 怎样利用数字示波器测量信号的周期和振幅？解释峰-峰值电压的含义？

2. 测量正弦信号时如果图形不稳定，总是向左或向右移动，该如何调节？

3. 如果示波器上看不到完整的正弦波波形(只能看到波形的一部分)，应当怎么处理？

2.5 组装式直流双臂电桥测量低电阻

用惠斯通电桥测量中等阻值的电阻时，忽略了导线电阻和接触电阻的影响，但在测量 1 Ω 以下的低值电阻时，各引线的电阻和端点的接触电阻相对待测电阻来说不可忽略，一般情况下，附加电阻约为 10^{-5}～10^{-2} Ω. 为避免附加电阻的影响，本实验采用了四端引线法，组成了双臂电桥(又称为开尔文电桥)来测量低值电阻. 这是一种常用的测量低值电阻的方法，已广泛地应用于科技测量中.

2.5.1 实验目的

(1)了解四端引线法的意义及双臂电桥的结构.

(2)学习使用双臂电桥测量低值电阻.

(3)学习测量导体的电阻率.

2.5.2 实验原理

1. 四端引线法

测量中等阻值的电阻时, 伏安法和惠斯通电桥是一种较精密的测量方法. 但在测量低值电阻时这些方法遇到了困难, 这是因为连接电阻的引线本身和引线端点接触电阻的存在. 图 2.5.1 为伏安法测电阻原理图, 待测电阻 R_x 两侧的接触电阻和导线电阻以等效电阻 R_1、R_2、R_3、R_4 表示, 通常电压表内阻较大, R_1 和 R_4 对测量的影响不大, 而 R_2 和 R_3 与 R_x 串联在一起, 待测电阻实际应为 $R_2+R_x+R_3$. 若 R_2、R_3 数值与 R_x 为同一数量级, 或超过 R_x, 显然不能用此电路来测量 R_x.

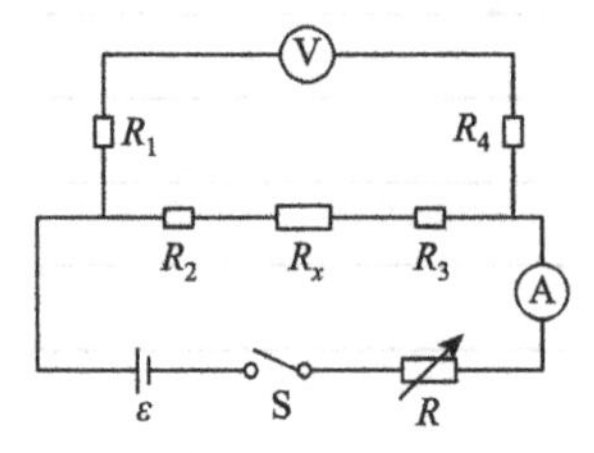

图 2.5.1 伏安法测电阻原理图

若在测量电路的设计上改为如图 2.5.2 所示的电路, 将待测低值电阻 R_x 两侧的接点分为两个电流接点 C-C 和两个电压接点 P-P(C-C 在 P-P 的外侧). 显然电压表测量的是 P-P 之间一段低值电阻两端的电压, 消除了 R_2 和 R_3 对 R_x 测量的影响. 这种测量低值电阻或低值电阻两端电压的方法称为四端引线法, 广泛应用于各种测量领域中. 例如, 为了研究高温超导体在发生正常超导转变时的零电阻现象和迈斯纳效应, 必须测定临界温度 T_C, 通常正是利用四端引线法, 通过测量超导样品电阻 R 随温度 T 的变化关系从而确定临界温度. 低值标准电阻正是为了减小接触电阻和接线电阻而设有四个端钮.

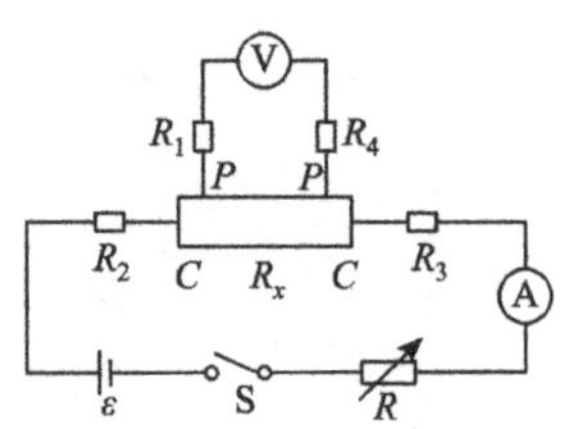

图 2.5.2 四端引线法测电阻原理图

2. 双臂电桥测量低值电阻

用惠斯通电桥测量电阻, 测出的 R_x 值中实际上含有接线电阻和接触电阻(统称为附加电阻 R_j, 一般为 $10^{-3}\sim10^{-4}\ \Omega$ 数量级), 通常可以不考虑 R_j 的影响. 而当待测电阻阻值较小时(如几十欧姆以下), R_j 所占的比重就明显了, 因此需要从测量电路的设计上来考虑. 双臂电桥正是把四端引线法和电桥的平衡比较法结合起来精密测量低值电阻的一种电桥. 如图 2.5.3 所示, R_1、R_2、R_3 和 R_4 为桥臂电阻, R_N 为比较用的已知标准电阻, R_x 为待测电阻. R_N 和 R_x 是采用四端引线的接线法, 电流接点 C_1、C_2 位于外侧, 电位接点 P_1, P_2 位于内侧. 测量时接上待测电阻 R_x, 然后调节各桥臂电阻值, 使检流计指示逐步为零, 即 $I_G=0$. 这时 $I_3=I_4$, 根据基尔霍夫定律可写出以下三个回路方程

$$\begin{cases} I_1R_1 = I_3R_N + I_2R_2 \\ I_1R_3 = I_3R_x + I_2R_4 \\ (I_3-I_2)r = I_2(R_2+R_4) \end{cases} \tag{2.5.1}$$

笔记栏

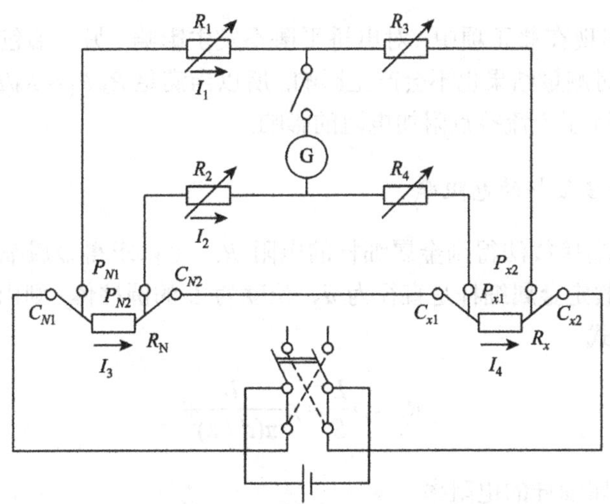

图 2.5.3　双臂电桥测电阻原理图

式中: r 为 C_{N2} 和 C_{x1} 之间的线电阻. 将上述三个方程联立求解, 可得

$$R_x = \frac{R_3}{R_1}R_N + \frac{rR_2}{r+R_2+R_4}\left(\frac{R_3}{R_1}-\frac{R_4}{R_2}\right) \tag{2.5.2}$$

由式(2.5.2)可知, 待测电阻 R_x 由等式右边的两项来决定, 其中第一项与单臂电桥相同, 第二项称为修正项. 为了使测量和计算更简单, 通常在实验中设法使修正项为零. 在双臂电桥测量中我们采用同步调节法, 令 $R_3/R_1 = R_4/R_2$, 使得修正项为零. 在实际使用时, 通常取 $R_1 = R_2$, $R_3 = R_4$, 则式(2.5.2)变为

$$R_x = \frac{R_3}{R_1}R_N \tag{2.5.3}$$

式(2.5.3)是本实验的重要理论公式. 同时必须指出, 在实际的双臂电桥实验中很难做到 R_3/R_1 与 R_4/R_2 完全相等, 所以 R_x 和 R_N 电流接点间应使用较粗的、导电性良好的导线, 以使 r 值尽可能小. 这样即使 R_3/R_1 与 R_4/R_2 不严格相等, 但由于 r 值很小, 公式(2.5.2)第二项仍能接近零. 为了验证这个结论, 实验中可以有意地改变桥臂电阻 R_i ($i = 1, 2, 3, 4$), 使比值 R_3/R_1 与 R_4/R_2 略有差别, 并与 $R_3/R_1 = R_4/R_2$ 的测量结果进行比较.

综上所述, 精确测量低值电阻时双臂电桥较之单臂电桥的优点在于: 单臂电桥所测出的值包含附加电阻(桥臂间的引线电阻和接触电阻), 当附加电阻与待测电阻 R_x 相比不能忽略时, 测量结果就会有较大的误差. 而双臂电桥的附加电阻则可能通过四端引线法加以消除, 这是因为:

(1) 双臂电桥电压接点(P-P)的附加电阻位于 R_1、R_3 和 R_2、R_4 的支路中, 实验中设法令桥臂电阻 R_i ($i = 1, 2, 3, 4$)远大于此附加电阻(比如取 $R_i > 100\ \Omega$ 就可满足要求), 那么电压接点的附加电阻的影响就可以略去不计.

(2) 双臂电桥电流接点(C-C)的附加电阻一端包含在粗导线电阻 r

 笔记栏

里，而 r 出现在修正项中，对电桥平衡不发生影响；另一端包含在电源电路中，对测量结果也不会产生影响. 所以当满足 $R_3/R_1 = R_4/R_2$ 条件时，基本上消除了电流接点附加电阻的影响.

3. 金属细杆的电阻率

由四端接线法得到金属细杆的电阻 R_x，可以求得金属细杆的电阻率. 这里假定金属细杆是直径为 d、长度为 L 的圆柱体，则由金属材料的电阻公式

$$R_x = \rho\frac{L}{S} = \rho\frac{L}{\pi(d/2)^2}$$

可求得金属细杆的电阻率

$$\rho = \frac{\pi d^2 R_x}{4L} \tag{2.5.4}$$

2.5.3 实验仪器

DH6105 型组装式双臂电桥、检流计、等测电阻、换向开关、通断开关、螺旋测微器等.

DH6105 型组装式双臂电桥简介：

(1) 桥臂电阻各臂阻值 R_1、R_2、R_3、R_4 为 100 Ω, 1 kΩ, 10 kΩ 等级，精度为 0.02%.

(2) 可变标准电阻 R_N 有 C_1、P_1、P_2、C_2 四个引出端，由(10×0.01 + 10×0.001)Ω 组成. 其中(10×0.001)Ω 是一个 100 分度的滑线盘，分辨率为 0.0001 Ω.

(3) DH6105 电源：电源电压 1.5 V，其输出电流随负载变化，最大电流为 1.5 A.

(4) 电流换向开关，具有正向接通、反向接通、断三档功能. 换向开关面板上 1 脚和 2 脚为输入，分别接 DH6105 电源输出的正负端，3 脚和 4 脚为输出.

(5) 检流计 AZ19. 用于指示电桥是否平衡，其灵敏度可调. 在规定的电压下，电阻测量范围在 0.01～11 Ω 内，如果待测电阻变化一个极限误差，检流计的偏转大于等于一个分格就能满足测量准确度的要求.

注意：灵敏度不要过高，否则不易调节平衡，这样将导致测量时间过长有可能损坏仪器.

(6) 待测电阻 R_x 为不同的金属细杆，并带有长度指示. 实验中采用四端接法，其中 C_1、C_2 为电流端；P_1、P_2 为电位端. C_1、P_1、P_2、C_2 接线柱内部分别与样品上 4 个固定螺钉相连，其中连接 C_1、C_2、P_1 的螺钉固定不动，连接 P_2 的固定螺钉可以在细杆上滑动，样品的实测长度即为中间两个固定螺钉 P_1 和 P_2 之间的距离.

2.5.4　实验内容与步骤

(1) 用螺旋测微器测量金属细杆的直径 d，在不同部位测量 6 次，求平均值.

(2) 按如图 2.5.3 所示接线. 将可调标准电阻 R_N、待测电阻 R_x 按四端连接法与 R_1、R_2、R_3、R_4 连接.

注意: C_{N2}, C_{x1} 之间要用粗短连线.

(3) 打开专用电源和检流计的电源开关，开机等待 5 min，调节检流计指针在零位. 在测量未知电阻时，为保护检流计指针不被打坏，检流计的灵敏度调节旋钮应放在最低位置，使电桥初步平衡后再增加检流计灵敏度. 改变检流计灵敏度或环境等因素变化时，有时会引起检流计指针偏离零位，因此测量中应随时调节检流计指零.

(4) 移动待测电阻 R_x 上连接 P_2 的固定螺钉，选择合适的样品的长度. (**注意**: 在实验中固定螺钉一定要锁紧，以减小接触电阻.) 估计待测电阻大小，选取适当桥臂电阻 $R_i(i = 1, 2, 3, 4)$ 的阻值，并注意 $R_1 = R_2$，$R_3 = R_4$ 的条件. 先正向接通换向开关，观察到电路已接通后，再按下与检流计串联的开关上的按钮，然后调节标准电阻 R_N 的步进盘和滑线读数盘，使检流计指针指在零位. 记录 R_3/R_1 和 R_N (步进盘读数 + 滑线盘读数)，用来计算 R_{x1}.

注意: 测量低值电阻时由于工作电流较大，热效应会引起待测电阻的阻值变化，所以电源开关不应长时间接通，要间歇使用. 保持测量线路不变，再反向接通换向开关，重新微调滑线读数盘，使检流计指针重新指在零位上. 记录 R_3/R_1 和 R_N，用来计算 R_{x2}.

注意: 反向测量是为了减小接触电势和热电势对测量结果的影响.

(5) 记录金属细杆的长度 L，改变金属细杆的长度，重复步骤 (4) 测量 6 次.

2.5.5　数据处理

1. 金属细杆直径的测量 (表 2.5.1)

表 2.5.1　金属细杆直径

测量值	次数						平均直径
	1	2	3	4	5	6	
d_i/mm							$\bar{d}$ =

2. 金属细杆长度及电阻的测量 (表 2.5.2)

表 2.5.2　金属细杆长度及电阻

测量值	次数					
	1	2	3	4	5	6
长度 L/m						
R_3/R_1						

笔记栏

续表

测量值		次数					
		1	2	3	4	5	6
R_N/Ω	正向						
	反向						
R_x/Ω							
$\rho_i/\Omega\cdot m$							

其中正向测量时 $R_{x1}=\dfrac{R_3}{R_1}R_N$，反向测量时 $R_{x2}=\dfrac{R_3}{R_1}R_N$，表 2.5.2 中 $R_x=\dfrac{R_{x1}+R_{x2}}{2}$. 为了简化运算, 我们只考虑 ρ 的 A 类不确定度分量, 那么有

计算 ρ 的平均值:

$$\overline{\rho}=\frac{1}{6}\sum_{i=1}^{6}\rho_i=\_\_\_\_\_\_\_\_\_\_\_\_\ \Omega\cdot m$$

ρ 的 A 类不确定度分量:

$$U_\rho=S_\rho=\sqrt{\frac{\sum_{i=1}^{6}(\rho_i-\overline{\rho})^2}{6-1}}=\_\_\_\_\_\_\_\_\_\_\_\_\ \Omega\cdot m$$

最后 ρ 可表示为

$$\rho=\overline{\rho}\pm U_\rho=\_\_\_\_\_\_\_\_\_\_\_\_\ \Omega\cdot m$$

已知温度为 20 ℃时, 实验铜杆电阻率的参考值为 $\rho_0=8.1\times10^{-8}\ \Omega\cdot m$, 则相对误差为

$$E=\frac{|\rho_0-\overline{\rho}|}{\rho_0}\times100\%=\_\_\_\_\_\_\_\_\_\_\_\_$$

2.5.6 实验注意事项

(1) 在测量带有电感电路的直流电阻时, 应先接通电源开关, 再按下"G"表按钮, 断开时应先断开"G"表按钮, 后断开电源开关, 以免反冲电势损坏指零电路.

(2) 在测量 0.1 Ω 以下阻值时, C_1、P_1、C_2、P_2 接线柱到被测量电阻之间的连接导线电阻为 0.005～0.01 Ω. 测量其他阻值时, 连接导线电阻应小于 0.05 Ω.

(3) 使用完毕后, 应断开电源开关, 松开"G"表按钮, 关断交流电. 如长期不用, 应拔出电源线确保用电安全.

(4) 仪器长期搁置不用, 在接触处可能产生氧化, 造成接触不良, 使用前应该来回转动 R_N 旋钮数次.

2.5.7　实验思考题

1. 双臂电桥与惠斯通电桥有哪些异同？
2. 双臂电桥怎样消除附加电阻的影响？

2.6　用读数显微镜研究等厚干涉

等厚干涉是薄膜干涉的一种，薄膜层的上下表面有一很小的倾角时，从同一点光源发出的光经薄膜的上、下表面反射后在上表面附近相遇产生干涉，在厚度相同的地方形成同一干涉条纹，这种干涉就叫等厚干涉. 光的干涉现象证实了光的波动特性. 干涉现象在科学研究和工业技术上有着广泛的应用，如测量光波的波长，精确测量长度、厚度和角度，检验试件表面的光洁度、平整度，研究机械零件内应力的分布及在半导体技术中测量硅片上氧化层的厚度等.

2.6.1　实验目的

(1) 掌握读数显微镜的使用方法，学会使用读数显微镜测距.

(2) 了解形成等厚干涉现象的条件及特点，观察牛顿环和劈尖的等厚干涉现象，测量牛顿环的曲率半径和劈尖的劈角.

2.6.2　实验原理

等厚干涉典型的应用为牛顿环和劈尖，下面分别介绍牛顿环和劈尖的等厚干涉原理.

1. 牛顿环

当一个曲率半径很大的平凸透镜的凸面放在一块光学平板玻璃上时，这样平凸透镜的凸面和平板玻璃的上表面之间形成了一个空气薄层，其厚度由中心接触点到边缘逐渐增加. 若将单色平行光垂直照射到平凸透镜上，空气薄层上、下两表面反射的两束光存在光程差，它们在平凸透镜的凸面相遇将产生干涉现象. 其干涉图样是以玻璃接触点为中心的一组明暗相间的同心圆环，这一现象最早由牛顿发现，故称这些环纹为牛顿环，它属于等厚干涉条纹，如图 2.6.1 所示. 下面，我们利用干涉条件来推导出牛顿环半径 r、波长 λ 及平凸透镜曲率半径 R 之间的关系.

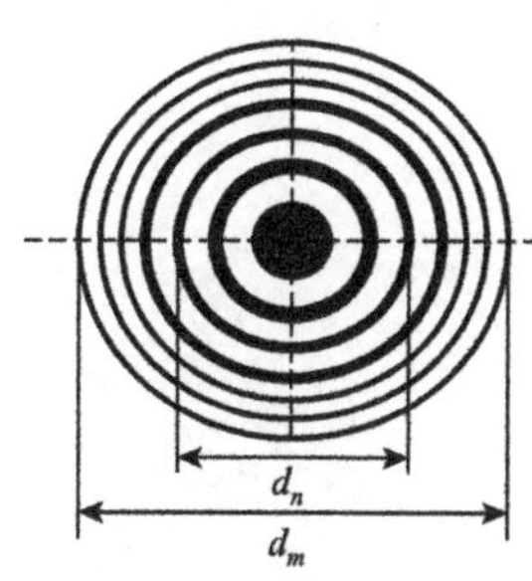

图 2.6.1　牛顿环干涉图

在图2.6.2中，垂直照射在牛顿环装置上的单色平行光中任一条光线 MA 从 A 射到 B 时反射了一部分，另一部分穿过空气薄层射到 C，在 C 处又被部分反射回来. 从 B 与 C 反射回来的光束之间产生光程差为 $2e$，又因光从光疏媒质向光密媒质垂直反射时（C 到 B），还产生半波损失 $\lambda/2$，所以这两条反射光的总光程差为

$$\delta = 2ne + \frac{\lambda}{2} \tag{2.6.1}$$

式中：n 为空气折射率，$n = 1$.

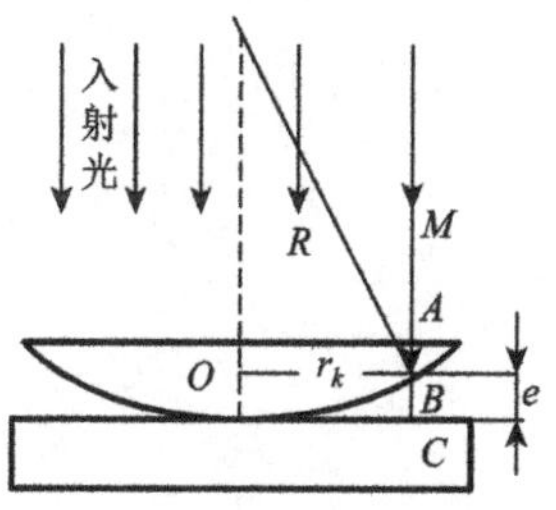

图 2.6.2　牛顿环原理图

笔记栏

由图 2.6.2 所示的几何关系可知

$$r_k^2 = R^2 - (R-e)^2 = 2Re - e^2 \tag{2.6.2}$$

因 $R \gg e$，e^2 可忽略不计，于是

$$e \approx \frac{r_k^2}{2R} \tag{2.6.3}$$

将式(2.6.3)代入式(2.6.1)，得到

$$\delta = \frac{r_k^2}{R} + \frac{\lambda}{2} \tag{2.6.4}$$

根据光的干涉条件，当光程差为波长的整数倍时，两束光相互加强形成亮条纹；光程差为半波长 $\lambda/2$ 的奇数倍时，两束光相互减弱形成暗条纹. 对于球面透镜，干涉条纹是一个个圆环. 考虑到亮度最小的地方要比亮度最大的地方容易观测对准，选择暗环中心作测量基准，则有

$$\delta = \frac{r_k^2}{R} + \frac{\lambda}{2} = (2k+1)\frac{\lambda}{2} \tag{2.6.5}$$

$$r_k^2 = k\lambda R, \quad k = 0,1,2,\cdots \tag{2.6.6}$$

式中：k表示干涉暗环的级数. 如已知λ，测出k级暗环的半径r_k，就可由式(2.6.6)求出平凸透镜的曲率半径 R.

由于牛顿环装置中平凸透镜与平板玻璃接触处会产生弹性变形，又镜面上可能有微小灰尘等存在，从而引起附加的光程差，这都会给测量带来较大的系统误差. 为了消除这种影响，采取测定第 m 级和第 n 级暗环直径平方差值来计算曲率半径(m 与 n 应取比较大的值). 由式(2.6.6)有

$$d_m^2 = 4m\lambda R, \qquad d_n^2 = 4n\lambda R \tag{2.6.7}$$

两式相减，得

$$d_m^2 - d_n^2 = 4\lambda R(m-n) \tag{2.6.8}$$

变换，得

$$R = \frac{d_m^2 - d_n^2}{4\lambda(m-n)} \tag{2.6.9}$$

2. 劈尖

劈尖形膜形成的干涉条纹实验，可直接用于测量劈尖的劈角，也可用来测量薄片的厚度、细丝的直径等. 在劈尖干涉实验中，我们将测量劈尖的劈角. 将薄片放在两块平行平面玻璃板的一端，则在两玻璃板间形成一劈尖形空气薄层，如图 2.6.3 所示. 当波长为λ的单色光垂直入射时，在空气薄膜上下两界面反射的两束光发生干涉，由于劈尖上下表面均为平面，所以干涉图样为一组等间距的直线状等厚干涉条纹，且条纹平行于两玻璃板的棱边. 形成干涉暗条纹条件如下:

笔记栏

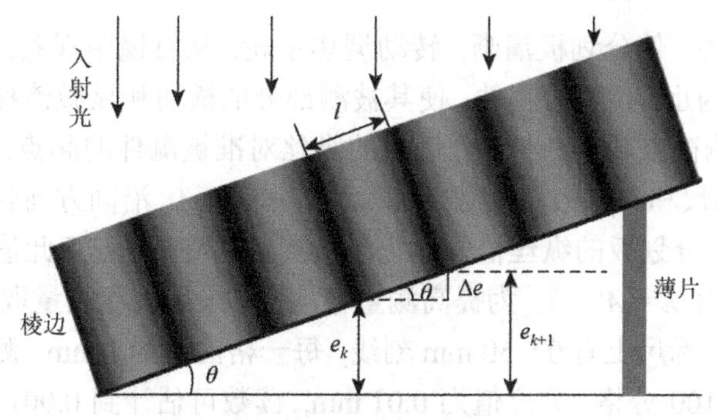

图 2.6.3　劈尖原理图

$$\delta = 2e + \frac{\lambda}{2} = (2k+1)\frac{\lambda}{2}, \quad k = 0,1,2,\cdots \tag{2.6.10}$$

可知相邻暗纹对应的空气劈尖厚度差为

$$\Delta e = e_{k+1} - e_k = \frac{\lambda}{2} \tag{2.6.11}$$

由几何关系，相邻暗条纹间距为

$$l = \frac{\Delta e}{\sin\theta} = \frac{\lambda}{2\sin\theta} \tag{2.6.12}$$

由于劈角 θ 很小，则

$$\theta \approx \sin\theta = \frac{\lambda}{2l} \tag{2.6.13}$$

实验中要求用光平玻璃制成理想劈尖，但实际上由于玻璃板变形或制作原因使玻璃板有一定的曲率变形(图 2.6.4)，致使条纹间距不等且发生微小弯曲，从棱边到薄片处的干涉条纹由疏变密. 靠近薄片附近，由于条纹偏密，测得条纹间距偏小，则劈角的测量值偏大；靠近棱边附近，由于条纹偏疏，测得条纹间距偏大，则劈角的测量值偏小. 实验中，在棱边和薄片之间选一段清晰的条纹进行多次重复测量，可减小测量误差.

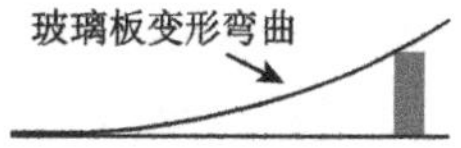

玻璃板变形弯曲

图 2.6.4　变形的空气劈尖

2.6.3　实验仪器

牛顿环、劈尖、JCD3 型读数显微镜、钠光灯和电源.

1. JCD3 型读数显微镜

读数显微镜是一种长度测量的精密仪器，主要用来精确测量微小且不能用夹持仪器(如游标尺、千分尺)测量的物体，如金属的线膨胀量、狭缝或者干涉条纹的宽度等. 读数显微镜的型号很多，常见的一种立式读数显微镜，其结构如图 2.6.5 所示，图中读数显微镜由一个带十字叉丝的显微镜和一个螺旋测微装置组成，显微镜包括目镜、十字叉丝和物镜. 整个显微镜系统与套在测微螺杆的螺母套管相固定. 旋转测微鼓轮，即转动测微螺杆，就可带动显微镜左右移动. 将被测件放在工作台面上，用压片固定. 旋转棱镜室至最舒适位置，用锁紧螺钉止紧，调节目镜进

笔记栏

行视度调整，使分划板清晰，转动调焦手轮，从目镜中观察，使被测件成像清晰为止，调整被测件，使其被测部分的横面和显微镜移动方向平行．转动测微鼓轮，使十字分划板的纵丝对准被测件的起点，进行读数（读数为标尺和测微鼓轮读数之和），记下此值 A，沿同方向转动测微鼓轮，使十字分划板的纵丝恰好停止于被测件的终点，记下此值 A'，则所测之长度为 $L = A' - A$，为提高测量精度，可采用多次测量取其平均值．**注意：**读数标尺上有 0～50 mm 刻线，每一格的值为 1 mm，测微鼓轮的圆周刻有 100 分格，分度值为 0.01 mm，读数可估计到 0.001 mm，读数方法与螺旋测微计相同．数显微镜光学系统技术性能：物镜放大倍数 3X/0.07，焦距 41.47 mm，目镜放大倍数 10X，焦距 24.99 mm．显微镜放大倍数 30X，工作距离 54.06 mm，视场直径 4.8 mm．测量范围：纵向 50 mm，最小读数值 0.01 mm；升降方向 40 mm，最小读数值 0.1 mm．测量精度：纵向测量精度为 0.02 mm．观察方式：45°斜视．仪器外形尺寸：195 mm×155 mm×285 mm；仪器净重：8.5 kg．

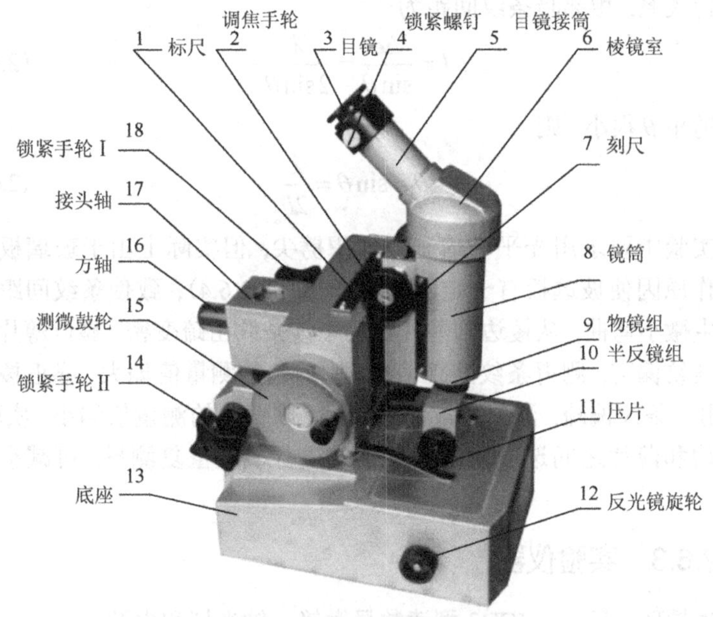

图 2.6.5　读数显微镜结构图

2. 钠光光源

灯管内有两层玻璃泡，装有少量氩气和钠，通电时灯丝被加热，氩气即放出淡紫色光，钠受热后汽化，渐渐放出两条谱线为 589.0 nm 和 589.6 nm，通常称为钠双线，因两条谱线很接近，实验中可认为是较好的单色光源，通常取平均值 589.3 nm 作为单色光源的波长．由于它的强度大，光色单纯，是最常用的单色光源．使用钠光灯时应**注意**：①灯点燃后，需等待一段时间才能正常使用(起燃时间约 5～6 min)；②每开、关一次对灯的寿命有影响，因此不要轻易开关；③开亮时应垂直放置，不得受冲击或振动．

笔记栏

2.6.4 实验内容与步骤

1. 用牛顿环测透镜曲率半径

(1) 启动钠光灯电源，让其点燃，等待 5 min，发光稳定后才可进行实验.

(2) 拿出牛顿环，借助日光灯灯光，用眼睛观察牛顿环中的黑圈是否在环心. 若不在，调节牛顿环上的三个螺丝，直至黑圈位于中心. 调节时应注意，螺丝不要调得太紧(会压坏玻璃)，也不要调得太松(透镜不稳定，容易移动，无法准确测量).

(3) 依次调节读数显微镜的各部分，做好准备工作：①转动测微鼓轮，使镜筒的刻线位于标尺的中心 25 mm 处；②观察目镜，调节目镜使内部叉丝清晰，转动目镜使叉丝分别与 X、Y 轴大致平行，然后将目镜锁紧；③将光源正对读数显微镜放置，调整光源高度使钠光能够照射到半反镜. 调节半反镜，镜面上部前倾，使目镜内部明亮；④转动读数显微镜底部反光镜旋轮，将反射镜转为朝内方向，避免有反射光反射向上至牛顿环内，影响观察背景.

(4) 转动调焦手轮使镜筒上移，将调整好的牛顿环仪放在读数显微镜物台上，并与镜筒共轴. 观察目镜，同时微调半反镜的角度，使在目镜中能看到最亮黄光(半反镜与水平成 45°角且向前倾斜). **注意：**整个测量过程中，半反镜应始终保持向前倾斜的 45°角度，否则无法观测后续实验现象.

(5) 转动调焦手轮，使镜筒向下移动，直到目镜中出现清晰的环形干涉条纹. 注意：下移镜筒时不能让下方的半反镜触碰牛顿环仪. 若环形条纹的中心不在目镜内，可用双手缓慢移动牛顿环仪，使叉丝交点对准圆环的中心，在后面的测量过程中不能随意移动牛顿环仪的位置.

(6) 缓慢转动测微鼓轮，叉丝竖线将向外侧移动，从干涉圆环中心向左侧数 58 圈暗纹，然后返回到第 55 圈，每间隔 5 圈测一次读数，依次记下第 55, 45, 40, 35, 30, 25, 20, 15, 10 圈暗纹左侧位置；继续转动测微鼓轮，使叉丝竖线过圆环中心，让叉丝竖线对准第 10, 15, 20, 25, 30, 35, 40, 45, 50, 55 圈暗纹右侧位置，记下相应读数. **注意**：①在一次测量过程中，测微鼓轮只能沿同一方向旋转，中途不得反转，以免引起回程差；②测量过程中，若牛顿环不够明亮，可微调钠光灯的位置.

(7) 根据读数计算各圆环直径，然后用逐差法计算透镜的曲率半径.

2. 测量劈尖的劈角

(1) 制作劈尖装置：位于玻璃片一端，将薄片夹在两玻璃片之间(薄片要与棱边平行)，构成空气劈尖装置. 借助日光灯灯光，用眼睛观察玻璃片，均匀调节 4 颗固定螺丝直至出现干涉条纹. 实验室的空气劈尖装置已经制作好，无需重新制作.

笔记栏

(2) 按照牛顿环实验步骤(3) 调节好读数显微镜.

(3) 转动调焦手轮升高镜筒，将调整好的劈尖装置(固定螺丝朝下，可让更多的光反射到玻璃片上)放在读数显微镜物台上，镜筒对准玻璃片中间位置. 观察目镜，同时微调半反镜的角度，使在目镜中看到最亮黄光(半反镜与水平成 45°角且向前倾斜). **注意**：整个测量过程中，半反镜应始终保持向前倾斜的 45°角度，否则无法观测后续实验现象.

(4) 转动调焦手轮，使镜筒向下移动，直到目镜中出现清晰的条形干涉条纹. **注意**：下移镜筒时不能让下方的半反镜触碰劈尖装置. 若叉丝竖线未与干涉条纹平行，可微调劈尖装置位置直到平行，在后面的测量过程中不能随意移动劈尖装置.

(5) 转动显微镜测微鼓轮，观察目镜，叉丝竖线将缓慢向外侧移动，直到看到劈尖装置黑色边框. 再往相反方向转动测微鼓轮，选取中间一段条纹进行测量，使叉丝竖线对准第 0 条暗纹中心，每 5 个暗纹，记一次读数，直至第 35 条暗纹. 测量过程中，若条纹不够明亮，可微调钠光灯的位置.

(6) 根据读数计算相邻暗条纹的间距，并计算劈尖的劈角.

2.6.5 数据处理

1. 测量牛顿环的直径数据表格(表 2.6.1)

表 2.6.1 牛顿环的直径记录和计算表格

干涉条纹圈数 n	数据		
	左侧读数 X_L/mm	右侧读数 X_R/mm	直径 $d=\|X_L-X_R\|$/mm
55			
50			
45			
40			
35			
30			
25			
20			
15			
10			

2. 逐差法计算直径平方差(表 2.6.2)

表 2.6.2 逐差法计算牛顿环直径平方差表格

条纹圈数 m	数据			
	d_m^2/mm^2	圈数 $n=m-25$	d_n^2/mm^2	$d_m^2-d_n^2$/mm^2
55		30		
50		25		
45		20		

续表

条纹圈数 m	数据			
	d_m^2 /mm²	圈数 $n=m-25$	d_n^2 /mm²	$d_m^2-d_n^2$ /mm²
40		15		
35		10		
平均值	$\overline{d_m^2-d_n^2}=\frac{1}{5}\sum_{i=1}^{5}(d_m^2-d_n^2)_i=$ ________ mm²			

笔记栏

3. 牛顿环曲率半径计算（$\lambda=589.3\text{nm}$）

由式(2.6.9)，得牛顿环曲率半径

$$R=\frac{\overline{d_m^2-d_n^2}}{4\lambda(m-n)}=\frac{\overline{d_m^2-d_n^2}}{100\lambda}= \_\_\_\_\_\_\_\_\_\_ \text{mm}$$

实验室给出的牛顿环曲率半径 $R_0=1000\text{ mm}$，相对误差为

$$\frac{|R_0-R|}{R_0}\times 100\%= \_\_\_\_\_\_\_\_\_\_$$

4. 测量劈尖的相邻暗纹间距数据(表 2.6.3)

表 2.6.3 暗纹间距测量数据表格

第 n 条暗纹	位置 X_1 /mm	第 n 条暗纹	位置 X_2 /mm	20 条暗纹间距 $L=\|X_2-X_1\|$ /mm
0		20		
5		25		
10		30		
15		35		
平均值	$\overline{L}=\frac{1}{4}\sum_{i=1}^{4}(L)_i=$ ________ mm			
相邻暗纹间距 $\overline{l}$ /mm	$\overline{l}=\overline{L}/20=$ ________ mm			

由式(2.6.13)，得劈尖的劈角

$$\theta\approx\sin\theta=\frac{\lambda}{2l}= \_\_\_\_\_\_\_\_\_\_$$

2.6.6 实验注意事项

(1) 由于干涉条纹有一定宽度，叉丝要对准暗纹中间最暗处，才能记下显微镜上读数.

(2) 在测量各干涉环的直径时，只可沿同一方向旋转鼓轮，不能进进退退，以避免测微螺距间隙所引起的回程误差.

(3) 干涉环两侧的序数不能读错，故在旋转鼓轮的测量过程中，一定要非常缓慢、细致.

笔记栏

(4) 牛顿环仪、劈尖、透镜和显微镜的光学表面不可用手触摸，必要时可用专门的擦镜纸轻轻揩拭.

(5) 调焦时，镜筒应从下往上缓慢调节，以免碰伤物镜及待测器件.

(6) 测量中，应保持桌面稳定，不受振动，不得触动牛顿环和劈尖装置，否则重测.

2.6.7 实验思考题

1. 实验中如何避免读数显微镜存在的回程误差？

2. 为什么说读数显微镜测量的是牛顿环的直径，而不是显微镜内被放大了的直径？若改变显微镜的放大倍率，是否影响测量结果.

3. 实验中观察劈尖干涉的等厚条纹有时是倾斜的，其影响因素有哪些？

2.7 分光计的调节和三棱镜顶角的测量

分光计是一种精确测量光线偏转角度的光学仪器. 分光计装置精密，结构较复杂，调节要求也比较高，初学者有一定的难度. 但分光计是一种最具有代表性的光学仪器，它的基本结构和调节原理与其他更复杂的光学仪器有许多相似之处. 因此，掌握分光计的原理和调节方法对光学实验具有重要意义.

三棱镜是常用的分光元件，在光学实验中有较多用途. 本实验要求用分光计测三棱镜的顶角以及由最小偏向角测玻璃的折射率.

2.7.1 实验目的

(1) 了解分光计的原理和构造，学会调节分光计.

(2) 测量三棱镜的顶角.

(3) 用最小偏向角方法测玻璃的折射率.

2.7.2 实验原理

1. 分光计的结构及调节原理

分光计的种类很多，但结构大致相同，主要由望远镜 A、载物平台 B、平行光管 C、刻度盘 D 和底座 E 五个部分组成. 本实验室所用 JJY 型分光计，结构示意图如图 2.7.1 所示.

要测准入射光与出射光之间的偏转角，必须满足两个条件：①入射光与出射光均为平行光束；②入射光和出射光的方向以及放在载物平台上的光学元件平面的法线都要在同一平面内并与刻度盘平面平行. 为此，要调节平行光管出射平行光；调节望远镜接受平行光；调节载物平台使放在上面的光学元件满足条件. 下面介绍分光计的主要部件及调节原理.

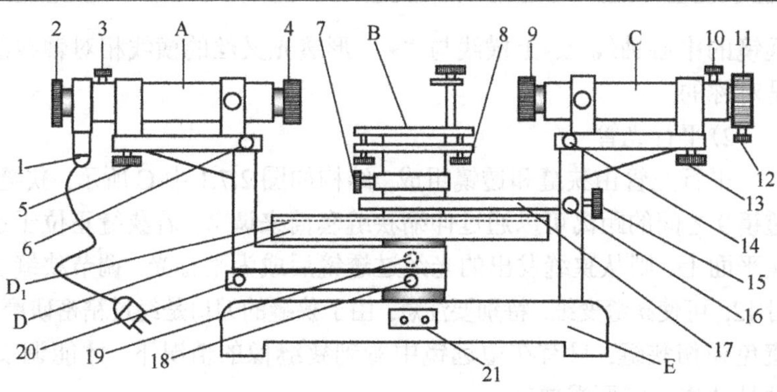

图 2.7.1　JJY 型分光计结构示意图

A—望远镜; 1—小灯; 2—望远镜目镜; 3—目镜锁紧螺钉; 4—望远镜物镜; 5—望远镜水平调节螺钉; 6—望远镜方位调节螺钉; B–载物平台; 7—载物台锁紧螺钉; 8—载物台水平调节螺钉; C—平行光管; 9—平行光管物镜; 10—狭缝锁紧螺钉; 11—狭缝; 12—狭缝宽度调节螺钉; 13—平行光管水平调节螺钉; 14—平行光管方位调节螺钉; D–刻度盘; D_1—游标盘(刻度盘的内盘); 15—游标盘止动螺钉; 16—游标盘微调螺钉; 17—游标盘制动架; E—底座; 18—望远镜止动螺钉; 19—转座及刻度盘止动螺钉(另侧); 20—望远镜微调螺钉; 21—电源插座

1)阿贝式自准望远镜

分光计采用的是阿贝式自准望远镜. 它的物镜、叉丝分划板和目镜分别装在三个套筒上, 彼此可以相对滑动便于调节, 结构示意图如图 2.7.2 所示.

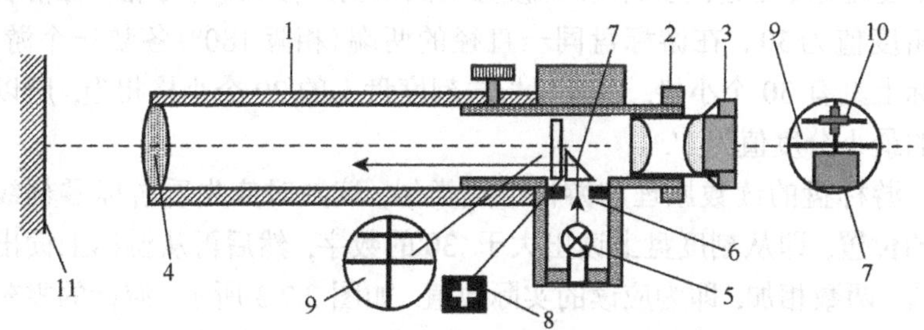

图 2.7.2　阿贝式自准望远镜结构示意图

1—物镜镜筒; 2—叉丝、分划板套筒; 3—目镜; 4—物镜; 5—小灯; 6—方形小孔; 7—小棱镜; 8—"+"形叉丝; 9—"╪"分划板; 10—绿"+"形反射像; 11—平面镜

望远镜中间的一个套筒 2 装有一块分划板 9, 它上面刻有"╪"形叉丝, 分划板下方与小棱镜 7 的一个直角面紧贴. 这个直角面上刻有一个"+"形透光的叉丝 8, 套筒上正对小棱镜另一直角面处开有方形小孔 6 并装一个小灯 5. 小灯的光进入小孔后经小棱镜反射照亮"+"形透光的叉丝 8. 透光叉丝面 8 与分划板 9 是紧贴着的. 如果该叉丝平面正好在物镜 4 的焦平面上, 那么从"+"叉丝发出的光经物镜后成为一平行光. 如果前方有一平面反射镜 11 将这束光平行反射回来, 再经物镜成像于其焦平面上, 那么从目镜中可以同时看到分划板上的"╪"形叉丝与绿"+"形叉丝的反射像, 并且不应有视差. 这就是用自准法调节望远镜观察平行光的原理. 如果望远镜的光轴与平面镜的法线平行, 那么在目镜里看到的绿"+"形叉丝像应该与分划板上"╪"形叉丝的上交点互相重合. 这时分划板上"╪"形叉丝的下横线正在望

笔记栏

图 2.7.2 彩图

笔记栏

远镜的中心轴线上，上横线与“+”形透光叉丝的横线相对轴线的位置是对称的.

2) 平行光管

平行光管由狭缝和透镜组成，结构如图 2.7.1 中 C 所示. 狭缝 11 与透镜 9 之间的距离可以通过伸缩狭缝套筒来调节. 若狭缝正位于透镜的焦平面上，则从狭缝发出的光经过透镜后成为平行光. 调节狭缝宽度螺钉 12，可使狭缝变细. 特别要注意，由于狭缝的刀口是经过精密研磨的，为避免损伤狭缝，只有在望远镜中看到狭缝像的情况下，才能调节狭缝，并且动作一定要慢要轻.

3) 载物平台

载物平台 B 套在游标盘 D 上，可绕分光计中心轴旋转. 载物平台锁紧螺钉 7 松开时可调节载物平台的高低和方位(可自由旋转360°). 载物平台有三个水平调节螺钉 8，既可调节载物平台面的水平，也可微调载物平台面的高低.

4) 刻度盘及读数原理

分光计的刻度盘 D(外盘)、游标盘 D_1(内盘)在同一平面内并与分光计的主轴垂直. 在测量时，锁紧螺钉 15，让游标盘固定不动. 松开螺钉 19，使刻度盘随望远镜同步转动. 刻度盘的圆周上刻有 720 个小格，每格表示的角度值为 30′. 在游标盘同一直径的两端(相隔 180°)各装一个游标，游标上刻有 30 个小格，而其弧长与刻度盘上的 29 个小格相当，所以游标的最小分度值为 1′.

游标盘的读数原理和游标卡尺类似，读数时应先看游标零刻线所指的位置，即从刻度盘上读出大于 30′的数字，然后再从游标上读出补偿值，两数相加，即为应读的实际数值. 如图 2.7.3 所示，游标的零刻线对准刻度盘上的 127°稍多一点，而游标上的第 15 格恰好与刻度盘上的某一刻线对齐，因此补偿值为 15′，最后读数为 127°15′. 若游标上的两条刻线与刻度盘上的两条刻线对齐(近似)，则补偿值取中间值，可以读到 30″.

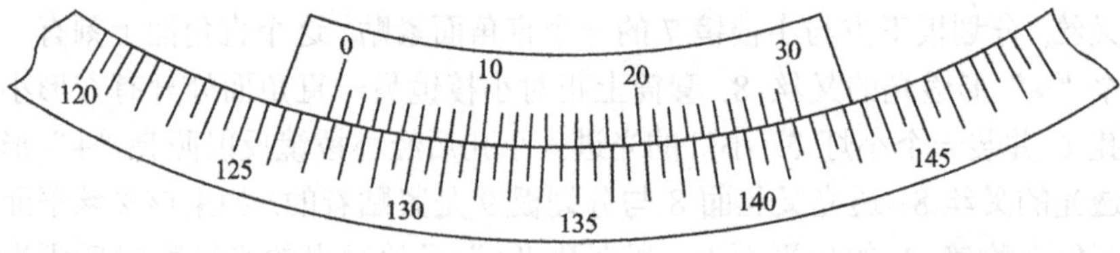

图 2.7.3　刻度盘与游标

由于刻度盘 D 的中心转轴较粗，可能产生转轴中心偏差. 为了消除刻度盘的偏心差，需要从两个相差 180°的对称游标盘上同时读出两个角度值 $\varphi_{左}$ 和 $\varphi_{右}$. 由式(2.7.1)就可以算出刻度盘(望远镜)转动的角度:

$$\theta=\frac{1}{2}(|\varphi_{左2}-\varphi_{左1}|+|\varphi_{右2}-\varphi_{右1}|) \tag{2.7.1}$$

式中: θ 是刻度盘转动的实际角度; $\varphi_{左1}$、$\varphi_{右1}$ 是第一次(起始)的读数值; $\varphi_{左2}$、$\varphi_{右2}$ 是第二次(终止)的读数值. 应用式(2.7.1)时要特别注意, 若刻度盘上的零值转过了某一游标, 则此游标的第二次读数要加上 360°.

2. 测三棱镜的顶角

测量三棱镜的顶角有自准法和反射法, 本实验采用自准法.

把三棱镜放在已调整好的分光计的载物平台上, 使待测棱镜顶角 A 的两个侧面 AB 和 AC 均平行于分光计主轴, 将望远镜先后垂直对准 AB 面和 AC 面, 如图 2.7.4 所示. 由图知望远镜转过的角度 φ 与棱镜顶角 A 的关系为

$$A=\pi-\varphi \tag{2.7.2}$$

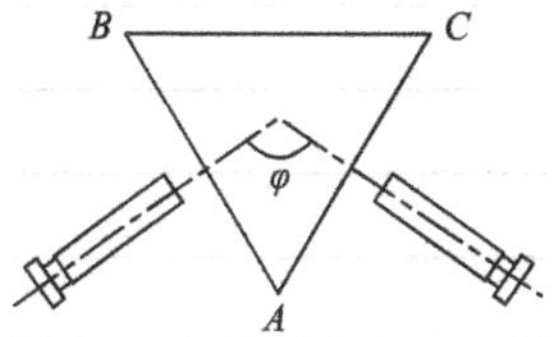

图 2.7.4　自准法测顶角图

3. 最小偏向角法测折射率

如图 2.7.5 所示, 单色光入射到三棱镜的侧面 AB 上, 经折射后由另一侧面 AC 射出. 入射线与出射线之间的夹角称为偏向角. 由图 2.7.5 可知

$$\left(\frac{\pi}{2}-i_2\right)+\left(\frac{\pi}{2}-i_1\right)+A=\pi$$

$$\delta=(i_1-i_2)+(i_4-i_3)$$

上两式联立求解得

$$A=i_2+i_3,\quad \delta=i_1+i_4-A \tag{2.7.3}$$

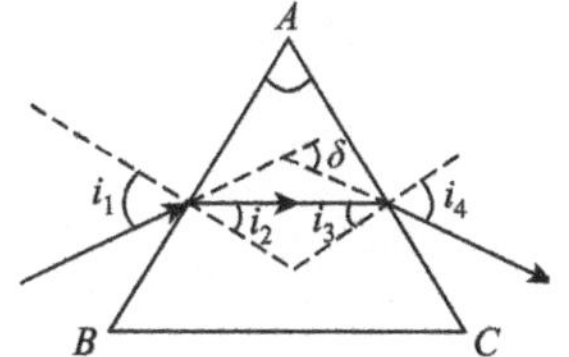

图 2.7.5　最小偏向角法测折射率图

由于顶角 A 是定值, i_4 随 i_1 变化, 所以偏向角 δ 仅随 i_1 变化. 可以证明: 当 $i_4=i_1$ 时, δ 有极小值, 该值称为最小偏向角 δ_{min}, 此时满足 $i_2=i_3$. 于是由式(2.7.3)有 $i_2=A/2$, $i_1=(A+\delta_{min})/2$. 再由折射定律 $\sin i_1=n\sin i_2$ 得

$$n=\frac{\sin[(\delta_{min}+A)/2]}{\sin(A/2)} \tag{2.7.4}$$

实验中只要测出棱镜的顶角 A 和该单色光的最小偏向角 δ_{min}, 则可由式(2.7.4)求出棱镜玻璃对该单色光的折射率.

笔记栏

2.7.3　实验仪器

JJY 型分光计、双面反射镜、三棱镜、汞灯、电源等.

分光计的结构及调节原理前面已做了介绍. 本实验所用汞灯是能发出分立光谱的光源. 使用汞灯要注意: ①汞灯在使用中必须与扼流圈串接, 不能直接接 220 V 电源, 否则烧毁; ②汞灯在使用过程中不要频繁启闭, 否则会降低其寿命; ③汞灯的紫外线很强, 不可直视.

2.7.4　实验内容与步骤

1. 分光计的调节

分光计的调节有“三垂直”和“三聚焦”的要求. 三垂直是指载

笔记栏

物平台的平面、望远镜的光轴、平行光管的光轴必须与分光计的主轴垂直. 三聚焦是指叉丝对目镜聚焦, 即在望远镜的目镜中能看到清晰的叉丝像; 望远镜对无穷远聚焦, 即在望远镜的目镜中能看到平面反射镜反射回来的清晰的叉丝像; 狭缝对平行光管聚焦, 即在望远镜的目镜中能看到清晰的狭缝像. 调节前, 应对照实物和结构图熟悉仪器, 了解各调节螺钉的作用. 调节步骤如下.

(1) 目测粗调. ①调节载物平台下面的三个调平螺钉 8, 使载物平台面与分光计主轴基本垂直; ②调节望远镜的水平调节螺钉 5, 使望远镜的光轴与分光计主轴基本垂直; ③调节平行光管的水平调节螺钉 13, 使平行光管的光轴与分光计主轴基本垂直. **特别强调: 粗调十分关键, 若粗调准确, 则让载物平台上的双面平面镜的两面分别对准望远镜的物镜时, 在目镜中都能看见分划板上的绿 "+"形叉丝像.**

(2) 调叉丝对目镜聚焦. 接通电源点亮小灯, 适当旋转小灯的角度, 使从望远镜的目镜中看到最亮的视场. 调节目镜与叉丝的距离, 使从目镜中能看到清晰的 "╪" 形叉丝.

(3) 调望远镜对无穷远聚焦. ①将平面镜放在载物平台上, 平面镜摆放方式可参考图 2.7.6(a) 或 (b) 放置 [实验中先按图(a)放置]. 这样放置的好处是: 若要调节载物平台平面与分光计主轴平行, 则只需要调节三个可调螺钉中的一个. ②缓慢转动载物平台, 从望远镜中寻找平面镜反射回来的光斑. 若找不到光斑, 则首先考虑粗调是否达到要求, 然后调节图 2.7.6(a) 中的水平调节螺钉 a, 改变平面镜面的俯仰, 使望远镜的视场中出现光斑. ③找到光斑后, 松开望远镜目镜锁紧螺钉 3, 稍微调节分划板套筒, 改变叉丝到物镜的距离, 就可以从目镜中看到比较清晰的绿 "+" 形叉丝像. 当绿 "+" 形叉丝像与 "╪" 形叉丝无视差时, 望远镜已调到对无穷远聚焦了. 然后稍左右微动载物台, 观察 "╪" 形叉丝的水平线是否与绿 "+" 形叉丝的运动方向平行, 若不平行, 则微转一下分划板套筒(注意不要破坏望远镜的调焦), 将它们调平行, 随后将目镜锁紧螺钉 3 锁紧.

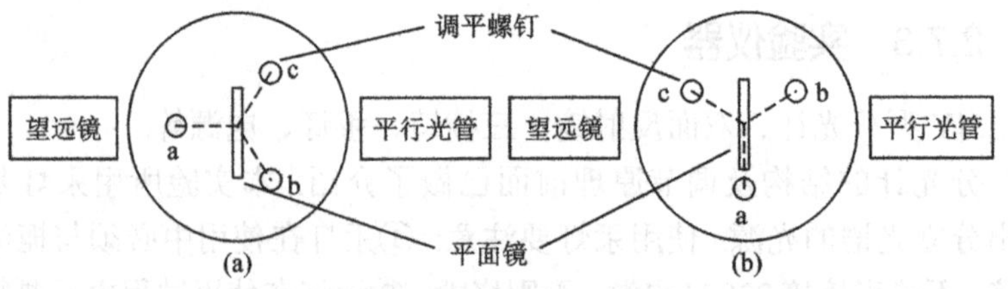

图 2.7.6 平面镜在载物平台的位置(俯视图)

(4) 调节望远镜光轴垂直于分光计主轴. 通过反复调节平面镜的俯仰和望远镜主光轴的水平, 使从望远镜中看到的平面镜的双面反射回来的绿 "+" 形叉丝像都与 "╪" 形叉丝像的上交点完全重合. 调节方法是 "减半逐步逼近法".

若粗调成功，则人眼从望远镜内可看见平面镜反射回来的绿“+”形叉丝像. 同样，当载物台旋转 180°时，从双面平面镜的另一面也能看到绿“+”形叉丝像，如图 2.7.7 所示. 两绿“+”形叉丝像在镜筒中的位置一般是不同的，它们之间可能有一高度差 d，这时调节载物台的调平螺钉［图 2.7.6(a) 中的螺钉 a］，使平面镜某一面的“+”形叉丝像向中间靠拢. 记住：只要改变 $0.5d$. 这时再看平面镜的另一面的“+”形叉丝像，若还有距离则再调 $0.5d$，直到两镜面内的“+”形叉丝像的位置大致相同. 以上调节称为“减半逐步逼近法”. 此时，虽然两镜面内的“+”形叉丝像的位置相同，但它并不在规定的位置，可能都偏下，如图 2.7.7(a) 所示. 这时要调节望远镜的光轴的水平，即调节望远镜的水平调节螺钉 5，使平面镜内的“+”形叉丝像向所规定的位置［图 2.7.7(b)］靠拢. 这时继续采取“减半逐步逼近法”，再调节载物平台的调平螺钉［见图 2.7.6(a) 中的螺钉 a］或望远镜的水平螺钉，如此反复几次，直至调到图 2.7.7(b) 所示状态为止. 此时望远镜的光轴已经与分光计的主轴垂直. **请注意：此时要锁紧望远镜调节螺钉，以后的调节都是以望远镜水平已调好为依据的. 以后凡要旋转望远镜，只能靠旋转望远镜的支撑杆来完成，切勿用手直接推望远镜.**

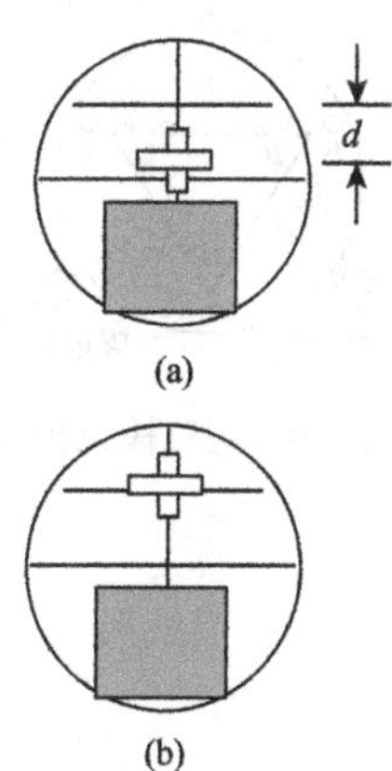

图 2.7.7　望远镜中的“+”形叉丝像

(5) 调载物平台与分光计主轴垂直. 将平面镜按图 2.7.6(b) 所示位置放置，从望远镜中观察又会出现图 2.7.7(a) 所示情况. 此时调节图 2.7.6(b) 中的螺钉 b 或 c，直到“+”形叉丝像与“╪”形叉丝像的上交点重合，即图 2.7.7(b) 所示状态. 此时载物平台已与分光计主轴垂直.

(6) 狭缝对平行光管的物镜聚焦. 从载物平台上取下双面镜，点亮狭缝前放置的汞灯光源，并使光源的出射中心对准狭缝. 转动望远镜对准平行光管. 轻轻旋转平行光管狭缝螺钉 12，让光源能透过狭缝. 调节平行光管的水平调节螺钉 13，使狭缝像出现在望远镜的视场中. 松开狭缝装置锁紧螺钉 10，伸缩狭缝套筒以调节狭缝与平行光管物镜的距离，使狭缝像变清晰并与叉丝无视差.

(7) 调平行光管光轴与分光计主轴垂直. 轻轻转动狭缝套筒，使狭缝像平行于“╪”形叉丝像的水平横线，然后调节平行光管的水平调节螺钉 13，使狭缝像与测量水平线重合，如图 2.7.8(a) 所示. 此时平行光管光轴已经与分光计主轴垂直. 然后将狭缝套筒旋转 90°，微动望远镜，使狭缝像与“╪”形叉丝像的竖直线重合，如图 2.7.8(b) 所示.

注意：在以上调节中，要注意使载物平台的高度合适，便于放在平台上的光学元件中心与望远镜及平行光管的光轴在同一高度. 两游标盘应调到与平行光管对称的两侧，并锁紧游标盘，以方便测量时读数.

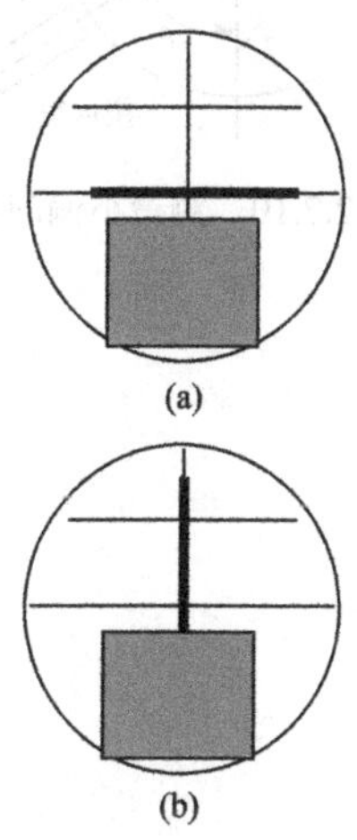

图 2.7.8　望远镜中的狭缝像

2. *自准法测三棱镜的顶角*

(1) 调节三棱镜的两个光学面平行于分光计的主轴. 把三棱镜放置于载物平台上，使其每一个顶角对准载物平台的一个调平螺钉，并使其非光学面对准平行光管. 如图 2.7.9 所示，其中 AB、AC 为光学面，BC

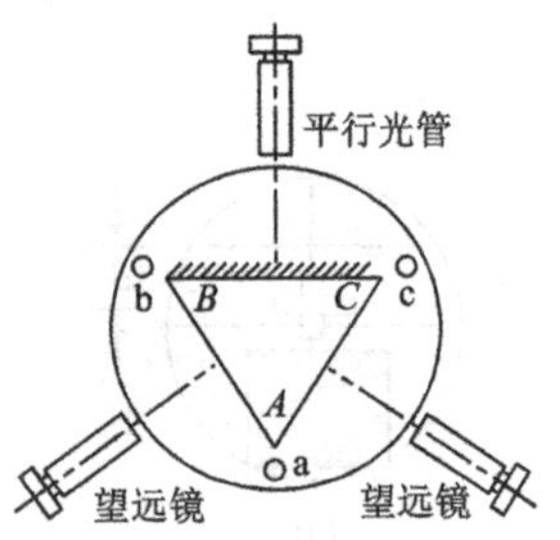

图 2.7.9 测三棱镜顶角

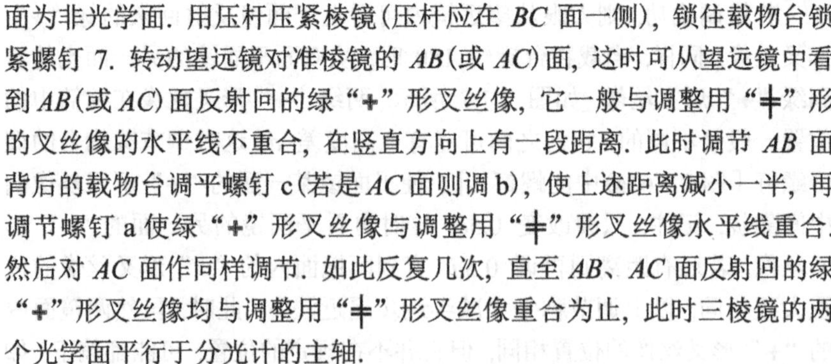
面为非光学面. 用压杆压紧棱镜(压杆应在 BC 面一侧), 锁住载物台锁紧螺钉 7. 转动望远镜对准棱镜的 AB(或 AC)面, 这时可从望远镜中看到 AB(或 AC)面反射回的绿“+”形叉丝像, 它一般与调整用“╪”形的叉丝像的水平线不重合, 在竖直方向上有一段距离. 此时调节 AB 面背后的载物台调平螺钉 c(若是 AC 面则调 b), 使上述距离减小一半, 再调节螺钉 a 使绿“+”形叉丝像与调整用“╪”形叉丝像水平线重合. 然后对 AC 面作同样调节. 如此反复几次, 直至 AB、AC 面反射回的绿“+”形叉丝像均与调整用“╪”形叉丝像重合为止, 此时三棱镜的两个光学面平行于分光计的主轴.

(2) 转动望远镜对准棱镜的 AB(或 AC)面, 使绿“+”字的竖线与调整用“╪”形叉丝像的竖线基本重合. 锁紧望远镜止动螺钉 18, 调节望远镜微调螺钉 20, 使两竖线严格对齐. 从左、右游标读出望远镜方位角读数. 松开望远镜止动螺钉, 再把望远镜对准 AC 面, 与对准 AB 面同样进行测量. 一共重复测量 6 次.

3. 测量三棱镜的最小偏向角 $\delta_{\min}$

(1) 打开汞灯电源开关. 将三棱镜按如图 2.7.10 所示的位置置于载物平台上, 平行光管大致与 AC 面垂直.

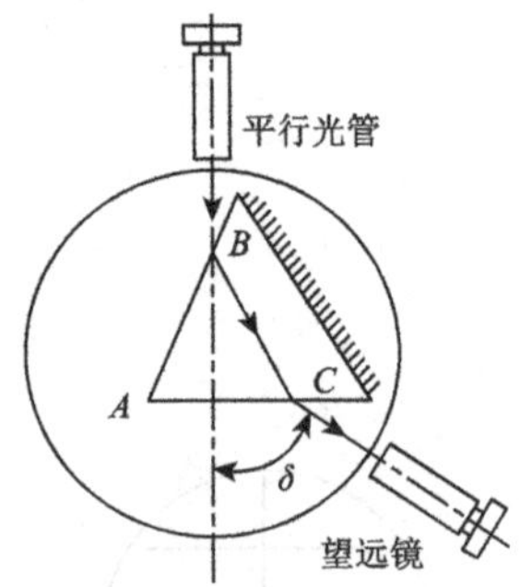

图 2.7.10 测最小偏向角

(2) 在 AC 面一侧直接用眼睛观察. 在折射光线的出射方向, 可以看到几条彩色谱线(在平行光管的圆形折射像内). 转动载物平台, 观察谱线移动情况. 选择向偏向角减小的方向转动载物平台, 可以看到谱线移至某一位置后将反向移动. 谱线移动逆转时的偏向角就是最小偏向角.

(3) 将望远镜转至出射光线最小偏向角时的目测位置, 眼睛从望远镜中观察. 细心、缓慢地转动载物平台, 观察汞灯绿色谱线($\lambda = 546.1$ nm)的移动情况, 使谱线刚好停留在最小偏向角的位置. 然后锁紧游标盘止动螺钉 15(可通过调节游标盘微调螺钉 16 找到更准确的最小偏向角位置).

(4) 锁住望远镜止动螺钉 18, 调节望远镜微调螺钉 20, 使叉丝竖线与绿色谱线严格对齐. 从左右游标读出望远镜方位角读数. 此即最小偏向角时出射光线的方位角. 重复测量 6 次. 重复测量时, 要重新找最小偏向角的位置.

(5) 移去三棱镜, 将望远镜对准平行光管, 使叉丝竖线与狭缝像(白色亮线)对齐, 读出左右游标的读数. 此即入射光线的方位角.

2.7.5 数据处理

1. 用自准法测三棱镜的顶角(表 2.7.1)

表 2.7.1 三棱镜顶角测量数据记录

数据	测量次数											
	1		2		3		4		5		6	
	$\varphi_{左}$	$\varphi_{右}$	$\varphi_{左}$	$\varphi_{右}$	$\varphi_{左}$	$\varphi_{右}$	$\varphi_{左}$	$\varphi_{右}$	$\varphi_{左}$	$\varphi_{右}$	$\varphi_{左}$	$\varphi_{右}$
左侧望远镜 T_L												

笔记栏

续表

数据	测量次数											
	1		2		3		4		5		6	
	$\varphi_左$	$\varphi_右$	$\varphi_左$	$\varphi_右$	$\varphi_左$	$\varphi_右$	$\varphi_左$	$\varphi_右$	$\varphi_左$	$\varphi_右$	$\varphi_左$	$\varphi_右$
右侧望远镜 T_R												
$\delta_{左,右}=\lvert T_L-T_R\rvert$												
$\delta_{min}=(\delta_左+\delta_右)/2$												

求 $\overline{\varphi}=\frac{1}{6}\sum_{i=1}^{6}\varphi_i=$__________，$S_\varphi=\sqrt{\frac{\sum_{i=1}^{6}(\varphi_i-\overline{\varphi})^2}{6-1}}=$__________，

$U_\varphi=\sqrt{S_\varphi^2+\Delta_仪^2}=$__________(取 $\Delta_仪=30''$)，三棱镜顶角：$\overline{A}=\pi-\overline{\varphi}=$__________.

$U_A=U_\varphi=$__________，测量结果：$A=\overline{A}\pm U_A=$__________.

2. 测量最小偏向角(取绿光波长为 $\lambda=546.1$ nm)(表 2.7.2)

表 2.7.2　最小偏向角测量数据记录

数据	测量次数											
	1		2		3		4		5		6	
	$\varphi_左$	$\varphi_右$	$\varphi_左$	$\varphi_右$	$\varphi_左$	$\varphi_右$	$\varphi_左$	$\varphi_右$	$\varphi_左$	$\varphi_右$	$\varphi_左$	$\varphi_右$
出射方位 T_1												
入射方位 T_2												
$\delta_{左,右}=\lvert T_1-T_2\rvert$												
$\delta_{min}=(\delta_左+\delta_右)/2$												

(1) 求：$\overline{\delta_{min}}=\frac{1}{6}\sum_{i=1}^{6}\delta_{min\,i}=$________，$S_{\delta_{min}}=\sqrt{\frac{\sum_{i=1}^{6}(\delta_{min\,i}-\overline{\delta_{min}})^2}{6-1}}=$________；

$U_{\delta_{min}}=\sqrt{S_{\delta_{min}}^2+\Delta_仪^2}=$________(取 $\Delta_仪=30''$).

(2) 求折射率：$\overline{n}=\frac{\sin[(\overline{\delta_{min}}+\overline{A})/2]}{\sin(\overline{A}/2)}=$________，

$$U_n=\frac{1}{2\sin(\overline{A}/2)}\sqrt{\frac{\sin^2(\overline{\delta_{min}}+\overline{A})}{\sin^2(\overline{A}/2)}U_A^2+\cos^2\frac{\overline{\delta_{min}}+\overline{A}}{2}U_{\delta_{min}}^2}=\_\_\_\_\_\_\_\_；$$

测量结果：$n=\overline{n}\pm U_n=$__________.

2.7.6　实验思考题

1. 望远镜调焦到无穷远意味着什么？为什么当在望远镜视场中能看见清晰且无视差的绿“+”形叉丝像时，望远镜已调焦到无穷远？

笔记栏

2. 为什么要用“逐步减半逼近法”调节望远镜与分光计主轴垂直？

3. 转动望远镜测量角度之前，分光计的哪些部分应该固定？望远镜应该和什么一起转动？

2.8 迈克耳孙干涉仪测空气折射率

1881 年，迈克耳孙为了研究光速问题精心设计了一种干涉装置——迈克耳孙干涉仪. 迈克耳孙和合作者莫雷用该干涉仪所做实验否定了“以太”的存在，为爱因斯坦建立狭义相对论提供了充分的实验依据. 迈克耳孙干涉仪是根据光的干涉原理制成的用来测量长度或长度变化的精密光学仪器. 由于其他干涉仪都是由迈克耳孙干涉仪衍生而来的，所以了解迈克耳孙干涉仪的基本原理，学习迈克耳孙干涉仪的使用方法十分重要.

2.8.1 实验目的

(1) 了解迈克耳孙干涉仪的原理、结构，学会其调节和使用方法.

(2) 观察等倾干涉、等厚干涉条纹，理解条纹形成的条件.

(3) 用迈克耳孙干涉仪测 He-Ne 激光的波长和空气的折射率.

2.8.2 实验原理

1. 迈克耳孙干涉仪的基本光路

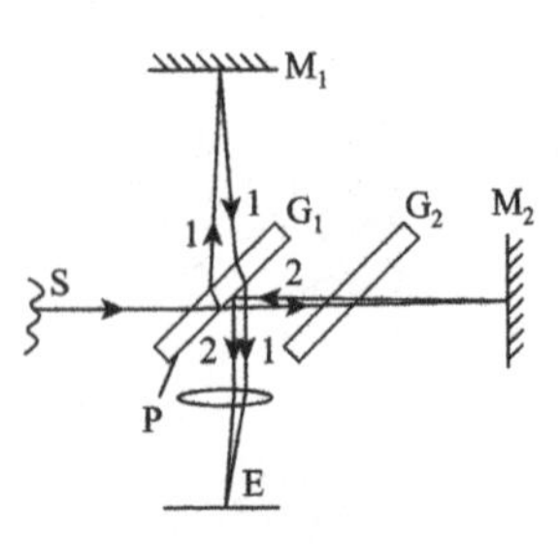

图 2.8.1 迈克耳孙干涉仪光路图

迈克耳孙干涉仪外形虽有各种不同的样式，但其基本光路如图 2.8.1 所示. 图中 S 为光源，G_1、G_2 为平行平面玻璃板. G_1 为分束板，在它的一个表面镀有半反射金属膜 P，G_2 为补偿板. M_1、M_2 为相互垂直的平面镜，G_1、G_2 与 M_1、M_2 均成 45°角.

从面光源 S 的某点发出的一束光，在平行平面玻璃板 G_1 的半反射面 P 上被分成反射光束 1 和透射光束 2，两束光的强度近似相等. 光束 1 经 P 向 M_1 传播，经 M_1 反射后再穿过 P 向 E 传播；光束 2 经 P 向 M_2 传播，在 M_2 上反射后又回到 P，被 P 反射也向 E 传播. 于是这两束相干光在空间相遇并产生干涉，在 E 处直接通过人眼或接收屏可以观察到干涉条纹. 平面玻璃板 G_2 的作用是使光 1、2 都能二次穿过厚度相同的玻璃，从而避免两光束出现额外的光程差，因此 G_2 就称为补偿板.

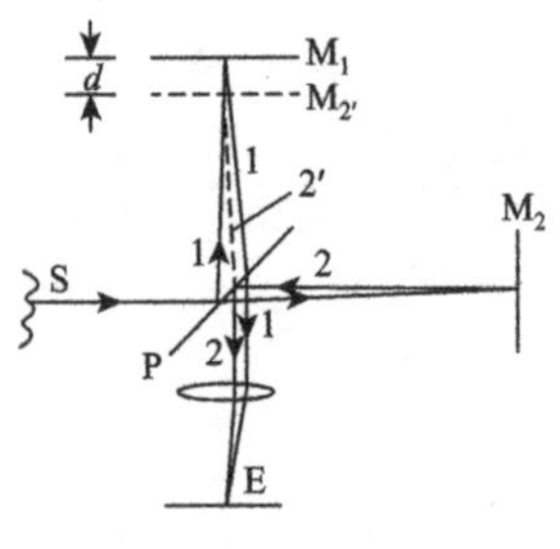

图 2.8.2 迈克耳孙干涉仪等效光路图

迈克耳孙干涉仪光路也可等效为如图 2.8.2 所示的情况. 把 $M_{2'}$ 看成是 M_2 经 P 反射形成的虚像，那么光束 2 也就等效为从 P 出发经 $M_{2'}$ 反射后再穿过 P 到 E(图中虚线所示). 这样 M_1、$M_{2'}$ 就构成了一个厚度为 d 的空气薄层，两者的光程差由空气薄层 d 决定. 当 M_1、$M_{2'}$ 严格平行时，可形成等倾干涉条纹；当 M_1、$M_{2'}$ 不严格平行时，空气薄层就形成一个劈尖，就会形成等厚干涉条纹.

2. 等倾干涉条纹与单色光波长的测量

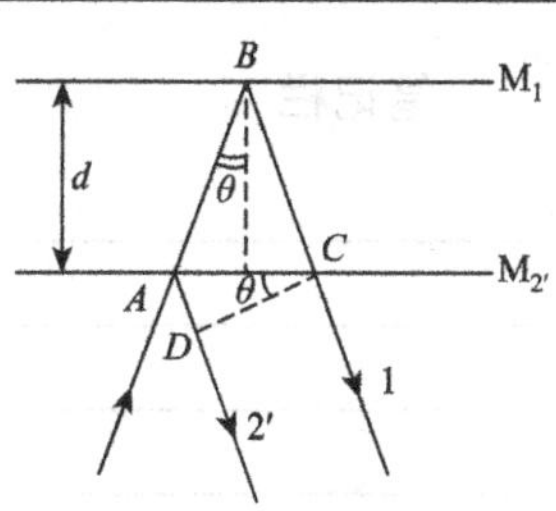

图 2.8.3　等倾干涉光程差计算图

设平面反射镜 M_2 严格垂直于 M_1，则 $M_{2'}$ 也就严格平行于 M_1，且两者相距为 d. 若光束以同一倾角 θ 入射在 $M_{2'}$ 和 M_1 上，反射后形成 2′和 1 两束平行的相干光，如图 2.8.3 所示.

由图中的几何关系，考虑空气的折射率 $n\approx1$，则两束光的光程差为

$$\delta=(AB+BC)-AD=\frac{2d}{\cos\theta}-2d\tan\theta\sin\theta$$

$$=2d\cos\theta \tag{2.8.1}$$

当 M_1 和 $M_{2'}$ 的距离 d 一定时，由式(2.8.1)可以看出，在倾角 θ 相等的方向上两相干光束的光程差 δ 均相等. 对于点光源照射，具有相等 θ 角的光形成一圆锥面，所以其干涉条纹在无穷远(或透镜的焦平面上)形成一圆环. 由于点光源可发出不同入射角 θ 的光，故等倾干涉条纹为一系列明暗相间的同心圆环，如图 2.8.4 所示. 点光源如果强度太弱，实际上将看不见条纹，实验中常用面光源照射. 虽然面光源上各点光源都形成各自的一套干涉条纹，但是所有各套条纹是完全重合的(为什么？)，故面光源产生的干涉条纹与点光源产生的干涉条纹完全相同但亮度大大加强. 由干涉条件，第 k 级明环应满足

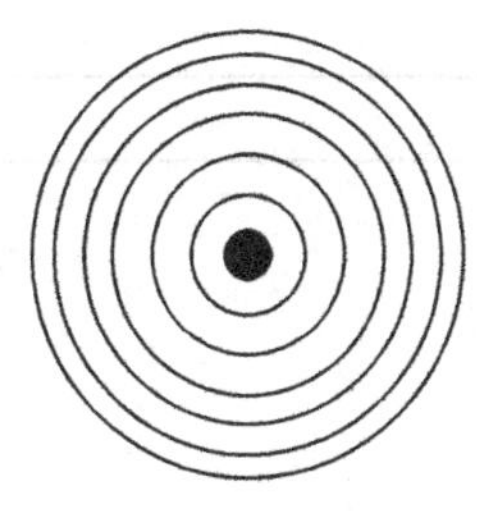
图 2.8.4　等倾干涉图样

$$2d\cos\theta=k\lambda \tag{2.8.2}$$

d 一定时，θ 越小，干涉圆环的直径越小，它的级次 k 越高. 在圆心处 $\theta=0$，条纹的级次最高. 即干涉条纹级次由圆心向外逐次降低.

当移动 M_1 使 d 增加时，圆心的干涉级次越来越高，可以看到圆环一个一个从中心“冒”出来；反之，当 d 减小时，圆环一个一个向中心“陷”进去. 对于圆心处的条纹来说，由于 $\theta=0$，由式(2.8.2)有

$$d=k\frac{\lambda}{2} \tag{2.8.3}$$

表明每“陷”进或“冒”出一个干涉环，对应 M_1 被移远或移近的距离为半个波长. 若观察到 Δk 个干涉环的移动，则由式(2.8.3)，距离 d 的变化 Δd 为

$$\Delta d=\Delta k\frac{\lambda}{2}$$

或

$$\lambda=\frac{2\Delta d}{\Delta k} \tag{2.8.4}$$

由式(2.8.4)，只要测出 M_1 移动的距离 Δd，数出相应的干涉环移动的数目 Δk，就可算出单色光的波长. 反之，若知道单色光的波长 λ，数出干涉环移动的数目，也能计算长度 d 的微小变化. 这就是测量微小长度的原理，式(2.8.4)是本实验要用的重要公式.

3. 空气折射率的测量

迈克耳孙干涉仪中(图 2.8.5)，当光束垂直入射至 M_1、M_2 镜面时，两光束的光程差 δ 可以表示成

笔记栏

笔记栏

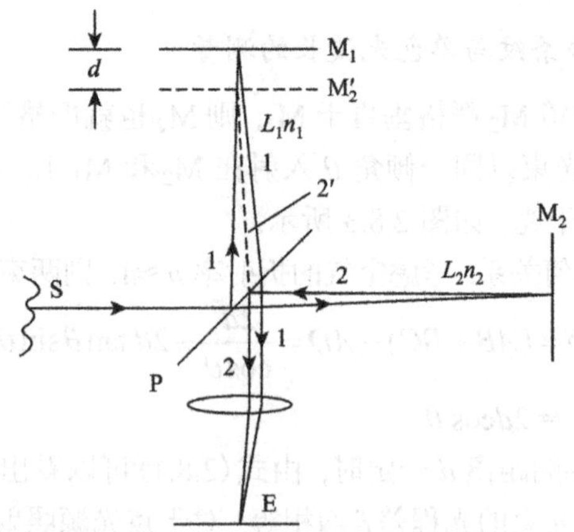

图 2.8.5 迈克耳孙干涉仪测空气折射率等效光路图

$$\delta = 2(n_1L_1 - n_2L_2) \tag{2.8.5}$$

式中: L_1 和 L_2 是 P 到 M_1、M_2 的距离, n_1 和 n_2 分别是路程 L_1 和 L_2 上介质的折射率.

设单色光在真空中的波长为 λ_0, 当 $\delta = k\lambda_0\ (k = 0,1,2,\cdots)$ 时产生相长干涉, 相应地在接收屏中心总光强为极大. 由式(2.8.5)可知, 两束相干光的光程差不单与几何路程有关, 而且与路程上介质的折射率有关. 当 L_1 支路上介质折射率改变 Δn_1 时, 因光程差的相应变化而引起的干涉条纹变化数为 Δk, 由式(2.8.5)可知

$$\Delta n_1 = \frac{\Delta k \lambda_0}{2L_1} \tag{2.8.6}$$

由式(2.8.6)可知: 如测出接收屏上某一处干涉条纹的变化数 Δk, 就能测出光路中折射率的微小变化.

在迈克耳孙干涉仪的一支光路中加入一个与大气相连的密封管, 其长度为 L, 当管内压强由大气压强 p_0 变到 0 时, 折射率由 n 变到 1, 若屏上某一点(通常观察屏的中心)条纹变化数为 Δk, 则由式(2.8.6)可知

$$n - 1 = \frac{\Delta k \lambda_0}{2L} \tag{2.8.7}$$

通常在温度处于 15～30 ℃范围时, 空气折射率可用下式求得

$$(n-1)_{t,p} = \frac{2.8793p}{1 + 0.003671t} \times 10^{-9} \tag{2.8.8}$$

式中: 温度 t 的单位为℃, 压强 p 的单位为 Pa. 因此, 在一定温度下, $(n-1)_{t,p}$ 可以看成是压强 p 的线性函数. 由式(2.8.7)和式(2.8.8)可知, 从压强 p 变为真空时的条纹变化数 Δk 与压强 p 的关系也是一线性函数, 因而应有 $\dfrac{\Delta k}{p} = \dfrac{k_1}{p_1} = \dfrac{k_2}{p_2}$, 由此得

$$\Delta k = \frac{k_2 - k_1}{p_2 - p_1} p \tag{2.8.9}$$

代入式(2.8.7)得

$$n=1+\frac{\lambda_0}{2L}\frac{k_2-k_1}{p_2-p_1}p \tag{2.8.10}$$

可见，只要测出管内压强由 p_1 变到 p_2 时的条纹变化数 k_2-k_1，即可由式(2.8.10)计算压强为 p 时的空气折射率 n，管内压强不必从 0 开始. 实验时数字仪表用来测管内气压，它的读数为管内压强高于室内大气压强的差值. 用毛玻璃作接收屏，在它上面可看到干涉条纹. 调好光路后，先将密封管充气，使管内压强与大气压的差大于 0.09 Mpa，读出数字仪表数值 p_1，取对应的 $k_1=0$. 然后微调阀门慢慢放气，此时在接收屏上会看到条纹移动，当移动 ΔN 个条纹时，记下数字仪表压强数值 p_2. 然后再重复前面的步骤，求出移动 ΔN 个条纹所对应的管内压强的变化值 p_2-p_1 的平均值 Δp，代入式(2.8.10)，算出空气折射率为

$$n=1+\frac{\lambda_0}{2L}\frac{\Delta N}{\Delta p}p_0 \tag{2.8.11}$$

式中：p_0 为实验时的大气压强.

2.8.3　实验仪器

迈克耳孙干涉仪、He-Ne 激光器、扩束透镜及支架、接收屏、数字空气折射率测定仪、空气室.

1. 迈克耳孙干涉仪简介

迈克耳孙干涉仪结构如图 2.8.6 所示. 机械台面 4 固定在沉稳的铸铁底座 2 上，底座有三个调节螺钉 1，用来调节机械台面的水平. 台面上装有螺距为 1 mm 的丝杆 3，丝杆的一端与齿轮系统 12 相连. 转动粗调手轮 13，通过齿轮装置使骑在丝杆上的 M_1 动镜 5 在导轨 6 上移动；移动距离的整毫米数从导轨侧面的毫米标尺(未画出)上读出. 粗调手轮分为 100 分格，它每转过 1 分格，M_1 平移 0.01 mm. 小于 1 mm 大于 0.01 mm 的值由手轮的读数窗口 11 读出. 微调鼓轮 15 也分为 100 格，它转过 1 分格，粗调手轮被它牵引着转动 1/100 分格，因此平面镜 M_1 平移 10^{-4} mm. 若在微调鼓轮上还估读 1 位，则读数可到 10^{-5} mm. 8 定镜 M_2 是固定在镜台上的. M_1、M_2 二镜的后面有三个螺钉 7，可调节镜面的倾斜度. M_2 镜台下面还有一个调节水平方向的拉簧螺钉 14 和一个调节垂直方向的拉簧螺钉 16. 其松紧使 M_2 镜台产生一个极小的形变，从而可以对镜 M_2 作更精细的调节. 10、9 分别为分束板 G_1 和补偿板 G_2. 两平面反射镜面都镀了银，G_1 的内表面为半反射面，也镀了银. 各镜面必须保持清洁，切忌用手触摸. 镜面一经玷污，仪器将受损而不能使用，因此要格外小心. 丝杆及导轨的精度也很高，如它们受损，同样会影响仪器的精度. 因此操作时动作要轻要慢.

笔记栏

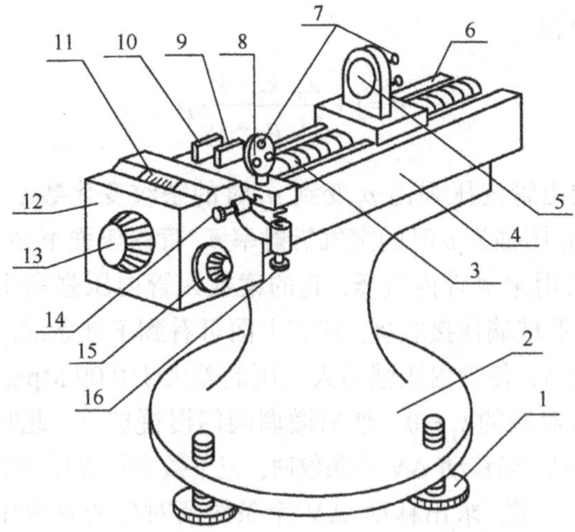

图 2.8.6 迈克耳孙干涉仪外形图

1—底座调节螺钉; 2—底座; 3—丝杆; 4—机械台面; 5—动镜 M1; 6—导轨; 7—反向镜调节螺钉; 8—定镜 M2; 9—补偿板; 10—分光板; 11—读数窗口; 12—齿轮系统; 13—粗调手轮; 14, 16—拉簧螺钉; 15—微调鼓轮

在测量读数时要注意如下事项.

(1) 转动微调鼓轮时, 粗调手轮会随着转动, 但转动粗调手轮时微调鼓轮并不随着转动. 因此在读数前应先调整零点, 方法如下: 将微调鼓轮 15 沿某一方向旋转至零, 然后以相同方向转动粗调手轮 13 使之与某一刻度对齐. 以后测量时只能仍以同方向转动鼓轮使平面反射镜 M_1 移动, 这样才能使粗调手轮与微调鼓轮相互配合.

(2) 为了使测量结果正确, 必须避免引入空程. 即在调整好零点后, 应将微调鼓轮按原方向多转几圈, 直到干涉条纹开始移动以后, 才可以开始读数.

2. He-Ne 激光器简介

He-Ne 激光器是一种单色性好、方向性强、相干性好、亮度高的常用光源, 它由激光管和专用电源组成. 激光管的主要部件有杆状阳极、铝质圆筒阴极、玻璃毛细管和两端高反射率的反射镜. 管内充有按一定比例混合的 He 气和 Ne 气. 管端两极加上数千伏的直流高压, 击穿管内气体后发出激光, 因而其电源为专用电源. 常用 He-Ne 激光管腔长 250 mm, 主要参数为: 输出波长 632.8 nm, 输出功率 1～2 mW, 光束发散角＜1.5 mrad, 触发电压≥3500 V, 工作电压 1200 V, 最佳工作电流 5 mA.

2.8.4 实验内容与步骤

1. 等倾干涉条纹的调整与单色光波长的测量

(1) 目测粗调激光管中心、激光管前的扩束凸透镜中心、分束板 G_1 和镜 M_2 大致成一直线并与镜 M_2 平面垂直, 使镜 M_1、M_2 与 G_1 的距离大致相等(M_2 是固定不动的, 把 M_1 调到大约 100 mm 处).

笔记栏

(2) 粗调平面镜 M_2 使其与 M_1 垂直. 先拿走扩束透镜, 点亮激光管, 使激光束经 G_1 分束后在 M_1、M_2 上反射回来的光出现在接收屏 E 上. 这时屏上将出现多个亮点, 细心调节 M_2(M_1 实验室已调好) 的三个调节螺钉使其中两个最亮的斑点(分别经 M_1 和 M_2 反射回来的光束, 可用纸片分别遮挡两个光路而判断) 重合.

(3) 细调 M_2 使其与 M_1 严格垂直. 放入扩束透镜, 此时接收屏 E 上可观察到干涉条纹, 然后细调水平和垂直拉簧螺钉, 屏上可出现环状条纹. 此时眼睛上下左右移动时若看到有圆环从中心 "冒" 出来或 "陷" 进去, 表明 M_2 与 M_1 还没有严格垂直. 继续调节拉簧螺钉, 直到移动眼睛也看不见有 "冒出" 或 "陷入" 现象, 则调节成功.

(4) 测量读数. 细心慢慢转动微调鼓轮 15 (先要调零), 可观察到视场中心有圆环 "冒出" 或 "陷入". 记下初始读数 d_0, 耐心数圆环 "冒出" 或 "陷入" 的数目, 每 50 个环记录一次 M_1 的位置 d, 要求记录到 d_{10}. 位置读数由三部分组成: 导轨侧面上的毫米尺读毫米以上的数; 毫米单位下两位由读数窗口读出; 在微调鼓轮上读毫米以下的第 3、第 4 位并估读第 5 位. 数据记录在表 2.8.1、表 2.8.2.

2. 空气折射率的测量

(1) 镜 M_1 调到 100 mm 处, 重复等倾干涉条纹调整中步骤 (1) 到 (3), 在接收屏 E 上调出可观察的稳定干涉条纹.

(2) 在不改变移动镜 M_1 位置的情况下, 将气室组件放置导轨上 (M_1 的前方, 其他仪器的位置不要改变), 调节 M_1、M_2 镜背后的三颗螺钉和拉簧螺钉, 重新在接收屏 E 上观察到干涉条纹.

(3) 将气管 1 一端与气室组件相连, 另一端与数字仪表的出气孔相连; 气管 2 与数字仪表的进气孔相连. 接通电源, 按电源开关, 电源指示灯亮, 液晶屏显示 ".000".

(4) 关闭气球上的阀门, 鼓气使气压值大于 0.09 MPa, 读出数字仪表的数值 p_1, 打开阀门, 慢慢放气, 当移动 20 个条纹时, 记下数字仪表的数值 p_2.

(5) 打开阀门, 放出余气, 按绿色的复位键, 液晶屏显示 ".000" 后, 关闭气球上的阀门, 鼓气使气压值大于 0.09 MPa, 读出数字仪表的数值 p_1. 打开阀门, 慢慢放气, 记下移动条纹分别从 30 次到 70 次时数字仪表的数值 p_2. 求出移动不同级次条纹所对应的管内压强的变化值 $\Delta p = p_1 - p_2$, 并求出每次的空气折射率 n.

2.8.5 数据处理

1. 单色光波长的测量数据处理 (表 2.8.1)

表 2.8.1　M_1 位置读数记录表格　(单位: mm)

数据	次数										
	d_0	d_1	d_2	d_3	d_4	d_5	d_6	d_7	d_8	d_9	d_{10}
读数											

笔记栏

表 2.8.2　逐差法处理数据表格　(单位: mm)

数据	序号 1	2	3	4	5	$\overline{\Delta d}=\frac{1}{5}\sum_{i=1}^{5}\Delta d_i$
$\Delta d_i = d_{i+5}-d_i$						
$\Delta d_i-\overline{\Delta d}$						$S_{\Delta d}=$

注: 这里最初的读数 d_0 作为不可靠读数没有被采用.

Δd 的标准偏差为 $S_{\Delta d}=\sqrt{\dfrac{\sum_{i=1}^{5}(\Delta d_i-\overline{\Delta d})^2}{5-1}}=$ ________;

Δd 的 A 类不确定度分量 $U_A=S_{\Delta d}=$ ________ mm;

Δd 的 B 类不确定度分量 $U_B=\Delta_{仪}=$ ________ mm;

总不确定度 $U_{\Delta d}=\sqrt{U_A^2+U_2^2}=$ ________ mm;

最后对应条纹移动 250 条时 M_1 的移动量为

$$\Delta d=\Delta d\pm U_{\Delta d}= \text{\_\_\_\_\_\_\_\_ mm}$$

由公式(2.8.4)可计算单色光的波长

$$\overline{\lambda}=\frac{2\Delta d}{\Delta k}\ (取\ \Delta k=250),\quad U_\lambda=\frac{2}{\Delta k}U_{\Delta d}$$

$$\lambda=\overline{\lambda}\pm U_\lambda=(\text{\_\_\_\_\_\_}\pm\text{\_\_\_\_\_\_})\ \text{nm}$$

He-Ne 激光的公认波长为 $\lambda=632.8$ nm, 把计算结果与公认值比较并求出相对误差:

$$\frac{|\lambda-\overline{\lambda}|}{\lambda}\times 100\%= \text{\_\_\_\_\_\_\_\_}$$

2. 空气折射率数据处理

室温 $t=$ ________℃; 大气压 $p_0=$ ________ hPa; $L=95$ mm; $\lambda_0=\overline{\lambda}=$ ________ nm.

表 2.8.3 中空气折射率 n 由式(2.8.11)计算.

表 2.8.3　压强变化数据记录表格

数据	测量次数 1	2	3	4	5	6
级次变化 ΔN	20	30	40	50	60	70
p_1 /MPa						
p_2 /MPa						
(p_1-p_2) /MPa						
空气折射率 n						

笔记栏

2. 计算空气折射率 n 及误差

空气折射率 n 的 6 次平均值 $\bar{n}=\frac{\sum_{i=1}^{6} n_i}{6}=$ ________;

其标准偏差 $S_n=\sqrt{\frac{\sum_{i=1}^{6}(n_i-\bar{n})^2}{6-1}}=$ ________;

不考虑 n 的 B 类不确定分量，则 $U_n=S_n$，且

$$n=\bar{n}\pm U_n= \_\_\_\_\_\_\_\_$$

已经空气的折射率理论值 $n=1.000\ 29$，则相对误差为

$$\frac{|n-\bar{n}|}{n}\times 100\%= \_\_\_\_\_\_\_\_$$

2.8.6　实验思考题

1. 怎样调整迈克耳孙干涉仪才能看见等倾干涉条纹？实验中根据什么现象就能判断确实是等倾条纹？

2. 什么是空程？测量时应如何操作才能避免引入空程？

3. 实验中充气后，在放气的同时可看到在屏上某一点处有条纹移过，这表明在该点处的光强是怎样变化的？

第 3 章 >>>
提高性实验

3.1 扭摆法测物体的转动惯量

转动惯量是刚体转动惯性大小的量度，是表征刚体特性的一个物理量. 转动惯量的大小除与物体质量有关外，还与转轴的位置和质量分布有关. 如果刚体形状简单，且质量分布均匀，可直接计算出它绕特定轴的转动惯量. 但在工程实践中，我们常碰到大量形状复杂，且质量分布不均匀刚体，理论计算将极为复杂，通常采用实验方法来测定. 转动惯量的测量，一般都是使刚体以一定的形式运动. 通过表征这种运动特征的物理量与转动惯量之间的关系，进行转换测量. 本实验使物体作扭转摆动，由摆动周期及其他参数的测定算出物体的转动惯量.

3.1.1 实验目的

(1) 用扭摆测定物体的转动惯量和弹簧的扭转常数.

(2) 验证转动惯量平行轴定理.

(3) 掌握游标卡尺和通用计数器的使用方法，学习测量周期的方法.

3.1.2 实验原理

1. 扭摆的摆动周期

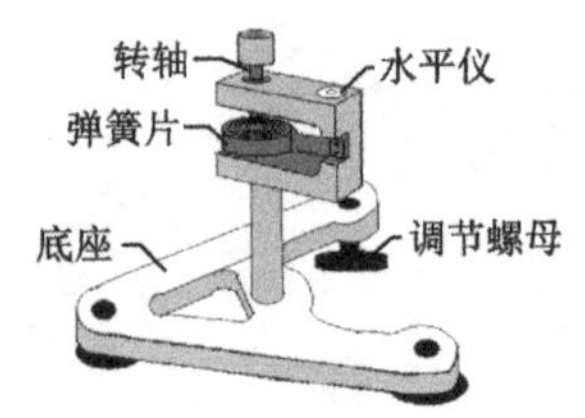

图 3.1.1 扭摆实验仪结构示意图

扭摆实验仪结构示意图如图 3.1.1 所示，在垂直轴上装有一根薄片状的螺旋弹簧，用以产生恢复力矩. 上方有一个水平仪，用来调整系统平衡. 在轴的上方可以装上各种待测物体，垂直轴与支座间装有轴承，以降低摩擦力矩.

将物体在水平面内转过一角度 θ 后，在弹簧的恢复力矩作用下物体就开始绕垂直轴作往返扭转运动. 根据胡克定律，弹簧受扭转而产生的恢复力矩 M 与所转过的角度 θ 成正比，即

$$M=-K\theta \tag{3.1.1}$$

式中: K 为弹簧的扭转常数. 根据转动定律 $M=J\alpha$，有

$$\alpha=\frac{M}{J} \tag{3.1.2}$$

式中: J 为物体绕转轴的转动惯量; α 为转动角加速度. 如果忽略轴承的

笔记栏

摩擦阻力矩，并令 $\omega^2=\dfrac{K}{J}$，那么由式(3.1.1)和式(3.1.2)有

$$\alpha=\frac{d^2\theta}{dt^2}=-\frac{K}{J}\theta=-\omega^2\theta \tag{3.1.3}$$

上述方程表示扭摆运动具有简谐振动的特性，角加速度与角位移成正比，且方向相反. 此方程的解为

$$\theta=A\cos(\omega t+\varphi) \tag{3.1.4}$$

式中: θ 为谐振动的角振幅; φ 为初相位角; ω 为角速度. 此简谐振动的周期为

$$T=\frac{2\pi}{\omega}=2\pi\sqrt{\frac{J}{K}} \tag{3.1.5}$$

由式(3.1.5)可知，只要实验测得物体扭摆的摆动周期，并在 J 和 K 中知道任何一个量就可计算出另一个量.

2. 间接比较法确定扭转常数

若已知标准物体的转动惯量 J_0，两次被测物体的转动惯量分别为 J_1 和 $J_2=J_0+J_1$，摆动周期分别为 T_1 和 T_2. 由式(3.1.5)有

$$T_1^2=\frac{4\pi^2 J_1}{K},\quad T_2^2=\frac{4\pi^2(J_0+J_1)}{K} \tag{3.1.6}$$

上两式联立求解得

$$J_1=J_0\frac{T_1^2}{T_2^2-T_1^2} \tag{3.1.7}$$

把式(3.1.7)代入到式(3.1.6)的第一式，扭转常数为

$$K=\frac{4\pi^2 J_0}{T_2^2-T_1^2} \tag{3.1.8}$$

而标准物体是一个几何形状规则的物体，它的转动惯量 J_0 可以根据其质量和几何尺寸用理论公式直接计算得到. 因此由上式就可得到扭转常数 K. 若要测定其他形状物体的转动惯量，只需将待测物体安放在本仪器顶部的各种夹具上，测定其摆动周期，由式(3.1.6)即可算出该物体绕转动轴的转动惯量.

3. 对称法验证平行轴定理

平行轴定理: 若质量为 m 的物体绕通过质心轴的转动惯量为 J_C，当转轴平行移动距离 x 后，此物体的转动惯量变为 J_C+mx^2. 实验中如果物体相对转轴出现非对称性，那么由于重力矩的作用会使摆轴不垂直而增大测量误差. 因此，采用两个金属滑块辅助金属杆的对称测量法，验证金属滑块的平行轴定理. 这样 J_C 为两个金属滑块绕通过质心轴的转动惯量，m 为每个金属滑块的质量，杆绕摆轴的转动惯量为 J_l，当转轴平行移动距离 x 时(实际上移动的是两金属块)，测得的转动惯量为

$$J=J_l+J_C+2mx^2 \tag{3.1.9}$$

那么两金属滑块的转动惯量为

$$J_x=J-J_l=J_C+2mx^2 \tag{3.1.10}$$

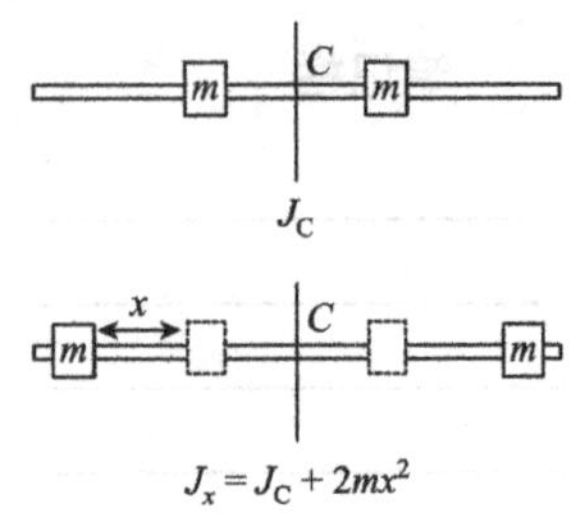

图 3.1.2 平行轴定理原理示意图

这里 $2m$ 指移动的是质量为 m 的两块金属块, 图 3.1.2 为平行轴定理原理示意图.

3.1.3 实验仪器

DH0301 智能转动惯量实验仪(包括扭摆、通用计数器及几种待测刚体)、游标卡尺.

1. DH0301 智能转动惯量实验仪

DH0301 智能转动惯量实验仪由主机和光电传感器两部分组成. 主机采用新型的单片机作控制系统, 用于测量物体转动和摆动的周期以及旋转体的转速, 能自动记录、存储多组实验数据并能够精确计算多组实验数据的平均值. 光电传感器主要由红外发射管和红外接收管组成. 为了防止过强光线对光探头的影响, 光电探头不能放置在强光下, 实验时应采用窗帘遮光, 以确保计时的准确.

2. DHTC-1A 通用计数器

DHTC-1A 通用计数器的前面板功能分布如图 3.1.3 所示, 使用方法如下.

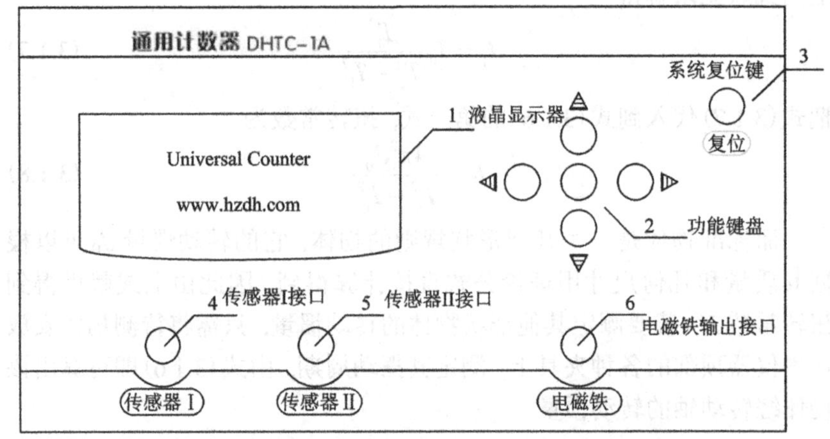

图 3.1.3 DHTC-1A 通用计数器前面板功能分布图

(1) 调节光电传感器在固定支架上的高度使被测物体上的挡光杆能自由地通过光电门, 将光电传感器的信号传输线插入传感器 I.

(2) 开启电源, 进入欢迎界面. 欢迎界面下, 按任意键进入选择菜单界面. 按上、下功能键选择周期测量功能.

(3) 选择周期测量 Period 功能后, 按确认键后进入选择. 扭摆的周期数设定为 10, 如要更改, 按左、右键改变设定周期数, 周期次数最大可以设置为 99, 所设即所得, 不用再按确认键.

(4) 选择“>Start measure”按钮, 按确认键进入测试. 挡光杆每经过一次光电门, 次数自动 +1, 直到为 $2n+1$ 时结束. 测试结果界面如图 3.1.4 所示, 10 个周期的总时间 t 为 7 338 244 μs, 周期 T 为 733 824 μs.

笔记栏

Period n：10	
t：007 338 244 us	（10个周期总时间）
T：000 733 824 us	（单周期平均时间）
Save　　Return	（保存　　返回）

图 3.1.4　周期数据测试结果界面图

(5) 按左、右键切换 Save 和 Return 功能，按确认键选择 Save. 读取测量数据，选择“＞Data query”功能，按下、上键翻看数据组，记录数据.

3.1.4　实验内容与步骤

(1) 用游标卡尺测量塑料圆柱体的外径 6 次.

(2) 调整扭摆基座底脚螺钉，使水平仪的气泡位于中心.

(3) 装上金属载物盘，并调整光电探头的位置. 使载物盘上的挡光杆处于其缺口中央且能遮住发射、接收红外光线的小孔.

(4) 将光电传感器的信号传输线插入传感器 I，开启电源，进入欢迎界面，按任意键进入选择菜单界面. 按上、下功能键选择周期测量功能，把周期次数设置为 10. 按一下“确认”或“复位”按钮，并用手使转盘偏离平衡位置约 90°，再选择“＞Start measure”按钮，按确认键，松手让载物盘来回摆动，测定空载物盘的摆动周期 T_1. 测量 6 次，记录在数据表格中.

(5) 将塑料圆柱体垂直放在载物盘上，重复步骤 (4)，测定摆动周期 T_2.

(6) 取下塑料圆柱体和金属载物盘，装上金属细杆 (金属细杆中心必须与转轴重合). 先测量无滑块时的摆动周期，然后将滑块对称放置在细杆两边的凹槽内，取滑块质心离转轴的距离分别为 5.00 cm，10.00 cm，15.00 cm，20.00 cm，25.00 cm，再测量细杆加滑块的摆动周期 T_3 (按步骤 (4) 进行测量). 并验证转动惯量平行轴定理.

(7) 将塑料圆柱体换成空心金属圆筒，垂直放在载物盘上，重复步骤 (4) 和 (5)，测其转动惯量.

(8) 取下空心金属圆筒和金属载物盘，装上木球，重复步骤 (4) 和 (5)，测其转动惯量.

3.1.5　数据处理

1. 测量塑料圆柱体的外径 d (表 3.1.1)

表 3.1.1　测塑料圆柱体外径 d 数据表格 (用游标卡尺)

数据	测量次数						平均值
	1	2	3	4	5	6	
直径 d_i/mm							
$(d_i-\bar{d})$/mm							$S_d=$

笔记栏

d 的 A 类不确定度

$$U_A = S_d = \sqrt{\frac{\sum_{i=1}^{6}(d_i - \bar{d})^2}{6-1}} = \_\_\_\_\_\_\_\_ \text{mm}$$

B 类不确定分量

$$U_B = 0.02 \text{ mm}$$

总不确定度

$$U_d = \sqrt{U_A^2 + U_B^2} = \_\_\_\_\_\_\_\_ \text{mm}$$

测量结果

$$d = \bar{d} \pm U_d = \_\_\_\_\_\_\_\_ \text{mm}$$

用电子天平测塑料圆柱体的质量，由于是单次测量，则不考虑不确定度的 A 类，只考虑 B 类分量，即主要由仪器误差决定，取 $U_m = 1$ g.

塑料圆柱体的质量为 m, $m = m \pm U_m =$ ______ g.

2. 测量空金属载物盘和空金属载物盘 + 塑料圆柱体的摆动周期 T_1 和 T_2(表 3.1.2)

表 3.1.2　测量空金属载物盘和塑料圆柱体的摆动周期记录表

数据	测量物											
	空金属载物盘						空金属载物盘 + 塑料圆柱体					
测量次数	1	2	3	4	5	6	1	2	3	4	5	6
T_{10}/s												
T_i/s												
平均值	$\bar{T}_1 = \sum_{i=1}^{6}\frac{T_i}{6} =$						$\bar{T}_2 = \sum_{i=1}^{6}\frac{T_i}{6} =$					

注意：这里 $T_i = T_{10}/10$, T_1、T_2 为摆动的平均周期.

T_1 和 T_2 的 A 类不确定度分量

$$U_{A_{T_1}} = S_{T_1} = \sqrt{\frac{\sum_{i=1}^{6}(T_i - \bar{T}_1)^2}{6-1}} = \_\_\_\_\_\_\_\_ \text{s}$$

$$U_{A_{T_2}} = S_{T_2} = \sqrt{\frac{\sum_{i=1}^{6}(T_i - \bar{T}_2)^2}{6-1}} = \_\_\_\_\_\_\_\_ \text{s}$$

T_0 和 T_1 的 B 类不确定度分量

$$U_{B_{T_1}} = \frac{1}{10}\Delta_{仪} = \frac{0.001}{10}\text{s}, \quad U_{B_{T_2}} = \frac{1}{10}\Delta_{仪} = \frac{0.001}{10}\text{s}$$

总的不确定度

$$U_{T_1} = \sqrt{U_{A_{T1}}^2 + U_{B_{T1}}^2} = \_\_\_\_\_\_\_\_ \text{s}, \quad U_{T_2} = \sqrt{U_{A_{T2}}^2 + U_{B_{T2}}^2} = \_\_\_\_\_\_\_\_ \text{s}$$

测量结果　　$T_1 = \bar{T}_1 \pm U_{T_1} = \_\_\_\_\_\_\_\_ \text{s}$

$$T_2 = \overline{T}_2 \pm U_{T_2} = \underline{\qquad\qquad}\text{s}$$

笔记栏

3. 计算扭摆的扭转常数 K

在上述测量中，标准物体是质量为 m、直径为 d 的圆柱体，由理论计算知转动惯量(和对应的不确定度)为

$$\overline{J}_0 = \frac{1}{8}m\overline{d}^2 = \underline{\qquad\qquad}\text{kg·m}^2$$

$$U_{J_0} = \overline{J}_0\sqrt{\left(\frac{U_m}{\overline{m}}\right)^2 + 4\left(\frac{U_d}{\overline{d}}\right)^2} = \underline{\qquad\qquad}\text{kg·m}^2$$

则由式(3.1.8)有

$$\overline{K} = 4\pi^2\frac{\overline{J}_0}{\overline{T}_2^2 - \overline{T}_1^2} = \underline{\qquad\qquad}\text{kg·m}^2/\text{s}^2$$

扭摆的扭转常数的不确定度为

$$U_K = \overline{K}\sqrt{\left(\frac{U_{J_0}}{J_0}\right)^2 + \left(\frac{2\overline{T}_2U_{T_2}}{\overline{T}_2^2 - \overline{T}_1^2}\right)^2 + \left(\frac{2\overline{T}_1U_{T_1}}{\overline{T}_2^2 - \overline{T}_1^2}\right)} = \underline{\qquad\qquad}\text{kg·m}^2/\text{s}^2$$

扭摆的扭转常数的测量结果为

$$K = K \pm U_K = \underline{\qquad\qquad} \pm \underline{\qquad\qquad}\text{kg·m}^2/\text{s}^2$$

4. 计算金属载物盘的转动惯量和塑料圆柱体的转动惯量

由公式 $J = \dfrac{KT^2}{4\pi^2}$，金属载物盘的转动惯量 J_1 及不确定度 U_{J_1} 为

$$\overline{J}_1 = \frac{\overline{K}\cdot\overline{T_1^2}}{4\pi^2} = \underline{\qquad\qquad}\text{kg·m}^2$$

$$U_{J_1} = \overline{J}_1\sqrt{\left(\frac{U_K}{\overline{K}}\right)^2 + 4\left(\frac{U_{T_1}}{\overline{T}_1}\right)^2}\ \underline{\qquad\qquad}\text{kg·m}^2$$

测量结果为

$$J_1 = J_1 \pm U_{J_1} = \underline{\qquad\qquad}\text{kg·m}^2$$

塑料圆柱体的转动惯量

$$\overline{J}_0 = \frac{\overline{K}\cdot\overline{T_2^2}}{4\pi^2} - \overline{J}_1 = \underline{\qquad\qquad}\text{kg·m}^2$$

由于塑料圆柱体的不确定度较为复杂，这里不予计算而直接与理论结果进行比较，则测量的相对误差为

$$E = \left|\frac{\overline{J}_0 - J_0}{J_0}\right| \times 100\% = \underline{\qquad\qquad}$$

笔记栏

5. 验证转动惯量平行轴定理(表 3.1.3)

表 3.1.3 平行轴定理实验数据记录及处理表格(测量 5 次，每次测量 10 个周期)

滑块位置 x/cm	周期 $10T_i$/s					平均周期 T_3/s	测量值 $J/10^{-3}$ kg·m²	$J_x=J-J_l/10^{-3}$ kg·m²
	1	2	3	4	5			
无滑块								
5.00								
10.00								
15.00								
20.00								
25.00								

这里 $T_3=\sum_{i=1}^{5}T_i/50$ 为每次摆动的平均周期，测量值 $J=K\cdot T_3^2/4\pi^2$，$J_x=J-J_l$(这里的 J_l 包括杆和支架). 由公式(3.1.10)，若 J_x 与 x^2 呈线性关系，则平行轴定理成立. 下面两种方法供同学们选择.

(1) 以 x^2 为横轴，以 J_x 为纵轴作 J_x–x^2 曲线图，得到直线方程 $J_x=\mathrm{A}x^2+\mathrm{B}$. 这里由式(3.1.10)知: $\mathrm{B}=J_\mathrm{C}$, $\mathrm{A}=2m$.

(2) 用最小二乘法作直线拟合，得到直线方程 J_x–x^2，并求出 J_C 和 m.

6. (选做)比较金属杆、空心金属圆筒和木球转动惯量的理论值和实验值(周期测量记录在表 3.1.4、表 3.1.5)

(1) 金属杆的理论值(杆的长度 $l=$ ______mm，杆的质量 $m_l=$ ______g)

$$J_l'=\frac{1}{12}m_l l^2=\_\_\_\_\_\_\_\_\ \mathrm{kg\cdot m^2}$$

实验测量值(这里要减去夹具的转动惯量 $J_{夹具}=0.211\times10^{-4}\ \mathrm{kg\cdot m^2}$)

$$J_l''=\frac{KT_3^2}{4\pi^2}-J_{夹具}=\_\_\_\_\_\_\_\_\ \mathrm{kg\cdot m^2}$$

则实验值与理论值的相对误差为

$$E=\left|\frac{J_l'-J_l''}{J_l'}\right|\times100\%=\_\_\_\_\_\_\_\_$$

(2) 空心金属圆筒的理论值(圆筒的内径 $D_1=$ ________mm，外径 $D_2=$ ________mm，质量 $m=$ ________g)

$$J_{筒0}=\frac{1}{8}m_2(D_1^2+D_2^2)=\_\_\_\_\_\_\_\_\ \mathrm{kg\cdot m^2}$$

表 3.1.4 测量空金属载物盘和空心金属圆筒的摆动周期记录表

数据	测量次数						平均值
	1	2	3	4	5	6	
10 次 t/s							
周期 $T_{筒}$/s							

$$\overline{J}_{筒}=\frac{\overline{K}\cdot\overline{T}_{筒}^{2}}{4\pi^{2}}-\overline{J}_{1}=\_\_\_\_\_\_\_\_\mathrm{kg\cdot m^{2}}$$

则实验值与理论值的相对误差为

$$E=\left|\frac{J_{筒0}-J_{筒}}{J_{筒0}}\right|\times100\%=\_\_\_\_\_\_\_\_$$

(3) 木球的理论值(木球的直径 $D=$ ______mm, 质量 $m=$ ______g)

$$J_{球0}=\frac{1}{10}mD^{2}=\_\_\_\_\_\_\_\_\mathrm{kg\cdot m^{2}}$$

表 3.1.5　测量木球的摆动周期记录表

数据	测量次数						平均值
	1	2	3	4	5	6	
10 次 t/s							
周期 $T_{球}$/s							

实验测量值(这里要减去支座的转动惯量 $J_{支座}=0.152\times10^{-4}\ \mathrm{kg\cdot m^{2}}$)

$$\overline{J}_{球}=\frac{\overline{K}\cdot\overline{T}_{球}^{2}}{4\pi^{2}}-J_{支座}=\_\_\_\_\_\_\_\_\mathrm{kg\cdot m^{2}}$$

则实验值与理论值的相对误差为

$$E=\left|\frac{J_{球0}-J_{球}}{J_{球0}}\right|\times100\%=\_\_\_\_\_\_\_\_$$

3.1.6　实验注意事项

(1) 由于弹簧的扭转常数 K 值不是固定常数, 它与摆动角度略有关系, 摆角在 90°左右基本相同, 在小角度时变小.

(2) 为了降低实验时由于摆动角度变化过大带来的系统误差, 在测定物体的摆动周期时, 摆角不宜过小也不宜过大, 应保持在同一范围内.

(3) 光电探头宜放置在挡光杆平衡位置处, 挡光杆不能和它相接触, 以免增大摩擦力矩.

(4) 机座应保持水平状态.

(5) 在安装待测物体时, 其支架必须全部套入扭摆主轴, 并将止动螺钉旋紧, 否则扭摆不能正常工作.

3.1.7　实验思考题

1. 实验过程中摆动角的大小是否会影响摆动周期？如何确定摆动角的大小？进行多次重复测量对每一次摆角应做如何处理？

2. 验证平行轴定理实验中, 验证的是金属滑块还是金属细杆？为什么？

笔记栏

笔记栏

3.2 用传感器测量气体的绝热指数

气体的定压摩尔热容和定容摩尔热容之比γ称为气体的绝热指数，它是一个重要的热力学参量．测量γ的方法很多，本实验采用高精度、高灵敏度的硅压力传感器测量空气的压强，用电流型集成温度传感器测量空气的温度变化，测量结果较为准确．

3.2.1 实验目的

(1)用绝热膨胀法测定空气的绝热指数．

(2)观测热力学过程中状态变化及基本物理规律．

(3)学习气体压力传感器和电流型集成温度传感器的原理及使用方法．

3.2.2 实验原理

1. 测量绝热指数的原理

理想气体的压强、体积和温度在准静态绝热过程中，遵守绝热过程方程$pVT=$恒量的规律，其中γ是气体的摩尔定压热容$C_{p,\mathrm{m}}$和摩尔定容热容$C_{V,\mathrm{m}}$之比，通常称$\gamma=C_{p,\mathrm{m}}/C_{V,\mathrm{m}}$为该气体的比热容比或绝热指数．

以如图 3.2.1 所示的储气瓶内的空气作为研究的热力学系统，设p_0为实验环境的大气压强，T_0为室温，试进行如下实验过程．

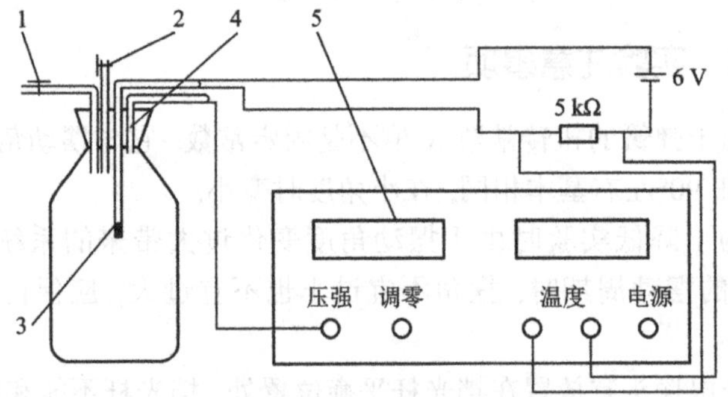

图 3.2.1　实验装置示意图

1-进气活塞 C_1; 2-放气活塞 C_2; 3-AD590 温度传感器; 4-气体压力传感器探头; 5-数字电压表

(1)首先打开放气活塞C_2，使储气瓶与大气相通．再关闭C_2，则瓶内充满了温度为T_0、压强为p_0的气体．

(2)打开充气活塞C_1，用充气球向瓶内打气，充入一定量气体后关闭活塞C_1．此时瓶内空气被压缩，压强增大，温度升高．待瓶内气体温度稳定，即达到与周围温度平衡后，此时的气体处于状态Ⅰ(p_1, V_1, T_0)．这里V_1不是瓶的体积，只是瓶内部分气体(放气后还在瓶中的那部分气体)的体积．

(3)迅速打开放气活塞C_2，当瓶内气体压强降为p_0时，立即关闭活

笔记栏

塞 C_2. 由于放气过程很快，瓶内气体来不及与外界交换热量，可以认为是一个绝热膨胀过程. 此过程后所研究的气体变为状态Ⅱ(p_0, V_2, T_1). 这里 V_2 是瓶的体积，也即保留在瓶中的这部分气体的体积. **注意：状态Ⅰ中的 V_1 正是对应这部分气体的体积.**

(4) 由于瓶内此时的气体温度 T_1 低于室温 T_0，所以瓶内气体慢慢从外界吸热，直到达到室温 T_0. 此时瓶内气体的压强也随之增大为 p_2，则稳定后的气体状态为Ⅲ(p_2, V_2, T_0)，此过程可看成是等体吸热过程.

如上所述，Ⅰ(p_1, V_1, T_0)→Ⅱ(p_0, V_2, T_1)为绝热过程，有理想气体绝热方程

$$p_1^{\gamma-1}T_0^{-\gamma} = p_0^{\gamma-1}T_1^{-\gamma} \tag{3.2.1}$$

Ⅱ(p_0, V_2, T_1)→Ⅲ(p_2, V_2, T_0)为等体过程应满足

$$p_0T_1^{-1} = p_2T_0^{-1} \tag{3.2.2}$$

由式(3.2.1)和式(3.2.2)得

$$\left(\frac{p_1}{p_0}\right)^{\gamma-1} = \left(\frac{p_2}{p_0}\right)^{\gamma}$$

上式两边取对数

$$(\gamma-1)\ln\frac{p_1}{p_0} = \gamma\ln\frac{p_2}{p_0}$$

整理后得

$$\gamma = \frac{\ln p_1 - \ln p_0}{\ln p_1 - \ln p_2} \tag{3.2.3}$$

由式(3.2.3)可以看出，只要测得 p_0, p_1, p_2 就可求得空气的绝热指数 γ.

2. AD590 集成温度传感器

AD590 是一种新型的电流输出型温度传感器，测温范围为−55～150 ℃. 当施加 +4～+30 V 的激励电压时，这种传感器起恒流源的作用，其输出电流与传感器所处的热力学温度 T 成正比，且转换系数为 K_c = 1 μA/K 或 1 μA/℃. 如用摄氏度 t_c 表示温度，则输出电流为

$$I = K_c t_c + 273.15(\mu A) \tag{3.2.4}$$

AD590 输出的电流 I 可以在远距离处通过一个适当阻值的电阻 R 转化为一个电压 U，由 $U = IR$ 可通过电压读数直接算出温度值.

3. 扩散硅压阻式差压传感器

本实验所用差压式传感器可用来测量储气瓶内气体的压强. 使用时使差压传感器的一端与瓶内气体相通，另一端与大气相通，给差压传感器提供一恒定的输入电压，当瓶内被测气体压强发生变化时，传感器的输出电压值相应发生变化. 已知传感器输出电压和压强的变化呈线性关系

$$U_i = U_0 + K_p(p_i - p_0) \tag{3.2.5}$$

笔记栏

其中: $K_p=(U_m-U_0)/(p_m-p_0)$; U_m为传感器两端压差为p_m-p_0时的输出电压; p_i为被测气体的压强; p_0为大气压强; U_i为传感器两端压差为p_i-p_0时的输出电压; U_0为传感器压差为零时的输出电压. 对本实验, 取$U_0=0$, 且当$U_m=200$ mV时, $p_m-p_0=10.00$ kPa, 因此可得$K_p=20.0$ mV/kPa. 由此可得气体的压强与传感器输出电压的关系

$$p_i=p_0+50U_i(\text{Pa/ mV}) \tag{3.2.6}$$

3.2.3 实验仪器

FD-NCD空气比热容比测定仪、电阻箱、直流稳压电源、导线若干.

实验装置如图3.2.1所示, 它接6 V直流后组成一个恒流源, 测温灵敏度为1 μA/℃, 若串接5 kΩ电阻后, 可产生5 mV/℃的信号电压, 接在0～2 V量程的四位半数字电压表, 可检测到最小0.02 ℃的温度变化. 气体压力传感器探头4由同轴电缆线输出信号, 与仪器内的放大器及三位半数字电压表相接. 当待测气体压强为环境大气压p_0时, 数字电压表5显示为0; 当待测气体压强为$(p_0+10.00)$ kPa时, 数字电压表显示为200 mV; 仪器测量气体压强灵敏度为200 mV/kPa, 测量精度为5 Pa/mV.

3.2.4 实验内容与步骤

(1)按图3.2.1接好仪器的电路, 直流电压取6 V, 电阻取5 kΩ(如取仪器内接方式不需接线, 只要把面板后的开关拨向内接). **注意: 集成温度传感器的正负极切勿接错**. 用福丁气压计测量大气p_0, 用水银温度计测环境温度T_0. 开启电源, 把电子仪器部分预热20 min. 打开活塞C_2, 然后把用于测量空气压强的三位半数字电压表指示值调到0.

(2)关上活塞C_2, 打开活塞C_1, 用充气球把空气稳定地徐徐地打进储气瓶, 然后关闭活塞C_1. 待瓶中气体温度降为室温T_0, 且压强稳定后, 瓶内气体为状态Ⅰ(p_1, T_0). 用压力传感器和AD590温度传感器测量瓶内空气的压强电压值U_{p1}和温度电压值U_{T0}.

(3)迅速打开活塞C_2, 当储气瓶内空气压强降为环境大气压强p_0时(这时放气声消失), 立刻关闭活塞C_2, 此时瓶内气体状态为Ⅱ(p_0, T_1), 记下此时的相应值(U_{p0}, U_{T1}).

(4)当储气瓶内空气的温度上升到室温T_0, 且压强稳定后, 此时瓶内气体为状态Ⅲ(p_2, T_0), 记下此时的相应值(U_{p2}, U_{T0}).

每次测出一组压强值p_0, p_1, p_2, 由公式(3.2.3)求γ. 重复6次, 计算γ的平均值和不确定度.

3.2.5 数据处理

1. *数据记录表格(表3.2.1)*

由福丁气压计测定大气压强$p_0=$_______hPa, 室温$t_0=$_______℃.

笔记栏

表 3.2.1　测量数据表格

测量次数	测量值/mV						计算值			
	状态I		状态II		状态III		p/Pa			γ
	U_{p1}	U_{T0}	U_{p0}	U_{T1}	U_{p2}	U_{T0}	p_0	p_1	p_2	
1										
2										
3										
4										
5										
6										

表 3.2.1 中由公式(3.2.6)计算相应的 p_i，由公式(3.2.3)计算绝热指数 γ.

2. *计算绝热指数 γ 及误差*

由于每次测量条件并不完全相同，只能求出每次的 γ 值，然后求平均：

$$\overline{\gamma}=\frac{1}{6}\sum_{i=1}^{6}\gamma_i=\_\_\_\_\_\_\_\_,\quad S_\gamma=\sqrt{\frac{\sum_{i=1}^{6}(\gamma_i-\overline{\gamma})^2}{6-1}}=\_\_\_\_\_\_\_\_$$

不考虑 γ 的 B 类不确定分量，则 $U_\gamma=S_\gamma$，且

$$\gamma=\overline{\gamma}\pm U_\gamma=\_\_\_\_\_\_\_\_$$

已知干燥空气的理论值 $\gamma=1.402$，则相对误差为

$$\frac{|\gamma-\overline{\gamma}|}{\gamma}\times100\%=\_\_\_\_\_\_\_\_$$

3.2.6　实验注意事项

(1) 实验前应检查系统是否漏气. 方法是关闭活塞 C_2，打开活塞 C_1，向瓶内充气，使瓶内气压升高约 2000 Pa 后，观察压强是否稳定，若压强不断下降，则说明有漏气，须找出原因.

(2) 做好本实验的关键是放气要进行得十分迅速. 即打开活塞 C_2 放气时，当听到放气声结束应立即关闭活塞，提早或推迟关闭活塞 C_2 都会影响实验效果，引入误差. 由于数字电压表显示尚有滞后效应，应以听声为主. 若用计算机实时测量，发现放气时间约零点几秒，并与放气声产生消失一致，所以关闭活塞用听声更可靠.

(3) 转动充气与放气活塞时，一定要用一只手扶住活塞，另一只手转动活塞.

(4) 实验要求环境温度基本不变，如发生环境温度不断下降的情况，可在远离实验仪的地方适当加温，以保证实验正常进行.

福丁气压计

3.2.7　实验思考题

1. 本实验研究的热力学系统是指哪部分气体？

笔记栏

2. 本实验中为什么在放气声消失时迅速关闭活塞 C_2？如关闭较晚会有什么结果？

3.3 冷却法测量金属的比热容

物质比热容的测量是物理学的基本测量之一，属于量热学的范围. 用冷却法测定金属的比热容是量热学中常用的方法. 若已知标准样品在不同温度时的比热容，通过作冷却曲线可测得各种金属在不同温度时的比热容. 本实验以金属铜为标准样品，测定铁、铝样品在 100 ℃时的比热容.

3.3.1 实验目的

(1)了解冷却定律，并用冷却法测量金属的比热容.

(2)学习热电偶测温的使用方法.

3.3.2 实验原理

1. *冷却法测量原理*

单位质量的物质温度每升高(或降低)1 K 所吸收(或放出)的热量，称为该物质的比热容，用 C 表示，比热容随着温度的变化而不同. 将质量为 M_1 的金属样品加热后，放到较低温度的介质中(如室温的空气)，样品将会逐渐冷却. 其单位时间的热量损失 $\Delta Q/\Delta t$ 与温度下降的速率成正比，于是有如下关系

$$\frac{\Delta Q}{\Delta t}=C_1M_1\frac{\Delta\theta_1}{\Delta t} \tag{3.3.1}$$

式中: C_1 为该金属样品在温度为 θ_1 时的比热容; $\Delta\theta_1/\Delta t$ 为金属样品在 θ_1 时的温度下降速率. 根据牛顿冷却定律有

$$\frac{\Delta Q}{\Delta t}=a_1s_1(\theta_1-\theta_0)^m \tag{3.3.2}$$

式中: a_1 为热交换系数; s_1 为该样品外表面的面积; m 为常数; θ_1 为金属样品的温度; θ_0 为周围介质的温度. 由式(3.3.1)和式(3.3.2)可得

$$C_1M_2\frac{\Delta\theta_1}{\Delta t}=a_1s_1(\theta_1-\theta_0)^m \tag{3.3.3}$$

同理，对质量为 M_2、比热容为 C_2 的另一种金属样品，有同样的表达式

$$C_2M_2\frac{\Delta\theta_2}{\Delta t}=a_2s_2(\theta_2-\theta_0)^m \tag{3.3.4}$$

由式(3.3.3)和式(3.3.4)可得

$$C_2=C_1\frac{M_1\left(\dfrac{\Delta\theta_1}{\Delta t}\right)}{M_2\left(\dfrac{\Delta\theta_2}{\Delta t}\right)}\cdot\frac{a_2s_2(\theta_2-\theta_0)^m}{a_1s_1(\theta_1-\theta_0)^m} \tag{3.3.5}$$

笔记栏

若两样品的形状尺寸都相同，则 $s_1 = s_2$；两样品的表面状况也相同(如涂层、色泽等)，而周围介质(空气)的性质当然也不变，则有 $a_1 = a_2$. 于是当周围介质温度不变(室温 θ_0 恒定)而样品又处于相同温度 $\theta_1 = \theta_2$ 时，上式可以简化为

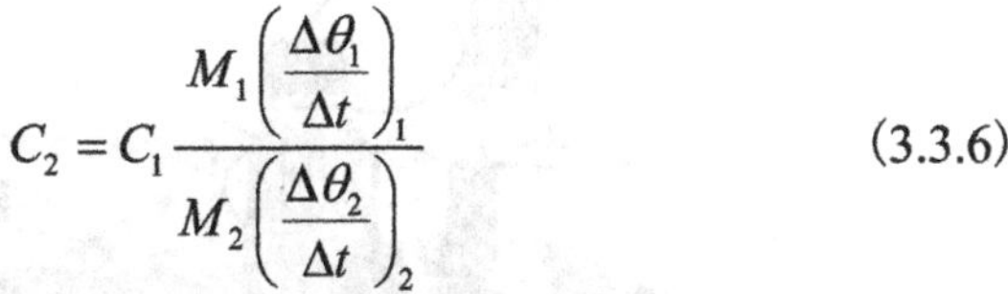

$$C_2 = C_1 \frac{M_1\left(\dfrac{\Delta\theta_1}{\Delta t}\right)_1}{M_2\left(\dfrac{\Delta\theta_2}{\Delta t}\right)_2} \tag{3.3.6}$$

如果已知标准金属样品的比热容 C_1 和质量 M_1，待测样品的质量 M_2 及两样品在温度 θ 时冷却速率之比，那么就可以求出待测的金属材料的比热容 C_2.

2. 热电偶测温原理

本实验选用铜-康铜热电偶测温度. 两种不同的导体(如铜和康铜)串联相接，当两接点的温度不同时，回路中将有温差电动势 ξ 产生，可用数字表测出. 当组成热电偶的材料一定时，温差电动势仅与两接点的温度有关. 一般把处于较高温度的一端称为测温端，处于较低温度的一端称为参考端. 实验表明，在一定的温度范围内当参考端温度不变时，温差电动势与测温端温度值近似呈线性关系. 那么温度变化率与电动势变化率为

$$\frac{\Delta\theta}{\Delta t} = K\frac{\Delta\xi}{\Delta t} \tag{3.3.7}$$

由式(3.3.7)，比热容公式(3.3.6)变为

$$C_2 = C_1 \frac{M_1\left(\dfrac{\Delta\theta_1}{\Delta t}\right)_1}{M_2\left(\dfrac{\Delta\theta_2}{\Delta t}\right)_2} = C_1 \frac{M_1\left(\dfrac{\Delta\xi}{\Delta t}\right)_1}{M_2\left(\dfrac{\Delta\xi}{\Delta t}\right)_2} \tag{3.3.8}$$

若选取两种样品对应的电动势变化相同，即 $\Delta\xi_1 = \Delta\xi_2$，则式(3.3.8)变为

$$C_2 = C_1 \frac{M_1(\Delta t)_2}{M_2(\Delta t)_1} \tag{3.3.9}$$

这是本实验需要的重要公式.

3.3.3 实验仪器

DH4603 冷却法金属比热容测定仪、待测金属材料(铜、铁、铝).

本实验装置由加热仪和测试仪组成，如图 3.3.1 所示. 加热仪的加热装置可通过调节手轮自由升降. 被测样品安放在有较大容量的防风圆筒即样品室内的底座上，测温热电偶放置于被测样品内的小孔中. 当加热装置向下移动到底后，对被测样品进行加热. 样品需要降温时则将加热装置上移. 仪器内设有自动控制限温装置，防止因长期不切断加热电源而引起温度不断升高.

笔记栏

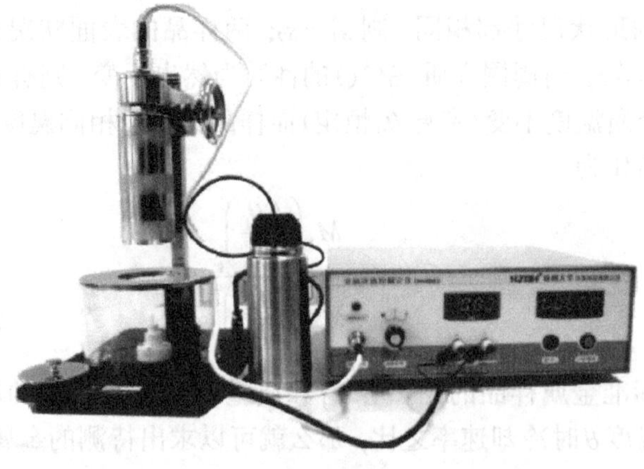

图 3.3.1 DH4603 金属比热容实验装置

测量试样温度采用常用的铜-康铜做成的热电偶(其热电势约为 0.042 mV/℃)，将热电偶的冷端置于冰水混合物中，带有测量扁叉的一端接到测试仪的“输入”端. 热电势差的二次仪表由高灵敏度、高精度、低漂移的放大器放大，加上满量程为 20 mV 的三位半数字电压表组成. 这样当冷端为冰点时，由数字电压表显示的 mV 数查表即可换算成对应待测温度值.

3.3.4 实验内容与步骤

(1) 开机前先连好加热仪和测试仪，共有加热四芯线和热电偶两组线.

(2) 选取长度、直径、表面积相同的三种金属样品(铜、铁、铝)，用电子天平称出它们的质量 M，再根据 $M_{Cu}>M_{Fe}>M_{Al}$ 这一特点，把它们区别开来.

(3) 给样品加热，当样品加热到 150 ℃(热电势显示约为 6.7 mV)时，切断电源移去加热源，样品继续安放在与外界基本隔绝的有机玻璃圆筒内自然冷却(筒口须盖上盖子).

(4) 记录样品在 $\theta = 100$ ℃时的冷却速率 $\Delta\theta/\Delta t$. 按铜、铁和铝的次序(以后分别用下标 1, 2, 3 表示)，分别测量其温度下降速度，每一样品应重复测量 6 次.

3.3.5 数据处理

1. 记录样品质量

铜用下标 1 表示，铁用下标 2 表示，铝用下标 3 表示.

用电子天平测样品质量，由于是单次测量，只考虑不确定度 B 类分量，即主要由仪器误差决定，取 $U_m = 0.02$ g.

样品质量: $M_1 = M_1 \pm U_m =$ ________kg

$M_2 = M_2 \pm U_m =$ ________kg

$M_3 = M_3 \pm U_m =$ ________kg

笔记栏

2. 记录样品冷却时间(各重复 6 次)(表 3.3.1)

热电偶冷端温度: ________℃

表 3.3.1　样品冷却时间记录数据表格

数据	测量次数						平均时间 $\overline{\Delta t}$
	1	2	3	4	5	6	
铜(Cu): Δt/s							
铁(Fe): Δt/s							
铝(Al): Δt/s							

注: 电动势由 4.36 mV 降到 4.20 mV 所需时间 Δt

3. 以铜为标准计算铁和铝的比热容

已知 100 ℃时铜的比热容为 $C_1 = 0.3934$ J/(g·K).

(1) 计算铜、铁和铝的时间不确定度.

Δt 的 A 类不确定度　$U_A = S_{\Delta t} = \sqrt{\dfrac{\sum\limits_{i=1}^{6}(\Delta t_i - \overline{\Delta t})^2}{6-1}} =$ ________ s

B 类不确定分量　$U_B = 0.01$ s

总不确定度　$U_{\Delta t} = \sqrt{U_A^2 + U_B^2} =$ ________ s

测量结果:

$$\Delta t_1 = \overline{\Delta t_1} \pm U_{\Delta t_1} = \_\_\_\_\_\_ \pm \_\_\_\_\_\_ \text{ s}$$

$$\Delta t_2 = \overline{\Delta t_2} \pm U_{\Delta t_2} = \_\_\_\_\_\_ \pm \_\_\_\_\_\_ \text{ s}$$

$$\Delta t_3 = \overline{\Delta t_3} \pm U_{\Delta t_3} = \_\_\_\_\_\_ \pm \_\_\_\_\_\_ \text{ s}$$

(2) 计算铁的比热容:

$$\overline{C}_2 = \overline{C}_1 \frac{M_1 \overline{\Delta t_2}}{M_2 \overline{\Delta t_1}} = \_\_\_\_\_\_ \text{ J/(g·K)}$$

不确定度

$$U_{C_2} = \overline{C}_2 \sqrt{\left(\frac{U_m}{M_1}\right)^2 + \left(\frac{U_m}{M_2}\right)^2 + \left(\frac{U_{\Delta t_1}}{\overline{\Delta t_1}}\right)^2 + \left(\frac{U_{\Delta t_2}}{\overline{\Delta t_2}}\right)^2} = \_\_\_\_\_\_ \text{ J/(g·K)}$$

最后计算铁的比热容: $C_2 =$ ________ ± ________ J/(g·K).

计算铁的测量值与公认值的相对误差(100 ℃时铁的比热容为 $C_2 = 0.460$ J/(g·K)):

$$E = \left|\frac{\overline{C}_2 - 0.460}{0.460}\right| \times 100\% = \_\_\_\_\_\_$$

(3) 计算铝的比热容:

$$\overline{C}_3 = \overline{C}_1 \frac{M_1 \overline{\Delta t_3}}{M_3 \overline{\Delta t_1}} = \_\_\_\_\_\_ \text{ J/(g·K)}$$

 笔记栏

不确定度

$$U_{C_3}=\bar{C}_3\sqrt{\left(\frac{U_m}{M_1}\right)^2+\left(\frac{U_m}{M_3}\right)^2+\left(\frac{U_{\Delta t_1}}{\Delta t_1}\right)^2+\left(\frac{U_{\Delta t_3}}{\Delta t_3}\right)^2}=\underline{\qquad\qquad}\text{J/(g·K)}$$

最后计算铝的比热容: $C_3=$__________$\pm$__________J/(g·K).

计算铝的测量值与公认值的相对误差(100 ℃时铝的比热容为 $C_3=$ 0.230 cal/(g·K), 1 cal = 4.184 J):

$$E=\left|\frac{\bar{C}_3-0.963}{0.963}\right|\times 100\%=\underline{\qquad\qquad}$$

3.3.6 实验注意事项

(1) 加热装置向下移动时, 动作要慢, 应注意要使被测样品垂直放置, 以使加热装置能完全套入被测样品.

(2) 测量降温时间时, 按"计时"或"暂停"按钮应迅速、准确, 以减小人为计时误差.

(3) 仪器的加热指示灯亮, 表示正在加热, 如果连接线未连好或加热温度过高(超过 200 ℃), 那么自动保护时, 会导致指示灯不亮. 升到指定温度后, 应切断加热电源.

3.3.7 实验思考题

1. 比热容的定义是什么? 单位是什么?
2. 为什么实验应该在防风筒(样品室)中进行?

3.4 不良导体热导率的测量

热是指发生在物体内部由于温差引起的热量的传递过程, 导热是热交换三种基本形式(导热、对流和辐射)之一, 导热系数(也叫热导率)是反映材料热传导性能的物理量. 材料的导热机理在很大程度上取决于它的微观结构, 热量的传递依靠原子、分子围绕平衡位置的振动以及自由电子的迁移, 在金属中电子流起主要作用, 在绝缘体和大部分半导体中则以晶格振动起主要作用. 因此, 材料的导热系数不仅与构成材料的物质种类密切相关, 而且还与它的微观结构、温度、压力及杂质含量有关. 目前对导热机理的理解大多数来自固体物理的实验, 而要认识导热的本质, 需要深入学习有关量子物理知识.

热导率是工程热物理、材料科学、固体物理及能源、环保等领域的一个重要物理量, 在科学实验和工程设计中, 所用材料的热导率都需要由实验来测量. 随着科技的快速发展, 对越来越多的高分子材料和纳米材料热导率的实验测量, 为新型导热材料和新型隔热材料的开发与研究提供支持. 目前测量导热系数的方法可分为两大类: 稳态法和动态法,

本实验采用的是稳态平板法测量材料的导热系数，其特点是实验过程思路清晰，实验方法典型实用.

笔记栏

3.4.1　实验目的

(1) 了解热传导现象的物理过程.

(2) 学习用稳态平板法测量材料的热导率.

(3) 学习用作图法求冷却速率，掌握一种用热电转换方式进行温度测量的方法.

3.4.2　实验原理

1. 热传导定律

1882 年法国科学家傅里叶建立了热传导理论，目前各种测量热导率的方法都是建立在该理论之上的. 热传导定律指出：如果热量沿着 z 方向传导，那么在 z 轴上任一位置 z_0 处取一个垂直截面积 ds, dθ/dz 表示在 z 处的温度梯度，dQ/dt 表示在该处的传热速率(单位时间内通过截面积 ds 的热量)，那么热传导定律可表示为

$$\mathrm{d}Q = -\lambda\left(\frac{\mathrm{d}\theta}{\mathrm{d}z}\right)\bigg|_{Z_0} \mathrm{d}s \cdot \mathrm{d}t \tag{3.4.1}$$

式中：负号表示热量从高温区传向低温区(即热传导的方向与温度梯度的方向相反)；比例系数 λ 即为热导率. 热导率是指在稳定传热条件下，1 m 厚的材料两表面的温差为 1 K(或℃)，在 1 s 时间内通过 1 m^2 面积传递的热量，用符号 λ 表示，单位为 W/m·K(此处的 K 也可用℃代替).

2. 稳态法测热导率

利用式(3.4.1)测量材料的热导率 λ，需要解决两个问题：一是材料内的温度梯度 dθ/dz；另一个是材料内热量由高温区向低温区传递的传热速率 dQ/dt.

1) 温度梯度 dθ/dz

为了在样品内形成温度梯度，把样品加工成平板状，并把它夹在两块良导体——铜板之间，使两块铜板分别保持在恒定温度 θ_1 和 θ_2，就可能在垂直于样品表面的方向上形成温度的梯度分布. 如果样品厚度 h 远小于样品直径 D，那么由样品侧面散去的热量可以忽略不计，此时可认为热量只沿垂直于样品平面的方向传导，即只在此方向有温度梯度，如图 3.4.1 所示.

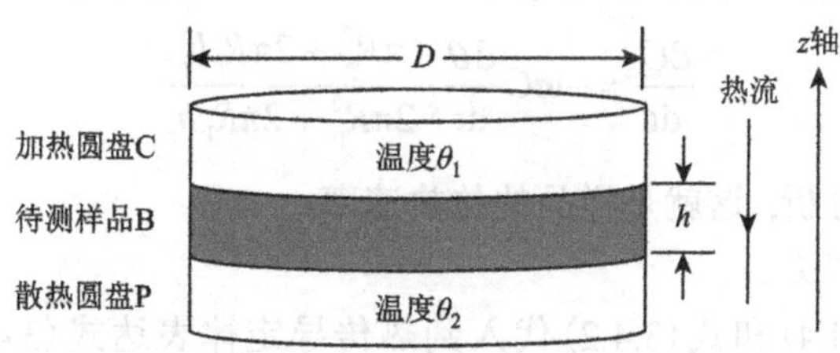

图 3.4.1　热导率测量原理图

笔记栏

由于铜是热的良导体, 在达到平衡时, 可以认为同一铜板各处的温度相同, 样品内同一平行平面上各处的温度也相同. 这样只要测出样品的厚度 h 和两块铜板的温度 θ_1, θ_2, 就可以确定样品内的温度梯度

$$\frac{\mathrm{d}\theta}{\mathrm{d}z}=\frac{\theta_1-\theta_2}{h} \tag{3.4.2}$$

当然这需要铜板与样品表面紧密接触(无缝隙), 否则中间的空气层将产生热阻, 使得温度梯度的测量不准确. 为了保证样品中温度场的分布具有良好的对称性, 把样品及两块铜板都加工成等大的圆形.

2) 传热速率 $\mathrm{d}Q/\mathrm{d}t$

单位时间内通过某一截面的热量 $\mathrm{d}Q/\mathrm{d}t$ 是一个无法直接测定的量, 设法将这个量转化为较容易测量的量. 为了维持一个恒定的温度梯度分布, 必须不断地给高温侧铜板加热, 热量通过样品传到低温侧铜板, 低温铜板则要将热量不断地向周围环境散出. 当加热速率、传热速率与散热速率相等时, 系统就达到一个动态平衡状态, 称为稳态. 此时低温侧铜板的散热速率就是样品内的传热速率. 因此只要测量低温侧铜板在稳态温度 θ_2 时的散热速率, 就间接测量出了样品内的传热速率. 然而铜板的散热速率也不容易测量, 还需要进一步作参量转换. 因为铜板的散热率与其冷却率(温度变化率 $\mathrm{d}\theta/\mathrm{d}t$) 有关, 其表达式为

$$\left.\frac{\mathrm{d}Q}{\mathrm{d}z}\right|_{\theta_2}=-mC\left.\frac{\mathrm{d}\theta}{\mathrm{d}t}\right|_{\theta_2} \tag{3.4.3}$$

式中: m 为铜板的质量; C 为铜板的比热容; 负号表示热量向低温方向传递. 因为质量容易直接测量, C 为常量, 这样对铜板的散热速率的测量又转化为对低温侧铜板冷却速率的测量.

测量铜板的冷却速率的方法是: 在达到稳态后移去样品, 用加热铜板直接对散热铜板加热, 使其温度高于稳定温度 θ_2(大约高出 10 ℃), 再让其在环境中自然冷却到温度低于 θ_2, 测出温度在高于 θ_2 到低于 θ_2 区间时随时间的变化关系, 描绘出 θ-t 曲线, 曲线在 θ_2 处的斜率就是铜板在稳态温度 θ_2 下的冷却速率.

应该注意, 这样得出的 $\mathrm{d}\theta/\mathrm{d}t$ 是在铜板全部表面暴露于空气中的冷却速率, 其散热面积为 $2\pi R_\mathrm{p}^2+2\pi R_\mathrm{p}h_\mathrm{p}$ (其中 R_p 和 h_p 分别是下铜板的半径和厚度). 然而在实验中稳态传热时, 铜板的上表面(面积为 πR_p^2) 是被样品覆盖的. 由于物体的散热速率与其面积成正比, 所以稳态时, 铜板散热速率的表达式应修正为

$$\frac{\mathrm{d}Q}{\mathrm{d}t}=-mC\frac{\mathrm{d}\theta}{\mathrm{d}t}\cdot\frac{\pi R_\mathrm{p}^2+2\pi R_\mathrm{p}h_\mathrm{p}}{2\pi R_\mathrm{p}^2+2\pi R_\mathrm{p}h_\mathrm{p}} \tag{3.4.4}$$

根据前面的分析, 这就是样品的传热速率.

3) 热导率 λ

把式(3.4.4)和式(3.4.2)代入到热传导定律表达式(3.4.1), 并考虑到 $\mathrm{d}s=\pi R^2$, 可以得到热导率为

$$\lambda=-\frac{\mathrm{d}Q/\mathrm{d}t}{\mathrm{d}\theta/\mathrm{d}z}\frac{1}{\mathrm{d}s}=-mC\frac{2h_{\mathrm{p}}+R_{\mathrm{p}}}{2h_{\mathrm{p}}+2R_{\mathrm{p}}}\frac{1}{\pi R^2}\frac{h}{\theta_1-\theta_2}\frac{\mathrm{d}\theta}{\mathrm{d}t} \tag{3.4.5}$$

式中: R 为样品的半径; h 为样品的高度; m 为下铜板的质量; C 为铜块的比热容; R_{p} 和 h_{p} 分别是下铜板的半径和厚度. 上式中的各项均为常量或易直接测量.

3.4.3　实验仪器

YBF-5 热导率测试仪(包括加热器、数字电压表、计时装置)、冰点补偿装置、测试样品(硬铝、硅橡胶、胶木板)、物理天平、螺旋测微器、游标卡尺等.

YBF-5 导热系数测定仪如图 3.4.2 所示. 测试样品装在测试仪加热支架上, 包括加热盘 5、待测样品 6 和散热盘 7. 上端的加热盘 5 接有加热线和温度传感器引线与热导率测试仪连接, 下端的散热盘 7 的测试传感器引线也连接在热导率测试仪上.

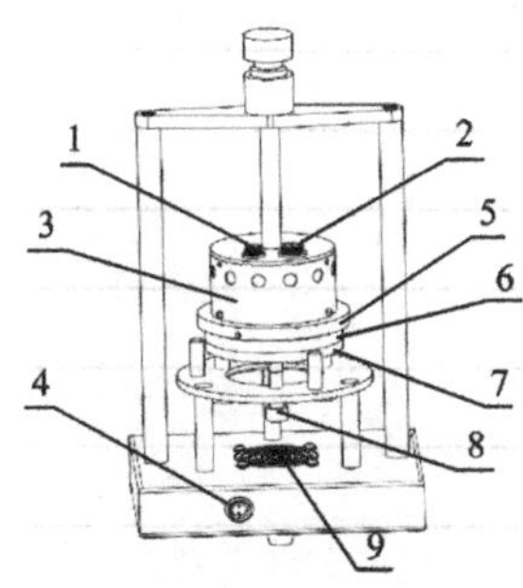

图 3.4.2　YBF-5 型热导率测试仪装置

1. 控温 PT100 传感器插座; 2. 加热电流插座(大四芯); 3. 防护罩; 4. 风扇电源插座(大两芯)和开关; 5. 加热盘 C(上铜板); 6. 待测样品 B; 7. 散热盘 P(下铜板); 8. 调节螺钉(通过调节使上铜板、待测样品和下铜板良好接触); 9. 风扇(实验完毕后, 给系统散热)

测试仪前面板如图 3.4.3 所示, 面板上有温度计(℃)、计时表(s)、PID 温控表.

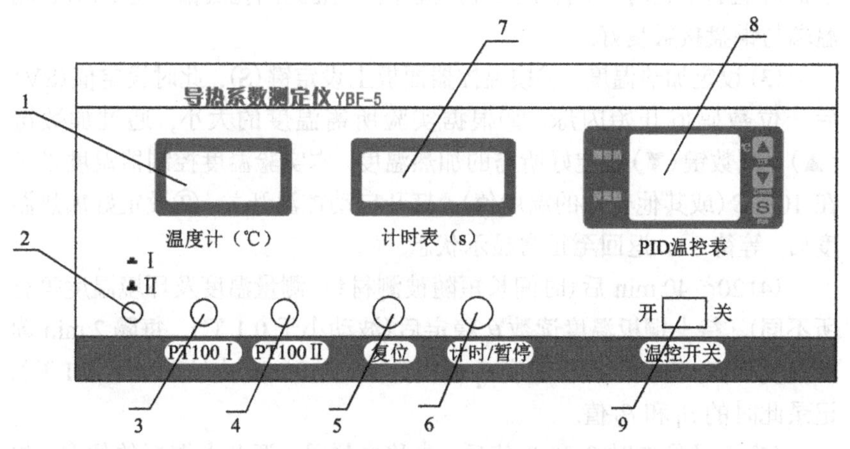

图 3.4.3　YBF-5 型热导率测试仪前面板图

1. 温度计显示窗; 2. 切换开关(选择显示 PT100I 和 PT100II 测试的温度值); 3, 4. 两路 PT100 传感器输入接口; 5. 计时表复位开关; 6. 计时启动或暂停开关; 7. 计时表显示窗; 8. 温度控制器; 9. 温控开关(开关开启才可以控温)

笔记栏

仪器使用注意事项:

(1) 使用前将加热盘与散热盘面擦干净. 样品两端面擦净, 可涂上少量硅油, 以保证接触良好. 安装待测样品时三盘上下对齐. 调节支撑下铜板固定调节螺钉, 使相互接触良好, 注意不要过紧或太松.

(2) 温度计指示不稳定时先查 PT100 及各个环节的接触是否良好, 确保孔中有导热硅脂使导热良好. 在实验过程中, 如若移开加热盘(上铜板), 请先关闭电源.

(3) 实验结束后, 再开启测试架风扇开关散热 10 min 左右后切断电

笔记栏

源，将温度控制器设定到室温以下并关闭温控开关；保管好测量样品，不要使样品两端划伤，影响实验精度.

(4) 样品不能连续做实验，特别是硅橡胶必须降至室温半小时以上才能进行下一次实验.

(5) 长期放置不用后再次使用时，请先加电预热 30 min 后使用. 仪器在搬运及放置时，应避免强烈振动和受到撞击.

3.4.4 实验内容与步骤

(1) 用螺旋测微器测量对应的厚度 h，用游标卡尺测量待测样品 B、散热盘 P 的直径 d，用天平测量散热盘 P 的质量 m. 选取不同部位各测量 6 次. 有关数据记录在数据表 3.4.1 中. 多次测量后取平均值. 其中铜板的比热容 $c=385$ J/(K. kg).

(2) 安装待测样品和热电偶. 按图 3.4.2 所示将散热盘 P 小心安装在测试仪固定支架上，然后将待测样品盘 B 和加热盘 C 依次放在上面，且三盘上下对齐. 调节支撑下铜板(散热盘 P)固定调节螺钉，使相互接触良好，注意不要过紧或太松(配合塞尺调节). 两路测温 PT100 在插入上下铜盘上的小孔时，要抹上些导热硅脂，并插到洞孔底部，使 PT100 测温端与铜盘接触良好.

(3) 设定加热温度. ①按温控器面板上设定键(S)，此时设定值(SV)后一位数码值开始闪烁. ②根据实验所需温度的大小，通过加数键(▲)、减数键(▼)设定好所需的加热温度. 本实验温度控制器温度设定在 100 ℃(或其他合适的温度值)，打开自动控温开关. ③设定好加热温度后，等待 8 s，返回至正常显示状态.

(4) 20～40 min 后(时间长短随被测材料、测量温度及环境温度等有所不同)，待上铜板温度读数 θ_1 稳定后(波动小于 0.1 ℃)，每隔 2 min 读取温度示值，直到下铜板温度 θ_2 也相对稳定(10 min 内波动小于 0.1 ℃)，记录此时的 θ_1 和 θ_2 值.

(5) 记录稳态时 θ_1 和 θ_2 值后，先移去样品，调节上铜板的位置，与下铜板对齐，并良好接触，通过上铜板继续对下铜板加热，当下铜板温度比稳态时的 θ_2 高出 10 ℃左右时，向上移开上铜板加热盘(尽可能远离下铜板)，让下铜板所有表面均暴露于空气中，自然冷却. 启动计时器，每隔 20 s 读一次下铜板的温度值，记录入表 3.4.2 中. 作铜板的 θ-t 冷却速率曲线，选取邻近稳态时 θ_2 的测量数据来求出冷却速率.

3.4.5 数据处理

1. 样品及散热盘厚度、直径及质量的测量(表 3.4.1)

散热盘质量 $m=$ ________kg，散热盘比热容(紫铜) $c=$ ________J/kg·K.

表 3.4.1 样品及散热盘厚度和直径测量数据

数据	测量次数						平均值
	1	2	3	4	5	6	
样品盘厚度 h/mm							$\bar{h}=$
样品盘直径 d/mm							$\bar{d}=$
散热盘厚度 h_p/mm							$\bar{h}_p=$
散热盘直径 D_p/mm							$\bar{D}_p=$

式(3.4.5)中: $R_p=D_p/2=$__________mm, 其他各量用这里的平均值代替.

2. 记录温度稳定时样品上下表面温度(要求温度稳定 10 min 以上后记录)

样品上表面温度: $\theta_1=$______mV, 样品下表面温度: $\theta_2=$______mV.

3. 散热盘自然冷却温度记录表(表 3.4.2)

表 3.4.2 散热盘冷却温度记录表格

数据	记录次数														
	1	2	3	4	5	6	7	8	9	10	11	12	13	14	15
温度 θ/mV															

数据	记录次数														
	16	17	18	19	20	21	22	23	24	25	26	27	28	29	30
温度 θ/mV															

注: 每 30 s 记录一次散热盘冷却时的温度, 温度下降约 20 mV

根据实验要求选择以下至少两种不同的方法求 θ_2 附近的冷却速率.

(1) 课堂上近似处理: 直接由表 3.4.2 中与 θ_2 最接近的 4 个数据点求冷却速率(实验精度较差时使用). 设 θ_2 左右(左大右小)各两个数据点分别为 $\theta_{2,-2}$, $\theta_{2,-1}$, $\theta_{2,1}$, $\theta_{2,2}$, 且相邻两点时间间隔都为 $\Delta t=20$ s. 用邻近和次邻近两点的斜率求平均得到冷却速率, 即

$$\left.\frac{\Delta\theta}{\Delta t}\right|_{\theta=\theta_2}=\frac{1}{5}\left(\frac{\theta_{2,-2}-\theta_{2,-1}}{\Delta t}+\frac{\theta_{2,-1}-\theta_{2,1}}{\Delta t}+\frac{\theta_{2,1}-\theta_{2,2}}{\Delta t}+\frac{\theta_{2,-2}-\theta_{2,1}}{2\Delta t}+\frac{\theta_{2,-1}-\theta_{2,2}}{2\Delta t}\right)$$

$=$__________℃/s

(2) (课后数据处理 1: 选做) 由散射理论知, 金属圆盘的温度 θ 与时间 t 满足:

$$\theta-\theta_0=k\mathrm{e}^{-\beta t}$$

式中: θ_0, k, β 都是常数. 由测量的 θ, t 数据点, 即表 3.4.2, 用计算机编程进行指数函数拟合得到上述常数. 再求 θ_2 处的值 $\mathrm{d}\theta/\mathrm{d}t$, 就是冷却速率.

(3) 直接用统计方法求冷却速率. 即假定并不知道散热规律, 但可认为在 θ_2 附近 θ-t 关系为多项式, 结合实验绪论课, 用最小二乘法寻找

笔记栏

最佳多项式，用电脑作 θ-t 图，拟合出 θ_2 附近的最佳多项式，得到 $\mathrm{d}\theta/\mathrm{d}t$ 值，并求出多项式在 θ_2 点的斜率，即冷却速率.

4. 计算样品的热导率

根据上述三种方法，分别将所得冷却速率代入方程(3.4.5)，计算并与参考值比较：

$$\lambda = -mc\frac{2h_P + R_P}{2h_P + 2R_P}\cdot\frac{1}{\pi R^2}\cdot\frac{h}{\theta_1 - \theta_2}\cdot\left.\frac{\mathrm{d}\theta}{\mathrm{d}t}\right|_{\theta=\theta_2} = \underline{\qquad\qquad}\mathrm{W}/(\mathrm{m}\cdot\mathrm{K})$$

3.4.6 实验思考题

1. 求冷却速率时，为什么要在散热盘稳态温度附近选值？
2. 稳态法测量热导率，要求哪些实验条件？在实验中如何确定和保证？

3.5 双棱镜干涉测光波波长

双棱镜是一种能实现分波前干涉的光学元件，它能将同一光源发出的一束光分为两束，让这两束光经过不同路径后再相遇产生干涉. 双棱镜实验在确立光的波动学说的历史过程中起了重要作用，同时它也是一种测量光波波长的简单光学仪器.

3.5.1 实验目的

(1) 观察用双棱镜产生双光束干涉的现象，掌握获得双光束干涉的方法，进一步理解产生干涉的条件.

(2) 掌握共轴光路的调节方法.

(3) 学习用双棱镜干涉测量光波波长的方法.

(4) 了解测微目镜的结构，学会使用测微目镜测量精密数据的方法.

3.5.2 实验原理

1. 双棱镜干涉原理

由光的波动已知：两束频率相同、振动方向相同、相位差恒定的光在空间相遇时会产生干涉现象，即出现明暗相间的干涉条纹. 满足相干条件的光束称为相干光束，本实验用双棱镜获得相干光束. 如图 3.5.1 所示，由狭缝 S 发出的光经双棱镜 B 后，形成犹如从虚光源 S_1 和 S_2 发出的两束能满足相干条件的光. 它们在空间传播时有一部分波面彼此重叠而形成干涉场. 如果将一屏 P 置于干涉场的任何地方，那么在屏上 bc 区间会出现明暗相间的干涉条纹. 由于屏离双棱镜距离不可能太远，所以干涉条纹间距很小，一般要用测量显微镜或测微目镜来观测.

笔记栏

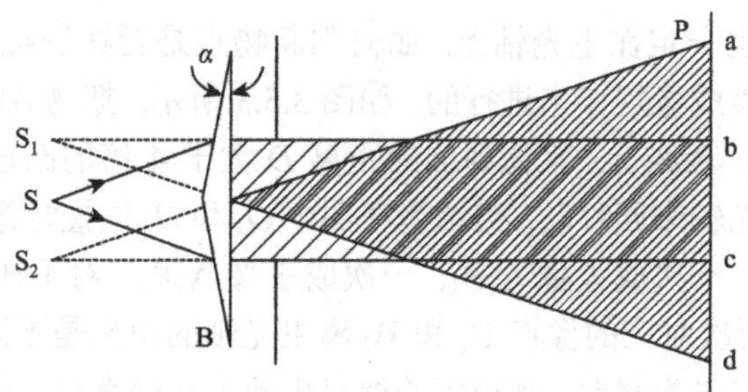

图 3.5.1　双棱镜干涉示意图

如图 3.5.2 所示, 设 S_1 和 S_2 是双棱镜 B 所产生的两相干虚光源, 其间距为 d, 屏到 S_1S_2 平面的距离为 D. 若屏上一点 P_0 到 S_1 和 S_2 的距离相等, 则 S_1 和 S_2 发出的光在 P_0 点光程相等, 因而干涉加强形成中央明条纹. 对屏上任意点 P_k, 若 P_k 到 P_0 的距离为 x_k, S_1, S_2 到 P_k 的光程差为 δ, 在满足 $d \ll D$, $x_k \ll D$ 的条件下有

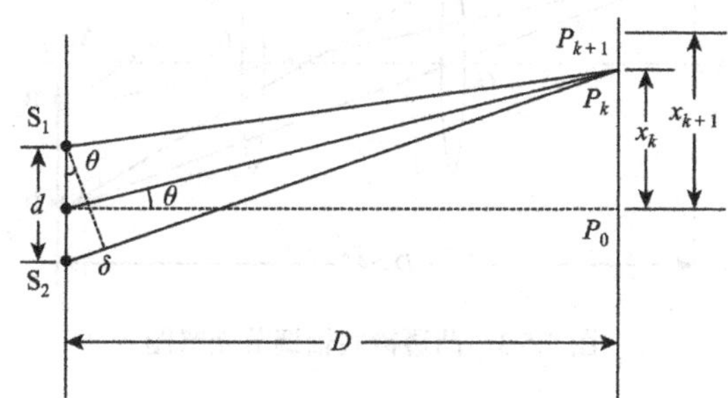

图 3.5.2　干涉条纹计算示意图

$$\delta = \frac{d}{D} x_k \tag{3.5.1}$$

当光程差为半波长的偶数倍时, 即满足

$$\delta = 2k\frac{\lambda}{2} = k\lambda \tag{3.5.2}$$

条件时得到明条纹. 由式(3.5.1)及式(3.5.2)可得

$$x_k = k\frac{D}{d}\lambda \quad (k = 0,\ \pm 1,\ \pm 2,\ \cdots) \tag{3.5.3}$$

于是, 相邻两明纹的间距为

$$\Delta x = \frac{D}{d}\lambda \tag{3.5.4}$$

则有

$$\lambda = \frac{d}{D}\Delta x \tag{3.5.5}$$

这是本实验测量光波波长所用公式. 式中: 两虚光源的距离 d 和干涉条纹的间距 Δx 都很小, 本实验用测微目镜进行测量.

2. 凸透镜共轴调节原理

物点与凸透镜共轴是指把物点调节到凸透镜的主光轴上, 那么它

笔记栏

对应的像点也一定在主光轴上. 如何判断物点是否在透镜的主光轴上, 是根据凸透镜成像规律来进行的. 如图 3.5.3 所示, 把物 AB、凸透镜和像屏放在同一直线上, 取物到屏的距离 D 大于 4 倍的凸透镜的焦距 f. 使凸透镜沿光轴来回移动, 当透镜在图中 O_1 和 O_2 位置时像屏上两次出现物点的像, 一次成大像 A_1B_1, 一次成小像 A_2B_2. 对不在主光轴上的物点 B, 它两次对应的像点 B_1 和 B_2 离主光轴的距离是不同的. 已知若物点 B 向主光轴靠拢时, 则相应的像点也向主光轴靠拢, 若物点 B 在主光轴上, 则两次成的像点 B_1, B_2 也一定在主光轴上. 利用这一原理, 把凸透镜分别放在 O_1 和 O_2 处, 通过反复调节物点的位置(或透镜的位置), 使两次成像的像点重合. 如图 3.5.4 所示, 已知物点 B 的两次成像 B_1B_2 都低于物点, 升高透镜的高度, 直到物点两次成像都在屏上的同一位置, 那么物点与透镜的主光轴必定共轴.

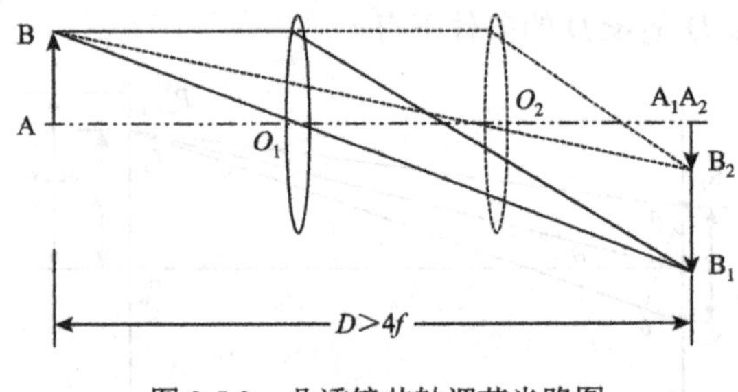

图 3.5.3　凸透镜共轴调节光路图

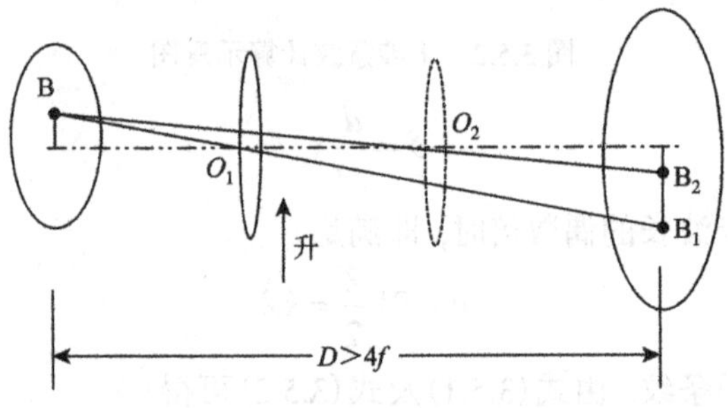

图 3.5.4　物点与凸透镜共轴调节示意图

3. 微小虚像测量原理

双棱镜干涉实验中, 两虚光源 S_1, S_2(相当于棱镜的两虚像)的距离 d 很小, 而精确测量其值是保证正确实验结果的关键. 常常采用光学成像方法, 把虚像转变为实像然后进行测量. 这里介绍两种测量方法.

(1)放大法. 把双棱镜后两虚光源的距离看成大小为 d 的虚像, 如图 3.5.5 所示. 在双棱镜后放入凸透镜 L 和光屏 P. 在两虚光源与双棱镜的位置不变的条件下, 调节透镜 L 和光屏 P 的位置, 使长度为 d 的虚像在光屏上成放大的长度为 d' 的实像, 即使两光源 S_1, S_2 在光屏上所成的实像点 S_1', S_2' 的间距 d' 将大于两虚光源的间距 d. 若能测出 d' 的长度以及相应的物距 u、像距 v, 则由下式可算出两虚光源的间距 d:

$$d = \frac{u}{v} d' \tag{3.5.6}$$

因为所成实像 d' 大于虚像 d，所以该方法称为放大法.

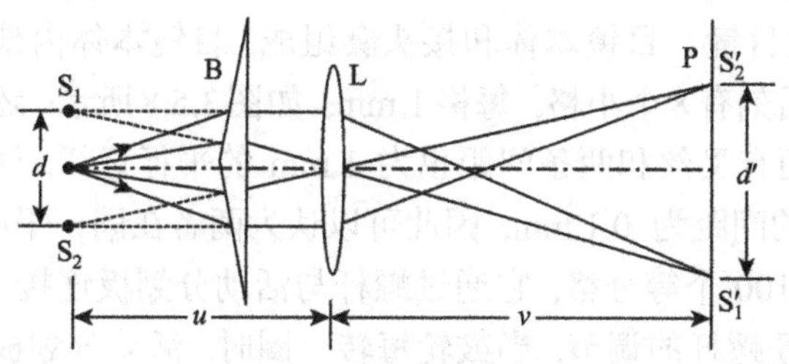

图 3.5.5 放大法测 d 光路图

(2) 共轭法. 如图 3.5.6 所示，也在双棱镜后放入凸透镜 L 和光屏 P，保持虚像 d 到双棱镜的距离不变，并且使光屏到虚像的距离 $D > 4f$（f 为凸透镜的焦距）. 移动凸透镜，使虚像 d 两次成实像 d_1, d_2 在光屏上，也即使两虚光源 S_1, S_2 通过透镜后两次成实像 $S_1'S_2'$，$S_1''S_2''$ 在光屏上. 对光屏上两次实像的大小 d_1, d_2 以及相应的物距 u、像距 v，由凸透镜成像规律有

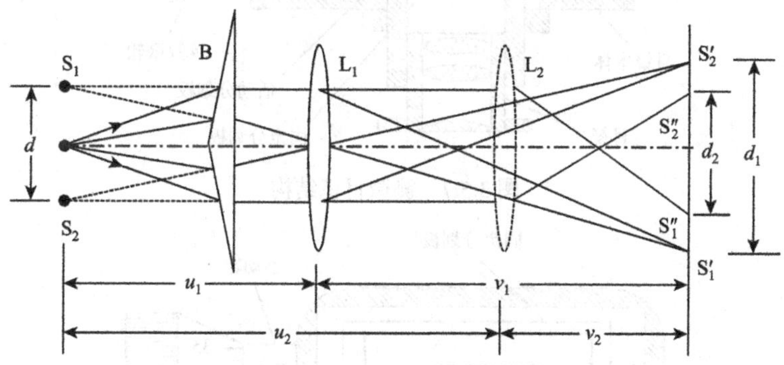

图 3.5.6 共轭法测 d 光路图

$$d = \frac{u_1}{v_1} d_1, \quad d = \frac{u_2}{v_2} d_2$$

且

$$u_1 = v_2, \quad u_2 = v_1$$

则

$$d = \sqrt{d_1 d_2} \tag{3.5.7}$$

由于凸透镜两次所放位置满足 $u_1 = v_2$ 和 $u_2 = v_1$，所以称为共轭法. 在共轭法中，由于只需要测量两次所成实像的大小，不需要测量相应的物距、像距，所以比较实用.

3.5.3 实验仪器

光具座、双棱镜、可调狭缝、钠光灯、测微目镜、凸透镜、观察屏等.

1. 测微目镜简介

测微目镜一般是作为精密光学测量仪器的附件，也可单独使用. 它

笔记栏

笔记栏

主要用来测量光学系统成像的大小. 它的特点是测量范围较小且测量精度较高, 因此用途十分广泛.

测微目镜的结构如图3.5.7所示, 从外部看它由测微螺旋(又称读数鼓轮)、放大目镜、目镜本体和接头套组成. 目镜本体内部装有固定的分划板, 上面刻有8个小格, 每格1 mm, 如图3.5.8所示. 还有一个活动分划板, 上面有叉丝和两条间距也为1 mm的平行直线. 活动分划板与固定分划板的间距为0.1 mm, 因此可以认为两者在同一平面上. 读数鼓轮圆周上有100个等分格, 它通过螺杆与活动分划板连接, 另一端有两个小弹簧方便螺杆的调节. 当鼓轮每转一圈时, 活动分划板移动1 mm, 所以鼓轮上每一分格表示0.01 mm.

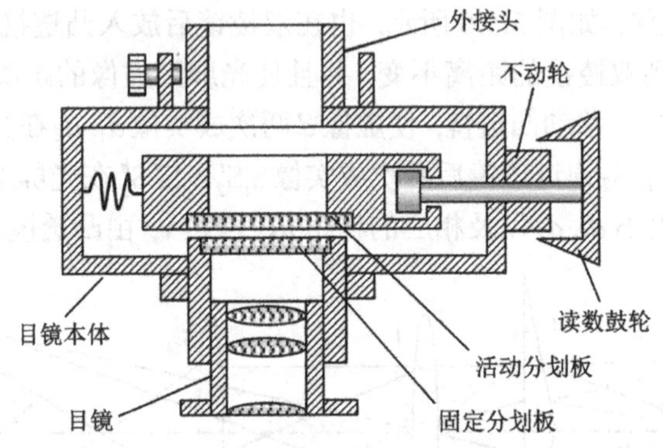

图 3.5.7 测微目镜结构

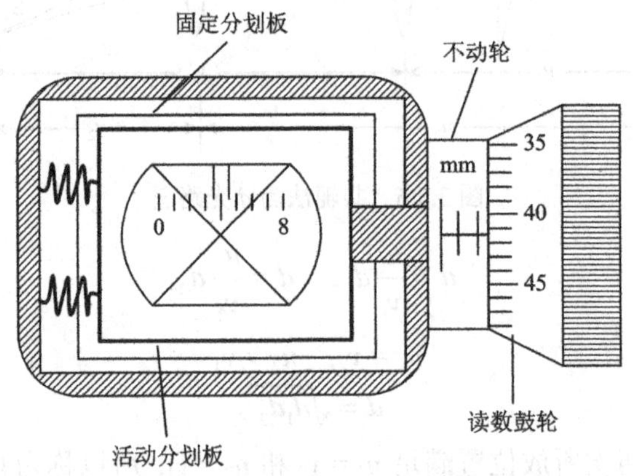

图 3.5.8 测微目镜读数原理

2. 测微目镜的读数要点

①读数时首先要调节目镜, 看清叉丝. ②转动鼓轮使叉丝的交点或双直线中的一条线与被测像的一边重合, 读出一个数字; 再转动鼓轮使像的另一边与叉丝或双直线中的同一条线重合, 读出另一个数字, 两个数字之差就是被测像的大小. ③读数时应从固定分划板上读出整毫米数, 毫米以下由鼓轮读出, 精确到0.01 mm, 估读到0.001 mm. ④由于螺距差的存在, 所在起点读数确定后, 在这一轮测量中鼓轮应始终沿一

个方向旋转，中途切不可反向旋转. ⑤旋转鼓轮时动作要慢、要平缓. 由于它的测量范围小，所以在旋转到任一端顶点后，仍没有达到应测量的位置，这时不可硬行旋转，需重新调整测微目镜的起始值后再测，以免损坏仪器. ⑥安装测微目镜时，要注意使目镜的焦平面与支架垂直，否则读数应作相应的修改.

笔记栏

3.5.4 实验内容与步骤

1. 干涉条纹的粗调

用双棱镜干涉测波长时，狭缝 S、双棱镜 B、辅助透镜 L、测微目镜 M 都放在光具座上，如图 3.5.9 所示. 实验要求钠光灯光源 S′及以上各光学元件应满足等高共轴条件，所以实验装置达到共轴是实验成功的关键. 先进行如下粗调.

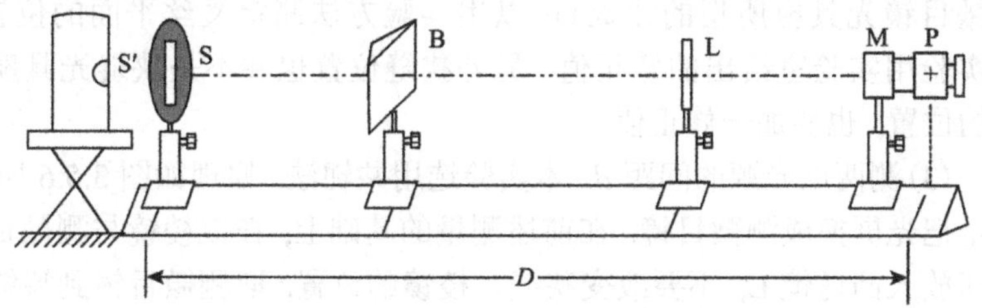

图 3.5.9 双棱镜干涉实验装置图

(1) 让光源 S′尽量靠近狭缝 S，使钠光灯正对并均匀照亮整个狭缝，两者中心应等高. 使狭缝宽度合适并垂直于光具座的导轨.

(2) 调狭缝、棱镜和测微目镜共轴. ①取下凸透镜 L，把狭缝 S、棱镜 B 和测微目镜 M 尽量靠近，使它们基本等高，并使狭缝和棱镜的棱脊基本竖直(垂直于导轨). ②移开测微目镜到一定的距离(约 50 cm)，调节狭缝 S 的宽度，让光通过棱镜后有较大的强度，用白纸引导光斑进入测量目镜 M，若光斑不能进入测微目镜，则可横向改变棱镜和测微目镜的位置，保证光斑进入到测微目镜的中心. ③适当调窄狭缝 S 的宽度，用眼睛直接在棱镜后观察，可见狭缝为明暗相间的细直条纹.

2. 调出清晰的干涉条纹

①经过粗调，则可能在测微目镜中能看到干涉条纹. 若看不见条纹但有一明亮的黄光区，这是因为狭缝太宽或双棱镜棱脊并未与狭缝平行. 只要慢慢减小狭缝宽度，测微目镜中将出现一条竖直的亮带；轻轻改变狭缝或棱镜的取向，即稍微旋转双棱镜或狭缝(有的双棱镜事先已调好，故不可调节)，就可以在亮区出现干涉条纹(为方便调节，可把测微目镜放得离双棱镜近些). ②调出干涉条纹后，调测微目镜. 先在目镜中调出清晰的分划板叉丝，然后调测微目镜的横向位置，则视场中央出现清晰的明暗相间的干涉条纹. 并适当旋转测微目镜，使分划板的移

笔记栏

动方向垂直于平行的干涉条纹. ③调整测微目镜与狭缝的距离, 观察条纹疏密变化规律, 找出最佳测量点. 锁定狭缝、双棱镜、测微目镜, 以后在测量过程中不要有任何改变.

3. 测量

(1) 测条纹间距 Δx. 由于条纹间距很小, 测若干条条纹的总间距. 本实验要求测量第 0, 5, 10, 15 条暗纹的位置. 测量时, 先使目镜叉丝对准某条暗纹的一侧, 读出测微目镜上的读数, 然后轻轻旋转测微旋钮, 使叉丝转过 5 条条纹到另一暗纹的同一侧, 再读出这时的读数. 要重复测量六次, 把测量结果记录在数据表格中. 注意不要反向旋转旋钮, 以免引入空程.

(2) 测狭缝到测微目镜的距离 D. 从光具座上读出狭缝 S 的位置读数, 再读出测微目镜的位置读数. 注意测微目镜的分划板叉丝平面并非测微目镜光具座所指的读数(可以用实验方法测定叉丝平面的位置), 本实验用实验室给出的修正值. 另外狭缝位置也并不是狭缝光具座所指的位置, 也要加一修正值.

(3) 测两虚光源的间距 d. 本实验选用共轭法, 原理如图 3.5.6 所示, 只是把光屏换成测微目镜. 在前述测量的基础上, 在双棱镜与测微目镜之间放入凸透镜 L, 不要改变狭缝、棱镜的位置. 取测微目镜到狭缝的距离 $D>4f$(f为透镜的焦距), 先使凸透镜和其他光学元件共轴, 调节方法是首先让凸透镜主光轴和其他光学元件等高, 然后沿导轨方向来回移动凸透镜(可能还需作适当的横向移动), 使从测微目镜中能看到两条竖直的亮线(狭缝通过棱镜后所成的两虚像在凸透镜后成的实像), 凸透镜在合适的位置可成两次实像, 测量各次实像的大小(测微目镜中两亮线的间距) d_1 和 d_2. 要求重复测量三次并记录在数据表格中.

3.5.5 数据处理

1. 测量条纹间距 Δx(表 3.5.1)

表 3.5.1 条纹间距 Δx 数据表格 (单位: mm)

次数	K_0	K_5	K_{10}	K_{15}	$K_{10}-K_0$	$K_{15}-K_5$	Δx_i	$\Delta x_i-\overline{\Delta x}$
1								
2								
3								
4								
5								
6								

这里 $\Delta x_i=[(K_{10}-K_0)+(K_{15}-K_5)]/20$, $\overline{\Delta x}=\frac{1}{6}\sum_{i=1}^{6}\Delta x_i=$ ________mm,

那么

笔记栏

$$S_{\Delta x}=\sqrt{\frac{\sum_{i=1}^{6}(\Delta x_i-\overline{\Delta x})^2}{6-1}}=\underline{\qquad\qquad}\text{mm},\quad U_{\rm B}=\Delta_{仪}=0.005\text{ mm}$$

则

$$U_{\Delta x}=\sqrt{S_{\Delta x}^2+\Delta_{仪}^2}=\underline{\qquad\qquad}\text{mm}$$

$$\Delta x=\overline{\Delta x}\pm U_{\Delta x}=(\underline{\qquad\qquad}\pm\underline{\qquad\qquad})\text{mm}$$

2. 测量狭缝到测微目镜的距离 D(表 3.5.2)

表 3.5.2　狭缝到测微目镜的距离 D　(单位: mm)

狭缝位置 D_0	修正值 D_0'	测微目镜位置 D_1	修正值 D_1'	$D_计$	$\Delta_仪$	$D=D_计\pm U_D$
					0.5	

其中，修正值 $D_0'+D_1'=70.0$ mm，$D_计=D_1-D_0+D_0'+D_1'$，$U_D=\Delta_仪$.

3. 测量两虚光源的间距 d(表 3.5.3)

表 3.5.3　两虚光源的间距 d　(单位: mm)

测量次数	大实像				小实像			
	起始读数	末了读数	d_1	$\overline{d_1}$	起始读数	末了读数	d_2	$\overline{d_2}$
1								
2								
3								

其中，$\overline{d}=\frac{1}{3}\sum_{i=1}^{3}\Delta d_i$. 由于只测量了三次，不考虑 A 类不确定分量，只计算B类不确定分量. 即取 $U_d=\Delta_仪=0.005$ mm. 那么由公式(3.5.7)有

$$d=\overline{d}\pm U_d=\sqrt{d_1\cdot d_2}\pm U_d=(\underline{\qquad\qquad}\pm\underline{\qquad\qquad})\text{mm}$$

4. 计算钠光的波长 λ

由公式(3.5.5)有

$$\overline{\lambda}=\frac{\overline{d}}{D_计}\cdot\overline{\Delta x}=\underline{\qquad\qquad}\text{nm}$$

$$U_\lambda=\overline{\lambda}\cdot\sqrt{\left(\frac{U_d}{\overline{d}}\right)^2+\left(\frac{U_D}{D_计}\right)^2+\left(\frac{U_{\Delta x}}{\overline{\Delta x}}\right)^2}=\underline{\qquad\qquad}\text{nm}$$

$$\lambda=\overline{\lambda}\pm U_\lambda=(\underline{\qquad\qquad}\pm\underline{\qquad\qquad})\text{nm}$$

3.5.6　实验思考题

1. 实验中所用钠黄光的波长为 $\lambda_D=589.3$ nm，你测出来的数值是多少？分析误差主要来自哪？

2. 分析用共轭法测和放大法测 d 哪个误差大？

笔记栏

3.6 分光计测光栅常数和角色散率

分光计是一种装置精密、结构较复杂的光学仪器，它在各种光学实验中进行角度测量时起重要作用. 在实验 2.7 中我们已经学习了分光计的原理和调节，本实验将进一步熟悉分光计的使用.

衍射光栅是一种常用的分光元件，它能产生谱线间距较宽的光谱，在复色光入射的条件下可以对光进行色散，因此用分光计测衍射光栅常数和光的角色散率是本实验的主要任务.

3.6.1 实验目的

(1) 进一步熟悉分光计的构造，掌握分光计的使用.

(2) 理解衍射光栅的主要特性，掌握测光栅常数的实验方法.

(3) 理解光的色散及角色散率，学习测量角色散率的方法.

3.6.2 实验原理

分光计的种类很多，本实验所用 JJY 型分光计结构如图 2.7.1 所示，其主要部件为望远镜、载物台、平行光管、游标圆盘和底座. 分光计用来测量入射光与出射光之间的偏转角，因此入射光和出射光应均为平行光，并且入射光和出射光的方向与光学元件平面的法线要在同一平面内. 为此分光计的构造应满足以上要求，并且要方便调节. 分光计的结构及调节原理见实验 2.7.

衍射光栅是一种常用的光学元件. 衍射光栅的种类很多，如闪跃光栅、凹射光栅、阶梯光栅和平面透射光栅等. 结构最简单的是平面透射光栅，它是在光学平面玻璃表面刻上许多细密的平行刻痕，非刻痕处透光. 一理想的光栅可看成是许多平行的、等间距和等宽的狭缝，刻痕间的距离称为光栅常数.

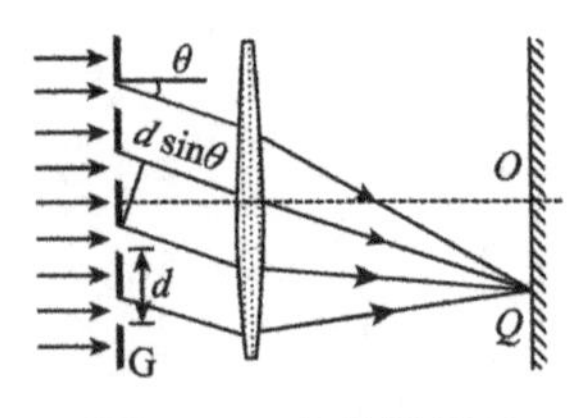

图 3.6.1 光栅的衍射

设有一光栅常数为 $d=a+b$ 的光栅 G. 一束波长为 λ 的平行光垂直于光栅平面入射，通过衍射光栅后在 Q 点会聚，相邻光束的光程差为 $d\sin\theta$，如图 3.6.1 所示. 若 Q 点为明纹，则满足干涉相长条件

$$d\sin\theta = m\lambda \quad (m=0, \pm1, \pm2, \cdots) \tag{3.6.1}$$

式中：m 为光谱的级次；θ 为对应级次的衍射角. 由于 m 的取值变化，所以单色光在光屏上呈现等宽、等亮度的明暗相间的平行条纹.

若用复色光照射衍射光栅，由于明纹衍射角 θ 的大小与入射光的波长有关，所以各种波长的光将产生各自的衍射条纹；除中央明纹 $(m=0)$ 由各色光混合仍为复色光外，其两侧的各级明纹都由短波到长波对称排列着，叫衍射光谱. 若入射光波长为连续谱线，则衍射条纹为彩色光带，如白光的光栅衍射非零级条纹为从紫到红的连续彩带. 对分立的复色光，则为分立的谱线，如汞灯发出的光谱为如图 3.6.2 所示的分立谱线.

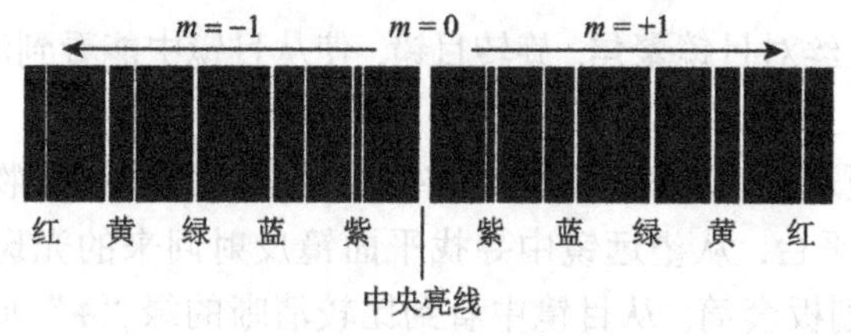

图 3.6.2 汞灯光谱图

笔记栏

衍射光栅能把不同波长的光在衍射屏上分开形成光谱，称为色散. 色散本领是光栅的重要性能之一. 定义角色散率为

$$D=\frac{\delta\theta}{\delta\lambda} \tag{3.6.2}$$

由光栅方程(3.6.1)两边同时取微分，并代入到式(3.6.2)，可得

$$D=\frac{m}{d\cos\theta_m} \tag{3.6.3}$$

式(3.6.3)是计算角色散率的公式. 从此式可看出，光栅的角色散率与光栅常数 d 及级次 m 有关. 当衍射角不大时，$\cos\theta\approx1$，从而光栅的角色散率 $D=m/d$. 此时 $\delta\theta$ 与 $\delta\lambda$ 近似成正比，光栅光谱按波长均匀展开，故称衍射光谱为标准光谱.

3.6.3 实验仪器

分光计、平行平面镜、衍射光栅、汞灯、电源等.

分光计的结构及调节原理前面已做了介绍. 本实验所用为平面透射光栅，是由精密的刻线机用金刚石在玻璃表面刻上许多平行等距的刻痕而形成的. 所用汞灯是能发出分立光谱的光源，在可见光范围内，其光谱图如图 3.6.2 所示.

3.6.4 实验内容与步骤

1. 分光计的调节

分光计的详细调节方法及注意事项见实验 2.7，这里强调调节要求和主要调节步骤.

分光计的调节要求为“三垂直”和“三聚焦”. “三垂直”是指载物台的平面、望远镜的光轴、平行光管的光轴必须与分光计的主轴垂直；“三聚焦”是指叉丝对目镜聚焦，望远镜对无穷远聚焦，狭缝对平行光管聚焦. 主要调节步骤如下.

(1) 目测粗调. 调节载物台下面的调平螺钉使载物台平面与分光计主轴基本垂直，调节望远镜的水平调节螺钉使望远镜的光轴与分光计主轴基本垂直，调节平行光管的水平调节螺钉使平行光管的光轴与分光计主轴基本垂直.

笔记栏

(2) 调叉丝对目镜聚焦. 旋转目镜, 使从目镜中能看到清晰的"╪"形叉丝.

(3) 调望远镜对无穷远聚焦. 将平面镜按规定放在载物平台上, 缓慢转动载物平台, 从望远镜中寻找平面镜反射回来的光斑. 找到光斑后, 调节分划板套筒, 从目镜中看到比较清晰的绿"+"形叉丝像, 并使绿"+"形叉丝像与"╪"形叉丝无视差. 最后稍左右微动载物台, 使"╪"形叉丝的水平线与绿"+"形叉丝的运动方向平行, 并锁紧目镜螺钉.

(4) 调节望远镜光轴垂直于分光计主轴. 采用"减半逐步逼近法", 反复调节载物台螺钉和望远镜主光轴的水平, 使从望远镜中看到的平面镜的双面反射回来的绿"+"形叉丝像都与"╪"形叉丝像的上交点完全重合.

注意: 此时要锁紧望远镜调节螺钉, 以后的调节都是以望远镜水平已调好为依据的. 以后凡要旋转望远镜, 只能靠旋转望远镜的支撑杆来完成, 切勿用手直接推望远镜.

(5) 调节载物平台与分光计主轴垂直. 改变平面镜放置方位, 调节载物台螺钉, 从望远镜中观察到"+"形叉丝像与"╪"形叉丝像的上交点重合即可.

(6) 狭缝对平行光管的物镜聚焦. 从载物台上取下双面镜, 点亮狭缝前放置的汞灯光源, 并使光源的出射中心对准狭缝. 转动望远镜对准平行光管, 轻轻旋转平行光管狭缝螺钉, 让光源能透过狭缝. 调节平行光管的水平调节螺钉, 使狭缝像出现在望远镜的视场中. 松开狭缝装置锁紧螺钉, 伸缩狭缝套筒以调节狭缝与平行光管物镜的距离, 使狭缝像变清晰并与叉丝无视差.

(7) 调节平行光管光轴与分光计主轴垂直.

2. 测量衍射光栅常数

(1) 调节光栅平面法线垂直于分光计主轴. 分光计调好后, 将衍射光栅放在分光计载物台平面上原双面镜的位置, 光栅平面基本与平行光管的物镜垂直. 关上汞灯, 打开望远镜小灯 1, 以光栅的平面作为望远镜的反射面再作微调. 在望远镜的光轴和载物台平面的水平已调好的条件下, 从光栅平面反射回来的"+"形叉丝像应正好与"╪"形叉丝像的上交点重合. 若此时有微小的差异, 则微调载物平面的调平螺钉以达到上述要求(注意: 此时反射"+"形叉丝像有一亮一暗两个, 应以亮的为准).

(2) 调节光栅平面与平行光管的光轴垂直(即使入射角 $i=0$). 此时点亮汞灯照射衍射光栅, 并转动望远镜, 让望远镜中的竖叉丝对准零级谱线中心. 遮住平行光管的物镜, 再观察衍射光栅反射回来的"+"形叉丝像, 稍微转动载物台, 使"+"形叉丝像与"╪"形叉

笔记栏

丝像的竖直线重合. 此时已做到衍射中央亮条纹、“+”形叉丝像与“╪”形叉丝像的竖直线三者完全重合, 即衍射光栅与平行光管的光轴垂直. 应立即锁紧载物台锁紧螺钉, 在测量过程中不要再有任何变化.

(3) 测量读数. 当望远镜从中央亮纹处逐渐向两侧慢慢转动时, 就可以清楚地看到分划板上逐次出现汞灯的正、负第一级各波长所对应的不同颜色的谱线, 如图 3.6.2 所示. 测量时首先把望远镜移向任意一侧, 从衍射的第一级谱线中靠外的第二条黄谱线开始测量, 即让该线与分划板上的竖线基本对齐, 然后旋紧望远镜止动螺钉, 调节望远镜微调螺钉使该谱线与分划板的竖线完全重合. 这时从分光计的刻度盘上读出两个对应的角度 $\varphi_{左}$ 和 $\varphi_{右}$. 由此左右两条光线的夹角由公式(2.7.1)表示, 本实验是测量其中一条光线对中心的夹角, 即上述左右两光线夹角的一半.

$$\theta=\frac{1}{4}(|\varphi_{左2}-\varphi_{左1}|+|\varphi_{右2}-\varphi_{右1}|) \tag{3.6.4}$$

式中: θ 是刻度盘转动的实际角度的一半.

本实验要求测量正、负第一级的两条黄谱线和一条绿谱线共 6 条谱线. 因此要求从任一侧的最外一条黄谱线开始, 逐渐向内并通过中央条纹向另一侧的最外一条黄谱线进行测量. 连续测量 6 次, 测量结果记录在数据表格中.

3.6.5 数据处理

1. 测量散射角 φ 的数据表格(表 3.6.1)

表 3.6.1　散射角 φ 的数据记录及计算表格

谱线	黄(外侧)λ_1					黄(内侧)λ_2					绿($\lambda_0=546.1$ nm)				
	$m=+1$		$m=-1$		θ_{1i}	$m=+1$		$m=-1$		θ_{2i}	$m=+1$		$m=-1$		θ_{0i}
次数	$\varphi_{左1}$	$\varphi_{右1}$	$\varphi_{左2}$	$\varphi_{右2}$		$\varphi_{左1}$	$\varphi_{右1}$	$\varphi_{左2}$	$\varphi_{右2}$		$\varphi_{左1}$	$\varphi_{右1}$	$\varphi_{左2}$	$\varphi_{右2}$	
$i=1$															
$i=2$															
$i=3$															
$i=4$															
$i=5$															
$i=6$															
$\overline{\theta}$															
S_θ															
U_θ															

注: 角度的不确定度用弧度表示.

 笔记栏

这里 $\theta=\frac{1}{4}(|\varphi_{左2}-\varphi_{左1}|+|\varphi_{右2}-\varphi_{右1}|)$, $\overline{\theta}=\frac{\sum_{i=1}^{6}\theta_i}{6}$

$$S_\theta=\sqrt{\frac{\sum_{i=1}^{6}(\theta_i-\overline{\theta})^2}{6-1}},\quad U_\theta=\sqrt{S_\theta^2+\Delta_{仪}^2}\ (取\ \Delta_{仪}=30'')$$

2. 计算衍射光栅常数 d 及黄光的波长

取绿光波长为已知($\lambda_0=546.1$ nm), 由公式(3.6.1), 取 $m=1$ 可得

$$\overline{d}=\frac{\lambda_0}{\sin\overline{\theta}_0}=\_\_\_\_\_\_\text{nm},\quad U_d=\frac{\overline{d}}{|\tan\overline{\theta}_0|}U_{\theta0}=\_\_\_\_\_\_\text{nm}$$

$$d=(\_\_\_\_\_\_\pm\_\_\_\_\_\_)\text{nm}$$

用计算出来的光栅常数 d, 来计算两条黄光谱.

$$\overline{\lambda}_1=\overline{d}\sin\overline{\theta}_1, U_{\lambda_1}=\overline{\lambda}_1\sqrt{\left(\frac{U_d}{\overline{d}}\right)^2+\left(\frac{U_{\theta_1}}{\tan\overline{\theta}_1}\right)^2},\ \lambda_1=(\_\_\_\_\_\_\pm\_\_\_\_\_\_)\text{nm}$$

$$\overline{\lambda}_2=\overline{d}\sin\overline{\theta}_2, U_{\lambda_2}=\overline{\lambda}_2\sqrt{\left(\frac{U_d}{\overline{d}}\right)^2+\left(\frac{U_{\theta_2}}{\tan\overline{\theta}_2}\right)^2},\ \lambda_2=(\_\_\_\_\_\_\pm\_\_\_\_\_\_)\text{nm}$$

3. 由两条黄谱线的波长差和相应的角度差计算衍射光栅的角色散率

$$\overline{\delta\lambda}=\overline{\lambda}_1-\overline{\lambda}_2,\quad U_{\delta\lambda}=\sqrt{(U_{\lambda_1})^2+(U_{\lambda_2})^2}$$

$$\overline{\delta\theta}=\overline{\theta}_1-\overline{\theta}_2,\quad U_{\delta\theta}=\sqrt{(U_{\theta_1})^2+(U_{\theta_2})^2}$$

$$\overline{D}=\frac{\overline{\delta\theta}}{\overline{\delta\lambda}},\ U_D=\overline{D}\sqrt{\left(\frac{U_{\delta\lambda}}{\overline{\delta\lambda}}\right)^2+\left(\frac{U_{\delta\theta}}{\overline{\delta\theta}}\right)^2},\ D=(\_\_\_\_\_\_\pm\_\_\_\_\_\_)\text{rad/nm}$$

3.6.6 实验思考题

1. 为什么当双面镜两面所反射回来的绿“+”形叉丝像均与调节用“╪”形叉丝像的上交点重合时，望远镜光轴垂直于分光计主轴？

2. 用式(3.6.1)测光栅常数 d 时，实验要保证什么条件？如何实现？

3.7 声速的测定

声波是在弹性媒质中传播的一种机械波，由于其振动方向与传播方向一致，所以声波是纵波. 振动频率在 20 Hz～20 kHz 的声波可以被人们听到，称为可闻声波，频率超过 20 kHz 的声波称为超声波. 声波特性的测量(如频率、波速、波长、声压衰减和相位等)是声学应用技术中的一个重要内容，特别是声波波速(简称声速)的测量，在声波定位、探伤、测距等应用中具有重要的意义.

3.7.1 实验目的

(1) 学会用驻波法、相位法和时差法测量超声波的波速.

(2) 进一步熟悉示波器的使用.

(3) 学习逐差法、最小二乘法和作图法处理数据.

3.7.2 实验原理

由于超声波具有波长短, 易于定向发射、易被反射等优点, 在超声波段可以进行短距离、精确地测量声速. 超声波的发射和接收一般通过电磁振动与机械振动的相互转换来实现, 最常见的方法是利用压电效应和磁致伸缩效应来实现的. 本实验采用的是压电陶瓷制成的换能器, 这种压电陶瓷可以在机械振动与交流电压之间双向换能, 图 3.7.1 为压电陶瓷换能器的结构简图.

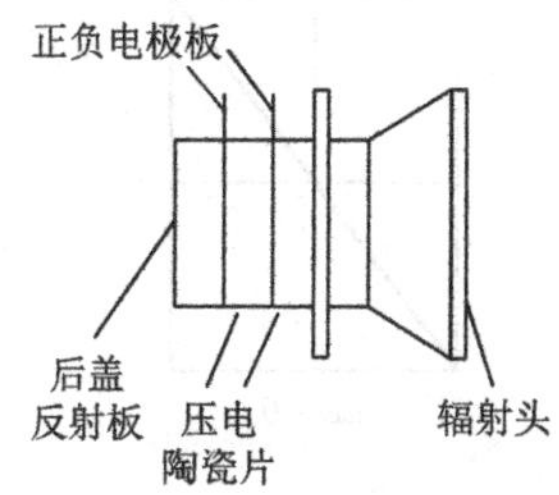

图 3.7.1 压电陶瓷换能器的结构简图

在测量过程中, 只有当发射换能器 S1 的发射面和接收换能器 S2 的接收面保持平行才有较好的接收效果(图 3.7.2). 为了得到较清晰的接收波形, 应将外加的驱动信号频率调节到换能器 S1, S2 的谐振频率处, 这样才能较好地进行声能和电能的相互转换, S2 才会有一定幅度的电信号输出, 才会有较好的实验效果.

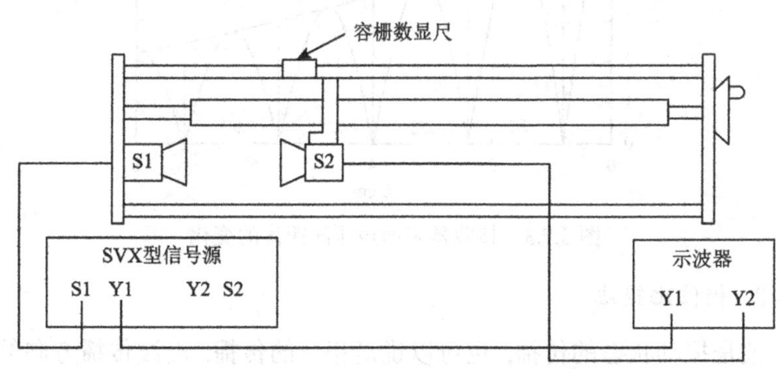

图 3.7.2 驻波法、相位法连线图

笔记栏

声波的传播速度与频率和波长的关系为

$$v=\lambda f \tag{3.7.1}$$

由式(3.7.1)可知, 测得声波的频率和波长, 就可得到声速. 同样, 若测得声波传播所经过的距离 L 和传播时间 t, 也可获得声速

$$v=\frac{L}{t} \tag{3.7.2}$$

测定声速的常用方法有驻波法(共振干涉法)、相位比较法(简称相位法)和时差法.

1. 驻波法(共振干涉法)

采用的装置为 SV-DH 声速测量仪. 实验装置连线如图 3.7.2 所示, 图中 S1 和 S2 为压电晶体换能器, S1 作为声波源, 它被低频信号发生器输出的交流电信号激励后，由于逆压电效应发生受迫振动，并向空气中定向发出一近似的平面声波；S2 为超声波接收器，声波传至它的接收面上时再被反射. 当 S1 和 S2 的表面互相平行时，声波就在两个平面间来回反射，当两个平面间距 L 为半波长的整倍数时，即

$$L = k\frac{\lambda}{2} \quad (k = 1,2,3,\cdots) \tag{3.7.3}$$

来回声波的波峰与波峰、波谷与波谷正好重叠形成驻波. 因为接收器 S2 的表面振动位移可以忽略，所以对位移来说是波节，对声压来说是波腹. 本实验测量的是声压，所以当形成驻波时，接收器的输出会出现明显增大. 从示波器上观察到的电压信号幅值也是极大值(图 3.7.3)，图中各极大值之间的距离均为 $\lambda/2$. 由于散射和其他损耗，各极大值幅值随距离增大而逐渐减小. 我们只要测出各极大值对应的接收器 S2 的位置，就可测出波长. 由信号源读出超声波的频率值后，即可由公式(3.7.1)求得声速.

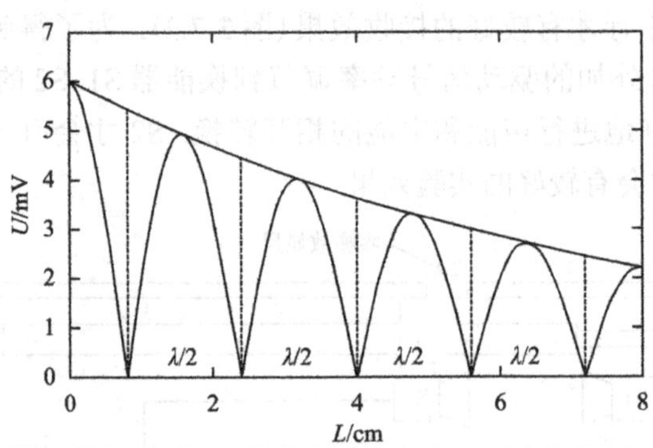

图 3.7.3 接收器表面声压随距离的变化

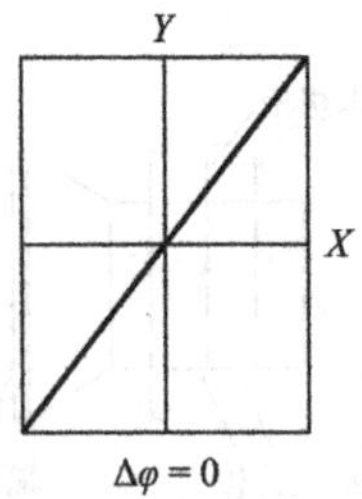

$\Delta\varphi = 0$

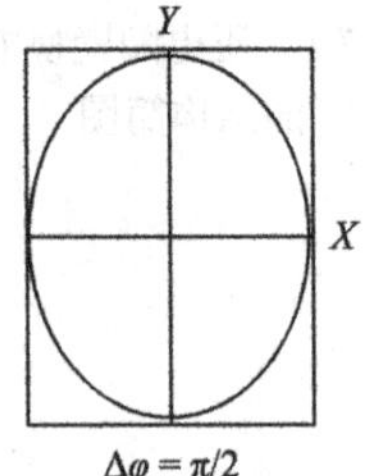

$\Delta\varphi = \pi/2$

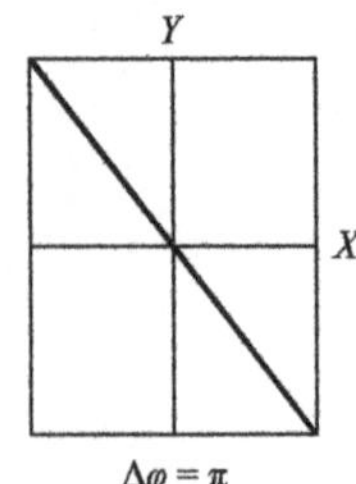

$\Delta\varphi = \pi$

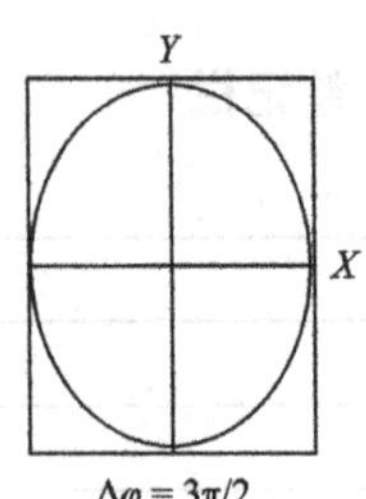

$\Delta\varphi = 3\pi/2$

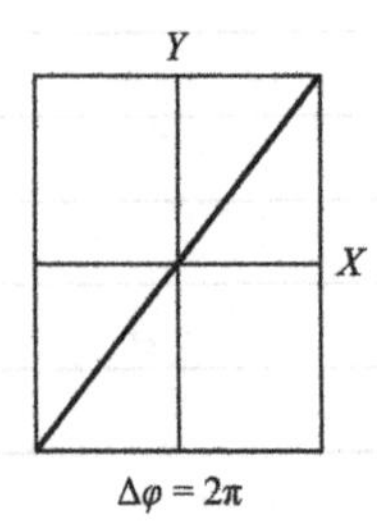

$\Delta\varphi = 2\pi$

图 3.7.4 李萨如图形

2. 相位比较法

波是振动状态的传播，也可以说是相位的传播. 沿波传播方向的任何两点同相位时，这两点间的距离就是波长的整数倍. 利用这个原理，可以精确地测量波长. 实验装置连线如图 3.7.2 所示，沿波的传播方向移动接收器，S2 总可以找到一点使接收到的信号与发射器的相位相同；继续移动接收器 S2，接收到的信号再次与发射器的相位相同时，移过的距离等于声波的波长.

同样也可以利用李萨如图形来判断相位差. 实验中输入示波器的是来自同一信号源的信号，它们的频率严格一致，所以李萨如图形是椭圆或直线，椭圆的倾斜与两信号间的相位差有关. 当两个信号间的相位差为 0 或 π 时，椭圆变成倾斜的直线，如图 3.7.4 所示.

3. 时差法

时差法测量声速的连线如图 3.7.5 所示. 由信号源提供一个脉冲信号经 S1 发出一个脉冲波，经过一段距离的传播后，该脉冲信号被 S2 接

受，再将该信号返回信号源；经信号源内部线路分析，比较处理后输出脉冲信号在 S1, S2 之间的传播时间 t，传播距离 L 可以从游标卡尺上读出，采用公式(3.7.2)即可计算出声速.

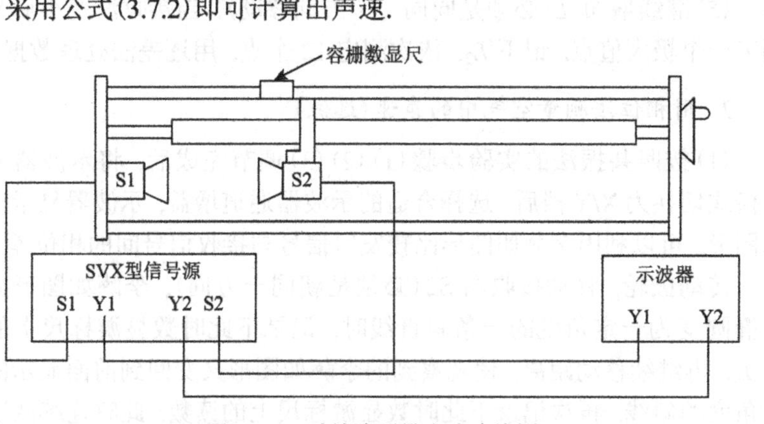

图 3.7.5 时差法测量声速连线图

3.7.3 实验仪器

SV-DH 声速测试仪、低频信号源、示波器、温度计.

3.7.4 实验内容与步骤

1. 共振干涉法测量空气中的声速

(1) 仪器在使用前，打开电源预热 15 min，用温度计测量室内温度 t ℃.

(2) 熟悉信号源面板上的各项功能以及示波器的使用方法. 如图 3.7.2 所示，将信号源面板上的发射端换能器接口(S1)接至测试架的发射换能器(S1)；信号源面板上的发射端的发射波形 Y1，接至示波器的 CH1(Y1)，用于观察发射波形；接收换能器(S2)的输出接至示波器的 CH2(Y2). 两换能器 S1, S2 之间的距离调至 1 cm 左右.

(3) 测定压电陶瓷换能器的谐振频率工作点. 打开信号源与示波器的电源，将信号源面板上的"测试方法"确定为连续波. 然后调节"连续波强度"旋钮，使声速测试仪信号源输出合适的电压，再调节"频率调节"旋钮，观察频率调整时示波器接受波(CH2 通道)的电压幅度变化. 合适选择示波器的扫描时间 TIM/DIV 和通道增益，使示波器显示稳定的接收波形. 在某一频率点处(34～40 kHz)电压幅度明显增大. 适当调节通道增益，仔细微调频率，使该电压幅度出现极大值. 此频率即为压电换能器 S1, S2 相匹配的谐振频率点，记下该频率值 f_N. 改变 S1 和 S2 之间的距离，适当选择位置重新调整，再次测定匹配频率，共测 5 次，取平均频率 f.

在一定条件下，不同频率的声波在介质中的传播速度是相等的. 利用换能器的不同谐振频率的谐振点，可以用一个谐振频率测量完声速后，再用另外一个谐振频率来测量声速，就可以验证以上结论.

(4) 转动 S2 的转动距离调节鼓轮，逐步增加 L (必须是朝同一方向)，

观察示波器上 S2 电压(CH2 通道)的波形输出变化. 当波形幅度电压达到极大值时, 由容栅数显尺读数记下 S2 的位置 L_1.

(5) 继续增加 L(必须是向同一个方向移动), 当接收波变小后又达到下一个极大值点, 记下 L_2, 依次测定 12 个点, 用逐差法处理数据.

2. 用相位法测量空气中的声速(选做)

(1) 按照共振法的实验步骤(1)(2)(3)调节完成后, 将示波器的显示格式切换为 X/Y 挡后, 选择合适的示波器通道增益, 示波器显示李萨如图形, 可以利用李萨如图形比较发射信号与接收信号间的相位差.

转动鼓轮, 移动接收器 S2(必须是朝同一方向), 李萨如图形显示的椭圆变为一定角度的一条斜直线时, 记录下此时数显游标尺上的读数 L_i. 再继续移动距离, 使观察到的李萨如图形又变回到前面显示的特定角度的斜线. 再次记录下此时数显游标尺上的读数. 此时连续两次观察到倾角相同的斜直线对应于的相位改变了 2π, 即对应接收器改变了一个波长的距离.

(2) 测量出现同方向斜线的连续 8 个点的位置.

3. 用时差法测量空气中的声速

实验中超声波的发射是单脉冲, 可确定精确的发射时点. 但在接收端由于被接收到的单脉冲激发出余震的缘故, 单脉冲引起的是衰减震荡, 其余震可以在两个探头间产生共振, 对接收时点的测定产生了干扰. 故测量中必须避免将探头停在共振的位置上. 是否出现共振可通过示波器看出.

(1) 按图 3.7.5 连接线路, 示波器的 CH1(Y1)和 CH2(Y2)通道分别用于观察发射和接收波形. 将信号源面板上"测试方法"确定为脉冲波方式, 选择合适的脉冲发射强度. 将 S1 和 S2 间距调到大于 50 mm.

(2) 调节"接收增益"旋钮, 选择合适的接收增益, 使显示的时间差读数稳定.

(3) 记录此时数显尺的距离值 L_1 和仪器显示的时间差 t_1. 移动接收器 S2 到另一位置(L_2)并调节接收增益, 保持信号幅度稳定, 记录 L_2 和 t_2.

注意: 由于空气中的超声波衰减较大, 在较长距离内测量时, 接收波会有明显的衰减, 这可能会带来计时器读数有明显跳变. 可以将接收换能器 S2 先调到远离发射换能器 S1 的一端, 并将接收增益调至最大, 这时计时器有相应的读数. 由远到近调节接收换能器 S2, 计时器读数将变小, 此时若有读数跳变, 应适当微调接收增益(距离增大时, 顺时针调节; 距离减小时, 逆时针调节), 使计时器读数在移动 S2 时连续准确变化.

(4) 重复步骤(3)测量 8 个点, 记录下各次的 L_i, t_i, 用最小二乘法计算声速.

3.7.5　数据处理

笔记栏

1. 驻波法(共振干涉法)测声速

(1) 记下室温 $t=$ ________℃，按理论公式计算出在室温下空气中声速的理论值为

$$v_s = 331.45\sqrt{1+\frac{t}{273.15}} = \_\_\_\_\_\_\_\_\ \text{m/s}$$

(2) 测定压电陶瓷换能器的谐振频率工作点(表 3.7.1).

表 3.7.1　测定压电陶瓷换能器的谐振频率工作点

数据	测量次数					平均频率
	1	2	3	4	5	
频率 f_N/kHz						

(3) 测量接收波幅极大值位置并用逐差法处理数据(表 3.7.2 和表 3.7.3).

表 3.7.2　测量接收波幅极大值位置

数据	序号											
	1	2	3	4	5	6	7	8	9	10	11	12
位置 L_i/mm												

表 3.7.3　逐差法处理驻波法测量数据

数据	序号						计算结果
	1	2	3	4	5	6	
$\delta L_i = (L_{i+6} - L_i)$ / mm							$\overline{\delta L} = \sum_{i=1}^{6}\delta L_i / 6 =$
$(\delta L_i - \overline{\delta L})$ / mm							$S_{\delta L} =$

δL 的标准偏差为　$S_{\delta L} = \sqrt{\dfrac{\sum_{i=1}^{6}(\delta L_i - \overline{\delta L})^2}{6-1}} =$ ________mm

数显测量尺示数极限误差为　$\Delta_B = 0.001\ \text{mm}$

δL 的不确定度　$U_{\delta L} = \sqrt{S_{\delta L}^2 + \Delta_B^2} =$ ________mm

波长的平均值和标准偏差分别为

$\lambda = \delta L/3 =$ ________mm,　$U_\lambda = U_{\delta L}/3 =$ ________mm

最后超声波的波长为　$\lambda = \lambda \pm U_\lambda =$ ________mm

驻波法测定的声速为　$v = \lambda f =$ ________m/s

室温下测定声速与理论值的相对误差为

$$E = \left|\frac{v - v_s}{v_s}\right| \times 100\% = \_\_\_\_\_\_\_\_$$

笔记栏

2. 相位法测声速(表 3.7.4)

表 3.7.4 李萨如图形同相位点位置

数据	序号							
	1	2	3	4	5	6	7	8
L_i/mm								

平均波长 $\bar{\lambda}=\dfrac{\sum\lambda_i}{4}=\dfrac{\sum_{i=1}^{4}(L_{i+4}-L_i)}{16}=$ __________ mm

相位法测定的声速为 $v=\lambda f=$ __________ m/s

室温下测定声速与理论值的相对误差为

$$E=\left|\frac{v-v_s}{v_s}\right|\times 100\%=\_\_\_\_\_\_\_\_\_\_$$

3. 时差法测声速(表 3.7.5)

表 3.7.5 时差法测量数据

数据	序号							
	1	2	3	4	5	6	7	8
L_i/mm								
时间 t_i/μs								

由公式 $v_i=\delta L_i/\delta t_i$ 可知，时差法测量出来的数据具有线性关系，满足直线方程 $L=At+B$，其中直线的斜率 A 是超声波的声速 v. 因此将测量中记录的一系列位置和时间的数据，利用最小二乘法进行直线拟合，求出直线方程的斜率 A. 并在坐标纸上作出 L-t 图，从图上求出直线的斜率 A，由此算出超声波波速为

$$v=A=\_\_\_\_\_\_\_\_\_\_\ \text{m/s}$$

声速与温度的关系

室温下测定声速与理论值的相对误差为

$$E=\left|\frac{v-v_s}{v_s}\right|\times 100\%=\_\_\_\_\_\_\_\_\_\_$$

3.7.6 实验注意事项

(1) 测量 L 时必须沿同一方向轻而缓慢地转动位置调节鼓轮.

(2) 信号源不要短路，以防烧坏仪器.

(3) 在液体作为传播媒质测量时，应避免液体接触到金属件，防止金属物件被腐蚀.

3.7.7 实验思考题

1. 实验中为什么要在压电换能器谐振状态下测量空气中的声速?

笔记栏

2. 为什么选用李萨如图形中斜线为观测点？
3. 用逐差法处理数据有何优点？

3.8　静电场的描绘

3.8.1　实验目的

(1) 加深对静电场和稳恒电流场相似性的理解.
(2) 掌握用稳恒电流场来模拟描绘静电场分布的原理和方法.

3.8.2　实验原理

静电场与稳恒电流场是两种不同性质的场，但是两者在一定条件下具有相似的空间分布，满足相似的高斯定理和安培环路定理，如表 3.8.1 所示.

表 3.8.1　静电场与稳恒电流场比较图

定理	静电场	稳恒电流场
高斯定理	$\oint_S \boldsymbol{E}\cdot d\boldsymbol{S}=0$	$\oint_S \boldsymbol{j}\cdot d\boldsymbol{S}=0$
安培环路定理	$\oint_l \boldsymbol{E}\cdot d\boldsymbol{l}=0$	$\oint_l \boldsymbol{j}\cdot d\boldsymbol{l}=0$

由表 3.8.1 可知，$\boldsymbol{E}$ 和 $\boldsymbol{j}$ 在各自区域中满足同样的数学规律，在相同边界条件下，具有相同的解析解. 因此，可以用稳恒电流场替代静电场，用稳恒电流场来模拟静电场. 实验中模拟时要保证电极形状一定，电极电位不变，空间介质均匀，在稳恒电流场和静电场中考察点的任何一个，均满足场强和电位相等. 下面具体讨论这种等效性.

1. 同轴电缆及其静电场分布

如图 3.8.1 (a) 所示，在真空中有一半径为 r_a 的长圆柱形导体 A 和一内半径为 r_b 的长圆筒形导体 B，它们同轴放置，分别带等量异号电荷. 由高斯定理知，在垂直于轴线的任一截面 S 内，都有均匀分布的辐射状电场线，这是一个与坐标 z 无关的二维场. 在二维场中，电场强度 $\boldsymbol{E}$ 平

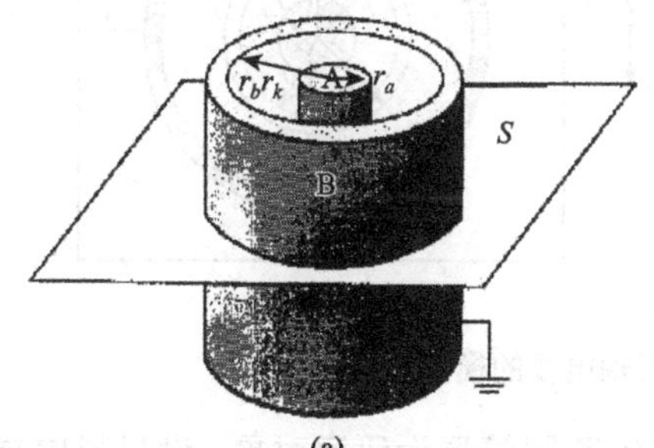

(a)

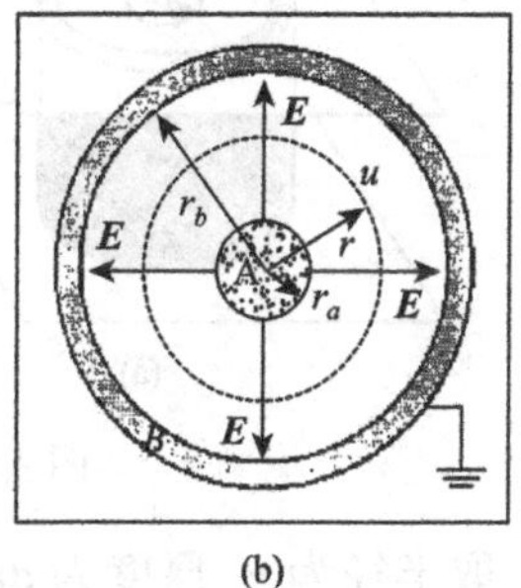

(b)

图 3.8.1　同轴电缆及其静电场分布

笔记栏

行于 xy 平面，其等势面为一簇同轴圆柱面. 因此只要研究 S 面上的电场分布即可. 由静电场中的高斯定理可知，距轴线的距离为 r 处，如图3.8.1(b)所示，各点电场强度为 $E=\dfrac{\lambda}{2\pi\varepsilon_0 r}$，式中：$\lambda$ 为柱面上电荷线密度，其电位为

$$U_r - U_b = \int_r^{r_b} \boldsymbol{E}\cdot \mathrm{d}\boldsymbol{r} = \frac{\lambda}{2\pi\varepsilon_0}\ln\frac{r_b}{r} \tag{3.8.1}$$

设 $r=r_b$ 时，$U_b=0$，则有长圆柱形导体 A 和长圆筒形导体 B 的电势差

$$U_a - U_b = U_a = \int_{r_a}^{r_b} \boldsymbol{E}\cdot \mathrm{d}\boldsymbol{r} = \frac{\lambda}{2\pi\varepsilon_0}\ln\frac{r_b}{r_a}$$

电荷线密度为

$$\lambda = \frac{2\pi\varepsilon_0 U_a}{\ln\dfrac{r_b}{r_a}} \tag{3.8.2}$$

代入式(3.8.1)，得

$$U_r = U_a\frac{\ln\dfrac{r_b}{r}}{\ln\dfrac{r_b}{r_a}} \tag{3.8.3}$$

电场强度为

$$E_r = \frac{\lambda}{2\pi\varepsilon_0 r} = \frac{U_a}{r\ln\dfrac{r_b}{r_a}} \tag{3.8.4}$$

2. 同轴圆柱面电极间的稳恒电流场分布

若上述圆柱形导体 A 与圆筒形导体 B 之间充满了电导率为 σ 的不良导体，A、B 与电源正负极相连接，如图 3.8.2 所示，A、B 间将形成径向电流，建立稳恒电流场 $\boldsymbol{E}_r'$.

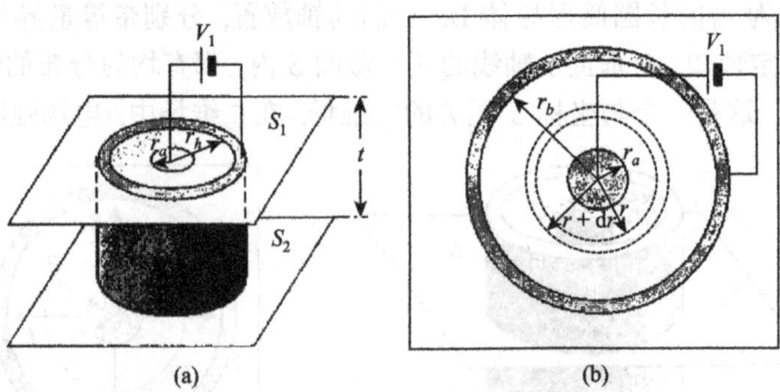

图 3.8.2　同轴电缆的模拟模型

取半径为 r，厚度为 $\mathrm{d}r$ 的同轴薄圆筒形为研究对象，设材料电导率为 σ，则流过单位长度的薄圆筒电流密度 J 为

$$J = \frac{I}{2\pi r} \tag{3.8.5}$$

则同轴圆柱面电极间电场为

$$E = \frac{J}{\sigma} = \frac{I}{2\pi\sigma r} \tag{3.8.6}$$

设 $U_b = 0$，则两圆柱面间所加电压为 U_a，圆柱形导体 A 与圆筒形导体 B 之间电压为

$$U_a = U_a - U_b = \int_{r_a}^{r_b} \boldsymbol{E} \cdot \mathrm{d}\boldsymbol{r} = \frac{I}{2\pi\sigma} \ln\frac{r_b}{r_a} \tag{3.8.7}$$

则径向电流 I 为

$$I = \frac{2\pi\sigma U_a}{\ln\dfrac{r_b}{r_a}} \tag{3.8.8}$$

距轴线 r 处的电位为

$$U_{\mathrm{r}}' = \int_{r}^{r_b} \boldsymbol{E} \cdot \mathrm{d}\boldsymbol{r} = \frac{I}{2\pi\sigma} \ln\frac{r_b}{r} = U_a \frac{\ln\dfrac{r_b}{r}}{\ln\dfrac{r_b}{r_a}} \tag{3.8.9}$$

则 E_{r}' 为

$$E_{\mathrm{r}}' = \frac{J}{\sigma} = \frac{U_a}{r\ln\dfrac{r_b}{r_a}} \tag{3.8.10}$$

由以上分析可见，U_{r} 与 U_{r}'，$\boldsymbol{E}$ 与 $\boldsymbol{E}_{\mathrm{r}}'$ 的分布函数完全相同，证明了在均匀的导体中的电场强度 $\boldsymbol{E}_{\mathrm{r}}'$ 与原真空中的静电场 $\boldsymbol{E}$ 的分布规律是相似的. 场强 $\boldsymbol{E}$ 在数值上等于电位梯度，方向指向电位降落的方向. 考虑到 $\boldsymbol{E}$ 是矢量，而电位 U 是标量，从实验测量来讲，测定电位比测定场强容易实现，所以可先测绘等势线，然后根据电场线与等势线正交的原理，画出电场线. 这样就可由等势线的间距确定电场线的疏密和指向，将抽象的电场形象地反映出来.

为什么这两种场的分布相同呢？可以从电荷产生场的观点加以分析. 在导电介质中没有电流通过的区域，其中任一体积元(宏观小、微观大、其内仍包含大量原子)内正负电荷数量相等，没有净电荷，呈电中性. 当有电流通过时，单位时间内流入和流出该体积元内的正或负电荷数量相等，净电荷为零，仍然呈电中性. 因而，整个导电介质内有电场通过时也不存在净电荷. 这就是说，真空中的静电场和有稳恒电流通过时导电介质中的场都是由电极上的电荷产生的. 事实上，真空中电极上的电荷是不动的，在有电流通过的导电介质中，电极上的电荷一边流失，一边由电源补充，在动态平衡下保持电荷的数量不变. 所以这两种情况下电场分布是相同的. 图 3.8.3 给出了几种典型静电场的模拟电极形状及相应的电场分布.

笔记栏

极型	模拟板型式	等势线、电场线理论图形
同轴圆柱电极	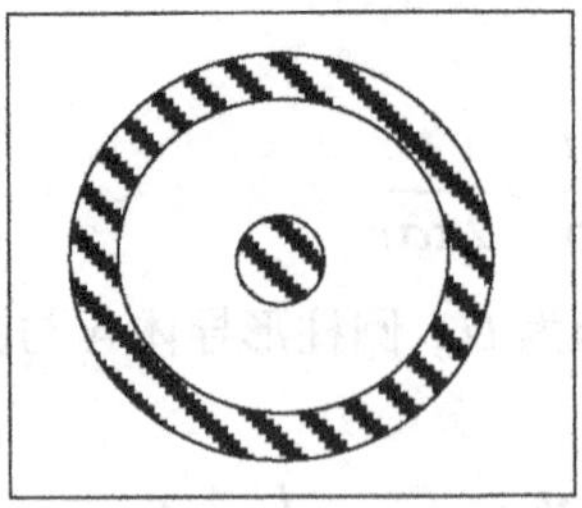	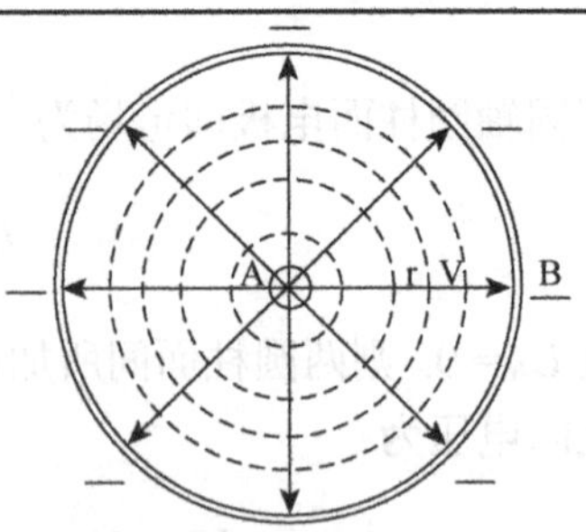
平行导线电极	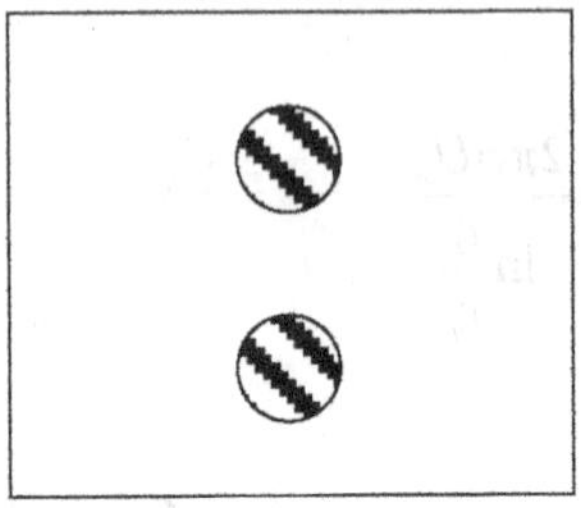	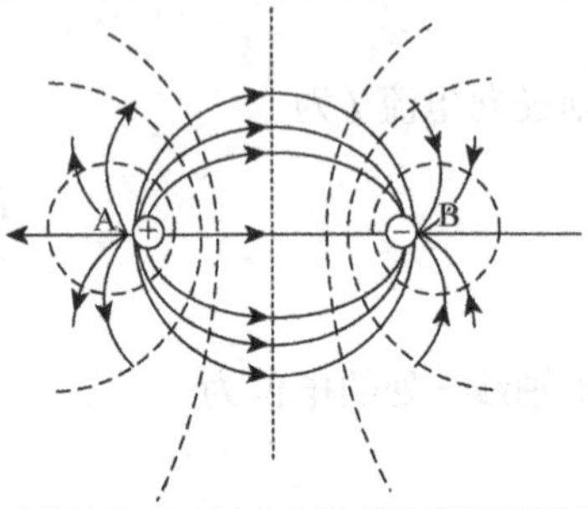
聚焦电极	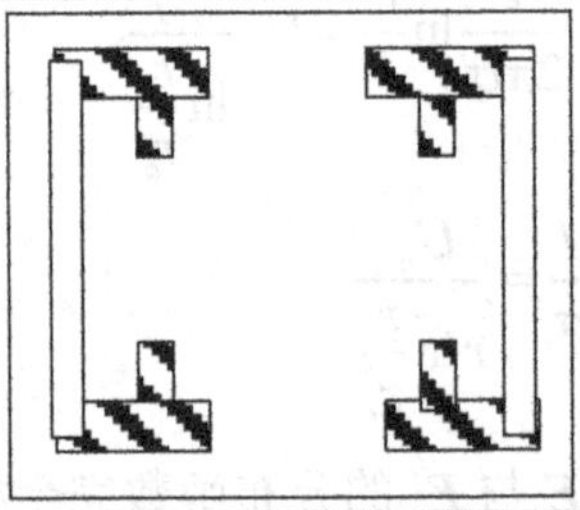	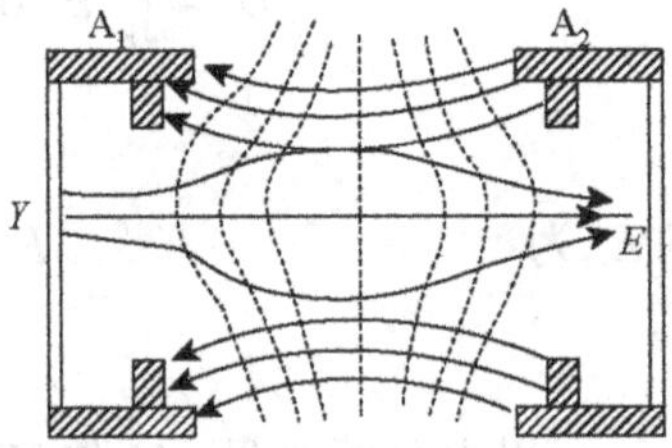

图 3.8.3 几种典型静电场的模拟电极形状及相应的电场分布

3.8.3 实验仪器

GCJDM-A 型静电场描绘实验仪、三相电源线、直尺、记号笔、导线若干(红色和黑色电极供电连接线各 1 根，红色和黑色测试探针连接线 1 对).

GCJDM-A 型静电场描绘实验仪包括 X-LAB 数控直流稳压电源、同轴电极、平行导线电极、聚焦电极和 3 块电极对应的描绘板，实验仪如图 3.8.4 所示. 描绘支架采用辅助塑料进行标注，标注完成后移植到白纸上，可重复使用. 电极已直接制作在导电微晶上，并将电极引线接出到外接线柱上，电极间制作有导电率远小于电极且各向均匀的导电介质. 接通直流电源(电源可调节且数字显示)就可以进行实验.

静电场描绘实验仪使用方法如下.

(1)接线：数控直流稳压电源输出的正极接线柱(红)、负极接线柱(黑)分别用红色和黑色的迭插对线连接描绘架的正极接线柱(红)、负极接线柱(黑)，稳压电源的数字电压表电压输入的正极(红)接探针，负极

笔记栏

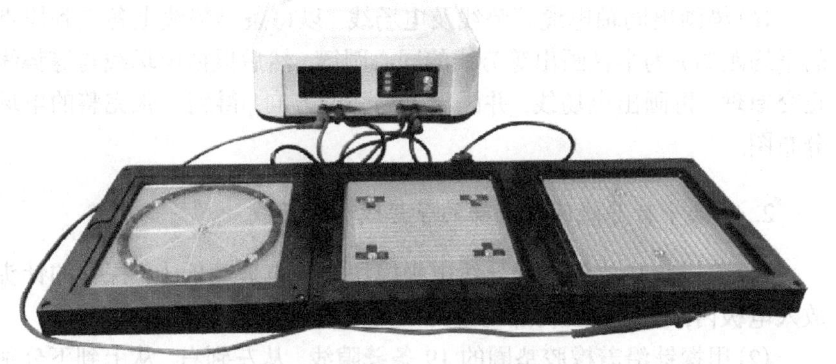

图 3.8.4　GCJDM-A 型静电场描绘实验仪

(黑)可不接探针. 将探针放好, 打开电源开关, 先调节电源到需要的电压值, 即可进行测量;

(2) 测量: 先将探针移动到 0 V 测试点, 电压表数字显字为 0 V, 移动探针至另一电极上, 数字显电压值与设置电源电压值一致, 一般常用 5 V. 然后移动探针, 则显示电压读数随着运动而变化. 如要测 0～5 V 的任何一条等势(位)线, 一般至少选某一电压数值相同的 8～10 个点, 再将这些点连成光滑的曲线即可得到此等势线;

(3) 实验前需在描绘支架上先铺好橡胶垫, 橡胶垫有对应的限位, 放到位后可仿真移动, 当显示读数认为需要记录时, 用记号笔在橡胶垫上做好标记, 为实验清晰快捷, 每等势线测量并记录至少 8～10 点, 然后将橡胶垫放置到白纸上描绘出标记点, 连接即可形成某电位的等势线;

(4) 画出等势线后, 再做出电场线. 做电场线时要注意: 电场线与等势线正交, 导体表面是等势面, 电场线垂直于导体表面, 电场线发自正电荷而中止于负电荷, 疏密要表示出场强的大小, 根据电极正、负画出电场线方向.

3.8.4　实验内容与步骤

1. 描绘同轴电缆静电场的等势线和电场线

(1) 按要求连接好电路, 检查无误后接通电源;

(2) 将橡胶垫放到同轴电缆电极模块盒导电玻璃板上, 探针的针头放入电极内;

(3) 调节输出电源电压, 将电源输出电压调整到 6.00 V, 设置电流调为 3 A;

(4) 用探针沿着橡胶垫圈的 8 条缝隙线, 从里向外移动找到电势分别为 1.00 V、2.00 V、3.00 V、4.00 V、5.00 V 的点并做标记;

(5) 取下橡胶垫, 在白纸上描绘标记点, 用直尺测出 $2r_a$ 和 $2r_b$ 的值及圆心到各等势点的半径记入数据处理的表 3.8.2 中;

笔记栏

(6)描画出同轴电缆等势线及电场线. 以每条等势线上各点到原点的平均距离 r 为半径画出等势线的同心圆簇. 然后根据电场线与等势线正交原理, 再画出电场线, 并画出电场强度方向, 得到一张完整的电场分布图.

2. 描绘平行导线间静电场的等势线和电场线

(1)将橡胶垫放到平行导线电极模块盒导电玻璃板上, 探针的针头放入电极内, 输出电压仍然调整为 6.00 V;

(2)用探针沿着橡胶垫圈的 19 条缝隙线, 从左到右, 从上到下分别找到电势为 1.00 V、2.00 V、3.00 V、4.00 V、5.00 V 点并做标记, 没有的电势点可不标记. 取下橡胶垫, 在白纸上描绘标记点. 找到两电极所在的位置并压印在白纸上;

(3)重复描绘同轴电缆的静电场的等势线和电场线中步骤(5)和(6), 描画出平行导线间静电场的等势线及电场线.

3. 描绘聚焦电极静电场的等势线和电场线

(1)将橡胶垫放到聚焦电极模块盒上导电玻璃板, 探针的针头放入电极内, 输出电压仍然调整为 6.00 V;

(2)用探针沿着橡胶垫圈的 14 条缝隙线, 从左到右, 从上到下分别找到电势为 1.00 V、2.00 V、3.00 V、4.00 V、5.00 V 点并做标记, 没有的电势点可不标记. 取下橡胶垫, 在白纸上描绘标记点. 找到四电极所在的位置并压印在白纸上;

(3)重复描绘同轴电缆的静电场的等势线和电场线中步骤(5)和(6), 描画出聚焦电极静电场的等势线及电场线.

3.8.5 数据处理

1. 数据记录表格

完成表 3.8.2 和 3.8.3 数据, 用直尺测同轴电缆中圆柱形导体直径 $2r_a =$ ________cm, 筒形导体 B 内直径 $2r_b =$ ________cm.

表 3.8.2 同轴电缆静电场中各等势点的半径

测量电压 U_r/V	等势点半径 r_i/cm						平均值 $\overline{r_i}$ /cm
	1	2	3	4	5	6	
1.00							
2.00							
3.00							
4.00							
5.00							

笔记栏

表 3.8.3 同轴电缆静电场中各等势点电势计算

数据		电势 U_r/V				
		1.00	2.00	3.00	4.00	5.00
半径 r_i/cm	实验值 $\overline{r_i}$					
	理论值 r_i					

实验中同轴圆柱面电极中导体 A 电势为 0，圆筒形导体 B 的电势 $U_b = 6$ V，与原理中的正负极极性相反，根据欧姆定律微分形式可推出：$r = r_a\left(\dfrac{r_b}{r_a}\right)^{\frac{U_r}{U_b}}$，计算 U_r 对应的半径理论值 r.

2. 处理

(1) 描画出同轴电缆、平行导线间、聚焦电极静电场的等势线和电场线.

(2) 用作图法在同一张图上作理论值 r_i-U_r 和实验值 $\overline{r_i}$-U_r 的关系曲线，比较两条曲线，验证测量结果.

3.8.6 实验思考题

1. 根据测绘所得等势线和电力线分布，分析哪些地方场强较强，哪些地方场强较弱？

2. 从实验结果能否说明电极的电导率远大于导电介质的电导率？如不满足这条件会出现什么现象？

3. 在描绘同轴电缆的等势线簇时，如何正确确定圆形等势线簇的圆心，如何正确描绘圆形等势线？

3.9 电子运动及电子比荷测量

电子具有一定的质量与电量，它在电场或磁场中运动时会受到电场和磁场的作用，使自己的运动状态发生变化，产生聚焦或偏转现象. 电子比荷是电子的电荷 e 与电子质量 m 之比. 电子比荷是物理学中一个很重要的物理量，它的测定在近代物理学发展史上占有重要的地位. 测量电子比荷的方法很多，如磁聚焦法、汤姆孙法、滤速器法和磁控管法等. 本实验采用磁聚焦法测量电子的比荷.

3.9.1 实验目的

(1) 进一步熟悉示波管的结构和功能.

(2) 掌握电子在电场和磁场中的运动规律及电、磁聚焦和电、磁偏转的基本原理.

(3) 学习电子电、磁聚焦和电、磁偏转的实验方法，并用磁聚焦法测量电子比荷.

笔记栏

3.9.2 实验原理

实验所用的示波管的构造如图 3.9.1 所示. 阴极 K 是一个表面涂有氧化物的金属圆筒, 经灯丝加热后可以发射自由电子. 电子在外电场作用下定向运动形成电子流. 栅极 G 为顶端开有小孔的圆筒, 其电位比阴极低, 使阴极发射出来具有一定初速度的电子在电场作用下减速. 初速小的电子被斥返回阴极, 初速大的电子可以穿过栅极小孔射向荧光屏. 这样调节栅极电压可以控制射向荧光屏的电子数量, 从而控制荧光屏上光点的亮度, 这就是亮度调节.

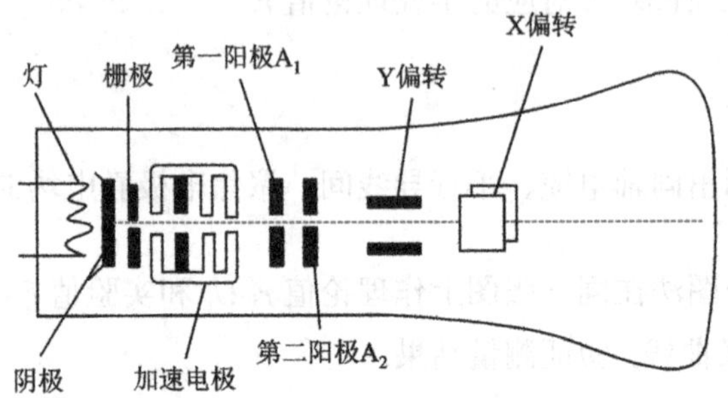

图 3.9.1 示波管构造

1. 电偏转

电子从阴极发射出来时, 可以认为它的初速度为零. 电子枪内阳极 A_2 相对阴极 K 具有几百甚至几千伏的加速正电位 U_2. 它产生的电场使电子沿轴向加速. 电子从速度为 0 到达 A_2 时速度为 v. 由能量关系有 $\frac{1}{2}mv^2 = eU_2$, 所以

$$v = \sqrt{\frac{2eU_2}{m}} \tag{3.9.1}$$

过阳极 A_2 的电子具有 v 的速度进入两个相对平行的偏转板间. 若在两个偏转板上加上电压 U_d, 两个平行板间距离为 d. 则平行板间的电场强度 $E = \frac{U_d}{d}$, 电场强度的方向与电子速度 v 的方向相互垂直.

设电子的速度方向为 z, 电场方向为 x(或 y) 轴. 当电子进入平行板空间时, $t_0 = 0$, 电子速度为 v, 此时有 $v_z = v$, $v_x = 0$. 设平行板的长度为 b, 电子通过 b 所需的时间为 t, 则有

$$t = \frac{b}{v_z} = \frac{b}{v} \tag{3.9.2}$$

电子在平行板间受电场力的作用, 电子在与电场平行的方向产生的加速度为 $a_x = \frac{-eE}{m}$. 其中 e 为电子的电量, m 为电子的质量, 负号表示加速度 a_y 方向与电场方向相反. 当电子射出平行板时, 在 x 方向电子

笔记栏

偏离轴的距离为$x_1=\frac{1}{2}a_x t^2=\frac{1}{2}\frac{eE}{m}t^2$，将$t=\frac{b}{v}$代入得$x_1=\frac{1}{2}\frac{eE}{m}\frac{b^2}{v^2}$，再将$v=\sqrt{\frac{2eU_2}{m}}$代入得

$$x_1=\frac{1}{4}\frac{U_d}{U_2}\frac{b^2}{d} \tag{3.9.3}$$

由图3.9.2可知，电子在荧光屏上偏转距离$D=x_b+x_l=x_1+l\text{tg}\theta$，又$\text{tg}\theta=\frac{v_x}{v_z}=\frac{a_x t}{v}=\frac{U_d b}{2U_2 d}$，将式(3.9.3)代入得

$$D=\frac{1}{2}\frac{U_d b}{U_2 d}\left(\frac{b}{2}+l\right) \tag{3.9.4}$$

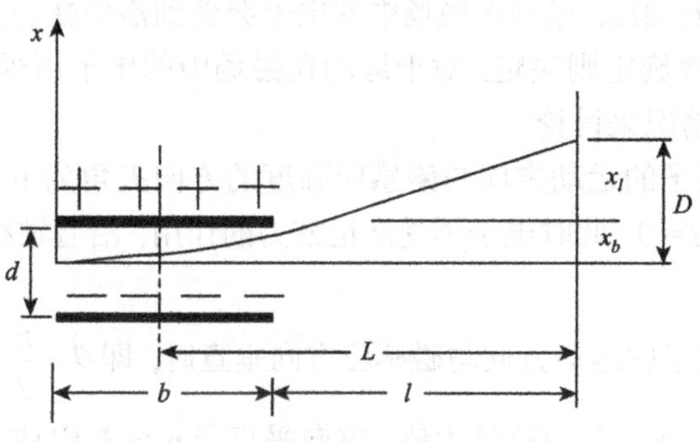

图3.9.2 电子的偏转运动

从式(3.9.4)可看出，偏转量D随U_d增加而增加，与$\frac{b}{2}+l$成正比，并与U_2和d成反比.

2. *磁偏转*

电子通过A_2后，若在垂直于z轴的y方向放置一个均匀磁场，那么以速度v飞越的电子在x方向上也将发生偏转. 由于电子受洛伦兹力$\boldsymbol{f}=-e(\boldsymbol{v}\times\boldsymbol{B})$，大小不变，方向与速度方向垂直，所以电子在$\boldsymbol{f}$的作用下做匀速圆周运动，洛伦兹力就是向心力，有$e\boldsymbol{vB}=m\boldsymbol{v}^2/R^2$，所以$R=m\boldsymbol{v}/e\boldsymbol{B}$. 电子离开磁场将沿切线方向飞出，直射荧光屏.

3. *电聚焦*

电子射线束的聚焦是所有射线管如示波管、显像管和电子显微镜等都必须解决的问题. 在阴极射线管中，阴极被灯丝加热发射电子. 电子受阳极产生的正电场作用而加速运动，同时又受栅极产生的负电场作用只有一部分电子能通过栅极小孔而飞向阳极. 改变栅极电位能控制通过栅极小孔的电子数目，从而控制荧光屏上的辉度. 当栅极上的电位负到一定的程度时，可使电子射线截止，辉度为零. 聚焦阳极和第二阳极是由同轴的金属圆筒组成. 由于各电极上的电位不同，在它们之间形成了弯曲的等位面、电力线. 这样就使电子束的路径发生弯曲，类似光

笔记栏

线通过透镜那样产生了会聚和发散，这种电子组合称为电子透镜. 改变电极间的电位分布，可以改变等位面的弯曲程度，从而达到了电子透镜的聚焦.

4. *磁聚焦和磁聚焦侧电子比荷*

置于长直螺线管中的示波管，在不受任何偏转电压的情况下，示波管正常工作时，调节亮度和聚焦，可在荧光屏上得到一个小亮点. 若第二加速阳极 A_2 的电压为 U_2，则电子的轴向运动速度用 $v_{//}$表示. 由式(3.9.1)有 $v_{//}=\sqrt{\dfrac{2eU_2}{m}}$. 为了使电子在垂直于 $\boldsymbol{B}$ 的方向上有一个速度分量，我们在靠近阴极的Y偏转板上，加一个交变电压，使电子的运动方向稍微偏离螺线管的轴线. 运动在磁场中的电子会受到洛伦兹力的作用，它的方向由右手螺旋定则决定. 对于运动在磁场中的电子所受的洛伦兹力，分以下三种情况来讨论.

(1) 当电子的运动方向与磁感应强度的方向夹角为 0 时，即 $\theta=0$，$\sin\theta=0$，则 $f=0$. 此时电子不受洛伦兹力的作用，沿着轴线方向做匀速直线运动.

(2) 当电子的运动方向与磁感应方向垂直时，即 $\theta=\dfrac{\pi}{2}$，$\sin\theta=1$，则 $\boldsymbol{f}=e\boldsymbol{vB}$，此时洛伦兹力有最大值，方向垂直于 $\boldsymbol{v}$ 与 $\boldsymbol{B}$ 组成的平面，电子在洛伦兹力的作用下，做匀速圆周运动，如图3.9.3所示，则有电子圆周运动的半径 R 和周期 T 分别为

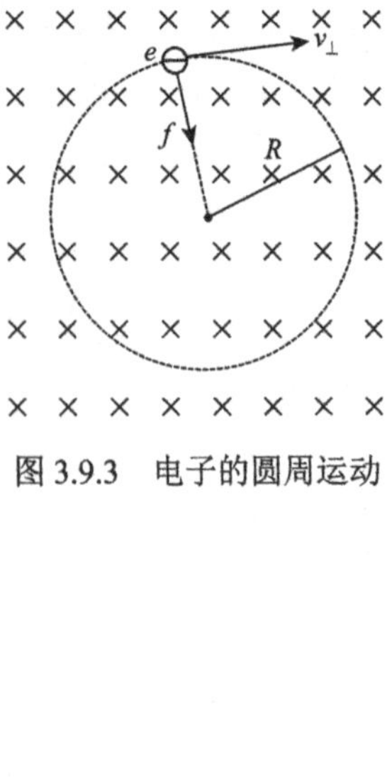

$$R=\frac{v}{(e/m)B},\quad T=\frac{2\pi}{(e/m)B}\tag{3.9.5}$$

图 3.9.3 电子的圆周运动

可见，当磁感应强度 $\boldsymbol{B}$ 一定时，R 与 v 成正比；而电子运动周期 T 与速度 v 无关.

(3) 当电子的运动方向 $\boldsymbol{v}$ 与磁场 $\boldsymbol{B}$ 有一个夹角 θ 时，将电子的速度分解成两个相互垂直的分量，按运动独立性来分析. ①对 $v_{//}$ 分量，由于电子的运动方向与磁感应强度的方向夹角为 0，电子不受洛伦兹力的作用，以速度 $v_{//}$ 做匀速直线运动；②对 $v_{\perp}$ 分量，电子的运动方向与磁感应方向垂直，电子在垂直于 $v_{\perp}$ 和 B 组成的平面内做圆周运动；③综合这两种情况，电子一方面眼螺线管的轴线做匀速直线运动飞向荧光屏，一方面又在垂直于 $v_{//}$ 的平面内做圆周运动，它的运动轨迹为螺旋线，如图 3.9.4 所示. 表示电子的螺旋运动的参量是以下参量:

圆周的半径
$$R=\frac{v_{\perp}}{(e/m)B}\tag{3.9.6}$$

圆周的周期
$$T=\frac{2\pi}{(e/m)B}\tag{3.9.7}$$

螺旋运动的螺距
$$h=v_{//}T=\frac{2\pi v_{//}}{(e/m)B}\tag{3.9.8}$$

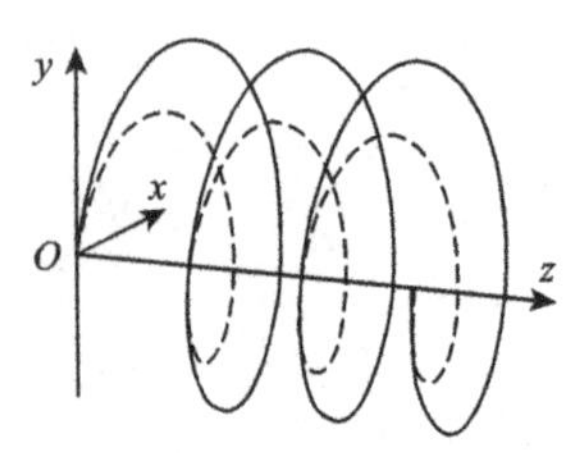

图 3.9.4 电子的螺旋运动

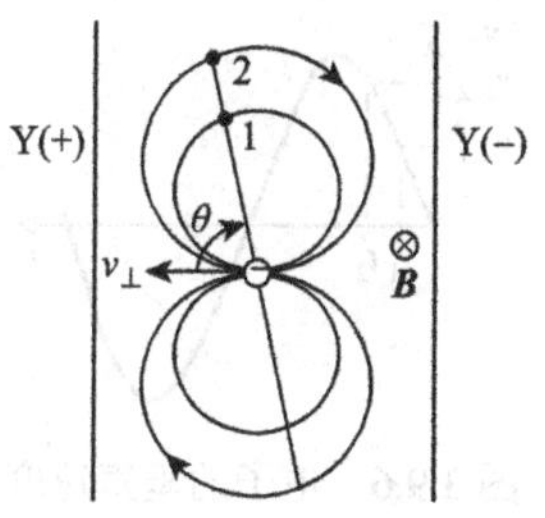

图 3.9.5 电子的磁聚焦原理

由式(3.9.6)～式(3.9.8)可以得到结论：对于同一时刻和同一位置发出的电子，尽管它们的速度 $\boldsymbol{v}$ 各不相同，轨道也不相同，但只要 $\boldsymbol{B}$ 一定，它们绕螺旋轨道一周的时间 T 是相同的，如果 $v_{//}$ 也相同，那么螺距 h 也相同. 这就是说，从同一点发出的电子，在上述条件下，经过相同的周期 $T, 2T, \cdots$后，都将会聚于距原出发点为 $h, 2h, \cdots$的位置，如图 3.9.5 所示，这就是磁聚焦的基本原理.

实验中，$v_{//}, \boldsymbol{B}, h$ 的测量原理如下：在示波管中，从阴极发射出的电子，在阳极加速电压 U 的作用下，电子获得较大的动能，根据动能定理：$\frac{1}{2}mv_{//}^2 = eU$，得电子的速度为

$$v_{//} = \sqrt{\frac{2eU}{m}} \tag{3.9.9}$$

将式(3.9.9)代入式(3.9.8)，得电子的比荷为

$$\frac{e}{m} = \frac{8\pi^2 U}{h^2 B^2} \tag{3.9.10}$$

螺线管中部的磁感应强度的计算公式为

$$B = \frac{\mu_0 NI}{\sqrt{L^2 + D^2}} \tag{3.9.11}$$

将式(3.9.11)代入式(3.9.10)，得

$$\frac{e}{m} = \frac{8\pi^2 (L^2 + D^2)}{(\mu_0 Nh)^2} \frac{U}{I^2} = \frac{(L^2 + D^2)}{2\times 10^{-14} N^2 h^2} \frac{U}{I^2} \tag{3.9.12}$$

式中: N 是螺线管的总匝数; L 和 D 是螺线管的长度和直径; h 是示波管偏转板靠近电子枪一端与荧光屏的距离，具体数据仪器上的铭牌有标示或者由实验室给出. 测出相应的聚焦电流就可求得电子的比荷.

如何判定聚焦电流呢？当打开示波管电源并使示波管偏转板接地，即不加偏转电压时，电子束将沿直线运动，则示波管荧光屏中心将出现一个亮点. 即使给螺线管通电，即加上匀强磁场后，电子束的运动方向也不会改变. 但当给 Y 偏转板加上交变电压后，示波管荧光屏上会出现一条直线(若 Y 偏转板左右放置，则荧光屏上为一条水平直线). 当再给螺线管通电并使电流不断增大，则可看见荧光屏上的直线边旋转边缩短最后聚焦为一点，此时通过螺线管的电流就是聚焦电流 I.

由于交变电压的大小和方向时刻随时间变化，它使先后通过 Y 偏转板的电子获得的速度垂直分量 $v_\perp$大小也在改变，但电子的速度平行分量 $v_{//}$不变，因此电子在磁场中作相同螺距、不同半径的螺旋运动. 如图 3.9.5 所示，设一对 Y 偏转板左右放置，磁场方向向里，则加在偏转板上的电压为正半周期(左板为正极)时，电子在中心轴线上侧作偏切于轴的不同半径的顺时针螺旋运动. 对电压的负半周期，电子在中心轴下侧作偏切于中心轴的不同半径的顺时针螺旋运动. 比如，考虑两个特定的电子 1、电子 2，它们分别在 t_1 和 t_2 时刻通过 Y 偏转板起点，速度垂

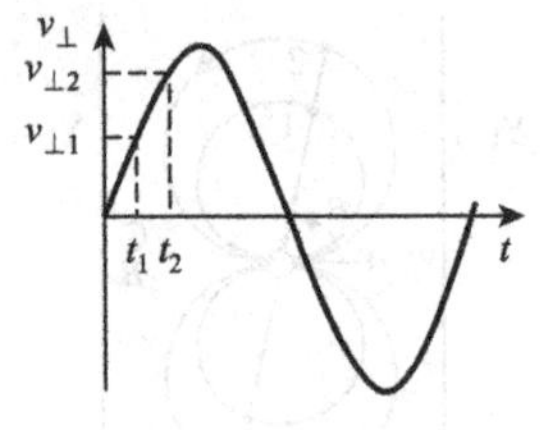

图 3.9.6　电子的垂直速度分量随时间的变化

直分量 $v_{\perp2}>v_{\perp1}$，如图 3.9.6 所示，则两电子的螺旋运动半径 $R_2>R_1$，任意时刻两电子对中心点的连线与 $v_\perp$的夹角(圆切角 θ)完全相同(因为电子做螺旋运动的角速度相同)，即不同螺旋半径的电子总在图 3.9.5 中的一条直线上. 只不过电子 1 比电子 2 先到达荧光屏，由于荧光屏的余辉效应，所以电子打在荧光屏上显示为一条直线.

当励磁电流 I 较小时，它产生的磁感应强度 B 较小，电子做螺旋运动的螺距较大，且圆周运动的半径 R 也大，因此荧光屏上是一条较长的直线. 当增加励磁电流 I 时，螺旋运动的半径 R 减小，荧光屏上的亮线缩短，螺距也不断缩小，使直线旋转. 当螺距减小到正好为 Y 偏转板到荧光屏的距离 h 时，电子束会聚到一点，实现了第一次聚焦. 此时的励磁电流 I 就是聚焦电流. 如果继续增大励磁电流，那么荧光屏上直线会变长、旋转、缩短进而实现第二次聚焦. 进一步还可实现第三次聚焦……相应的螺距为 $h/2, h/3, \cdots$.

3.9.3　实验仪器

DH45212 型电子比荷测试仪，示波管，电源线 1 根，10 芯专用电缆 1 根，52 康尼线 4 根. DH4521 型电子比荷测试仪面板如图 3.9.7 所示.

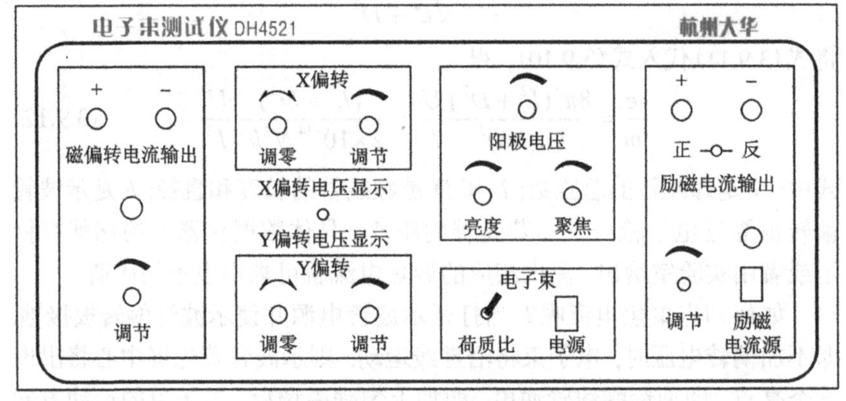

图 3.9.7　电子比荷测试仪面板图

图 3.9.8 为电子比荷实验仪器图，螺线管与示波管同轴地安装在一起，当螺线管通以励磁电流时，管内将产生匀强磁场，示波管发射的电子将在此磁场中做螺旋运动. 由于可能有地磁场的影响，我们在实验中要给螺线管通以正、反向电流，通过计算平均电流来抵消地磁场的影响. 示波管的基本结构为：F 是通低压(6.3 V)的灯丝，它给发射电子的阴极 K 加热. K 是一个表面涂有氧化物的金属圆筒，被加热后发射电子. G 为控制栅极，它相对 K 的电位为负，因此只有具有一定初速的电子才能通过栅极. 通过改变栅极的电位，可以控制通过栅极的电子数，从而控制到达荧光屏的电子数，改变荧光屏的亮度，在电子比荷测定仪面板上的辉度调节就是控制栅极电位的. 阳极 A_2 既加速电压又对电子束聚焦，测定仪面板上的聚焦就是来改变 A_2 的电位的. 阳极 A_1 主要是加速电压，

笔记栏

测定仪面板上的电压调节和电压细调就是改变它的电位的. 两对偏转电极 Y 和 X 可使电子束偏离原直线轨道运动, 一般加在偏转电极上的电压为交变电压, 因此电子束将打在荧光屏上的不同位置, 称为扫描信号电压, 由于荧光粉的余辉效应, 在示波管上就会看到一条连续的曲线. 本实验测电子比荷只用到 Y 偏转, 因此给 Y 偏转加上电压后, 会看到示波管中的一条水平直线.

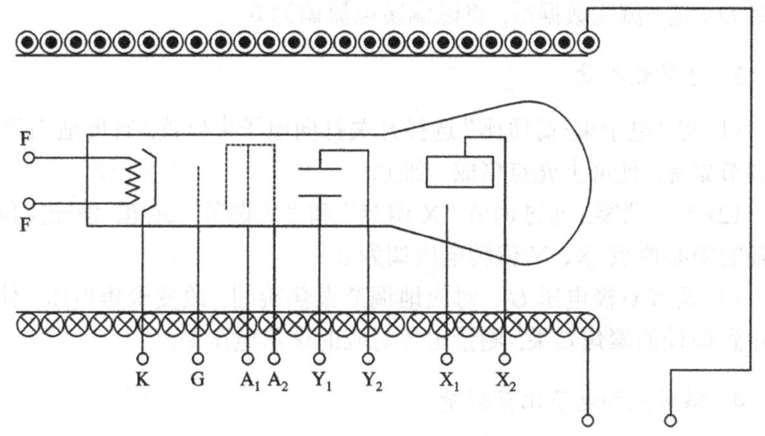

图 3.9.8 电子比荷实验仪器图

3.9.4 实验内容和步骤

1. *电偏转测量*

(1) 先用专用 10 芯电缆连接测试仪和示波管, 再开启电源开关, 将"电子束-荷质比"选择开关打向电子束位置, 辉度适当调节, 并调节聚焦, 使屏上光点聚成一细点. 应注意: 光点不能太亮, 以免烧坏荧光屏.

(2) 光点调零, 将面板上钮子开关打向 X 偏转电压显示, 调节"X 调节"旋钮, 使电压表的指针在零位, 再调节"X 调零"旋钮, 使光点位于示波管垂直中线上; 同 X 调零一样, 将面板上钮子开关打向 Y 偏转电压显示, 先调节"Y 调节"旋钮, 使电压表的指针在零位, 再调节"Y 调零"旋钮, 光点位于示波管的中心原点.

(3) 测量偏转量 D 随电偏转电压 U_d 变化: 调节阳极电压旋钮, 给定阳极电压 $U_2 = 600$ V. 将电偏转电压表显示打到显示 X 偏转调节, 改变 U_d 测一组 D 值 (D 值可间隔 3 个最小刻度改变 1 次), 测完数据后, 将电偏转电压调为 0.

(4) 调节阳极电压旋钮, 给定阳极电压 $U_2 = 700$ V. 将电偏转电压表显示打到显示 Y 偏转调节, 改变 U_d 测一组 D 值 (D 值可间隔 3 个最小刻度改变 1 次), 测完数据后, 将电偏转电压调为 0.

2. *磁偏转测量*

(1) 将"电子束-荷质比"选择开关打向电子束位置, 辉度适当调节, 并调节聚焦, 使屏上光点聚成一细点.

笔记栏

(2) 光点调零，通过调节“X 调节”和“Y 调节”旋钮，使光点位于 Y 轴的中心原点，X、Y 偏转电压调为 0.

(3) 测量偏转量 D 随磁偏转电流 I 的变化，给定 $U_2 = 600$ V，将磁偏转电流输出与磁偏转电流输入相连，调节磁偏转电流调节旋钮(改变磁偏转线圈电流的大小)测量一组 D 值(D 值可间隔 2 个最小刻度改变 1 次)，测完数据后，将磁偏转电流调为 0；改变磁偏转电流方向，再测一组 D-I 值，测完数据后，将磁偏转电流调为 0.

3. 电聚焦测量

(1) 将“电子束-荷质比”选择开关打向电子束位置，辉度适当调节，并调节聚焦，使屏上光点聚成一细点.

(2) 光点调零，通过调节“X 调节”和“Y 调节”旋钮，使光点位于 Y 轴的中心原点，X、Y 偏转电压调为 0.

(3) 调节阳极电压 U_2，对应地调节聚焦旋钮，改变聚焦电压，使光点达到最佳的聚焦效果，测量出各对应的聚焦电压 U_1.

4. 磁聚焦和电子比荷测量

(1) 将“电子束-荷质比”开关置于荷质比方向，此时荧光屏上出现一条直线，阳极电压调到 700 V.

(2) 将励磁电流部分的调节旋钮逆时针方向调节到头，并将励磁电流输出与励磁电流输入相连(连接螺线管)，开启励磁电流源开关.

(3) 电流换向开关打向正向，调节输出调节旋钮，逐渐加大电流使荧光屏上的直线一边旋转一边缩短，直到出现第一个小光点，读取此时对应的电流值 $I_{正}$，然后将电流调为零. 再将电流换向开关打向反向(改变螺线管中磁场方向)，重新从零开始增加电流使屏上的直线反方向旋转并缩短，直到再得到一个小光点，读取此时电流值 $I_{反}$，在 700 V 电压下，正反电流重复 1 次.

(4) 改变阳极电压为 750 V，重复步骤(3)，直到阳极电压调到 950 V 为止.

3.9.5 数据处理

1. 电偏转灵敏度(表 3.9.1)

表 3.9.1 不同阳极电压下，X 轴和 Y 轴电偏转灵敏度测量表

$U_2 = 600$ V, X 轴电偏转
D_x
U_d/V
$U_2 = 700$ V, Y 轴电偏转
D_y
U_d/V

笔记栏

作 $D\text{-}U_d$ 图，求出曲线斜率，即为不同阳极电压下 X 轴和 Y 轴电偏转灵敏度.

X 轴电偏转灵敏度 S_X =______V/格，Y 轴电偏转灵敏度 S_Y =______V/格

2. 磁偏转灵敏度(表 3.9.2)

表 3.9.2　磁偏转灵敏度测量表

$U_2=600$ V，正向
D
I/mA
$U_2=600$ V，反向
D
I/mA

作 $D\text{-}I$ 图，求出曲线斜率，即为磁偏转灵敏度.

磁偏转灵敏度 S_I = __________mA/格

3. 电聚焦比值(表 3.9.3)

表 3.9.3　电聚焦比值

数据	U_2/V					
	600	700	800	900	1000	1100
U_1/V						
U_2/U_1						

电聚焦比值的平均值 $\overline{\dfrac{U_2}{U_1}}=\dfrac{\sum\limits_{i=1}^{6}\left(\dfrac{U_2}{U_1}\right)_i}{6}=$__________.

4. 电子比荷测量

(1) 电子比荷数据记录(表 3.9.4).

表 3.9.4　电子比荷数据记录表

次数	电压/V	电流 1/A		电流 2/A		电流平均/A	电子比荷 e/m
		正向	反向	正向	反向		
1	700						
2	750						
3	800						
4	850						
5	900						
6	950						

由仪器的铭牌的标示可得：螺线管的长度 $L=0.235$ m，直径 $D=0.092$ m，示波管偏转板靠近电子枪一端与荧光屏的距离 $h=0.135$ m，螺线管的总匝数 $N=535$.

笔记栏

(2) 计算电子比荷 e/m 和误差.

由于每次测量的条件并不完全相同，所以只能求出每次的电子荷质比 e/m 的值，然后求平均：

$$\overline{e/m}=\frac{\sum_{i}^{6}(e/m)}{6}=\_\_\_\_\_\_\_\_\_\text{C/kg}$$

标准偏差 $$S_{(e/m)}=\sqrt{\frac{\sum_{i}^{6}((e/m)_i-\overline{e/m})^2}{6-1}}=\_\_\_\_\_\_\_\_\_\text{C/kg}$$

不考虑电子比荷 e/m 的值的 B 类不确定度，则 $U_{(e/m)}=S_{(e/m)}$，可得

$$e/m=\overline{e/m}\pm U_{(e/m)}=\_\_\_\_\_\_\_\_\_\text{C/kg}$$

已知电子比荷 e/m 的公认值 $e/m=1.758\,804\,7\times10^{11}$ C/kg，则相对误差为

$$\frac{|(e/m)-\overline{e/m}|}{e/m}\times100\%=\_\_\_\_\_\_\_\_\_$$

3.9.6 实验注意事项

(1) 在实验过程中，光点不能太亮，以免烧坏荧光屏.

(2) 实验通电前，用专用 10 芯电缆连接测试仪和示波管.

(3) 在改变螺线管励磁电流方向或磁偏转电流方向时，应先将电流调到最小后再换向.

(4) 改变阳极电压 U_2 后，光点亮度会改变，这时应重新调节亮度，若调节亮度后加速电压有变化，再调到现定的电压值.

(5) 励磁电流输出中有 10 A 保险丝，磁偏转电流输出和输入有 0.75 A 保险丝用于保护.

(6) 切勿在通电的情况下拆卸面板对电路进行查看或维修，以免发生意外.

3.9.7 实验思考题

1. 在测量中，开关指向荷质比时，亮点为什么变成亮线？测比荷时，为什么要将螺线管的磁化电流反向？

2. 实验测数据的过程中，影响测量结果的主要因素有哪些？

3.10 亥姆霍兹线圈中磁场的测量

测量磁场的方法有很多，常用的有电流天平法、霍尔效应法、电磁感应法、汤姆孙法等. 其中使用电磁感应法测量磁场最为简单，并且这种磁场测量方法在工程运用和科学实验中应用十分广泛. 本实验利用电磁感应法来测亥姆霍兹线圈周围的磁场.

笔记栏

3.10.1　实验目的

(1) 了解亥姆霍兹线圈的结构和工作原理.

(2) 了解电磁感应法测量磁场的原理，掌握载流圆线圈和亥姆霍兹线圈轴线磁场的测量方法.

(3) 掌握亥姆霍兹线圈轴线上磁场的分布规律，并能描绘亥姆霍兹线圈空间磁场的分布.

3.10.2　实验原理

1. *载流圆线圈和亥姆霍兹线圈的磁场*

一半径为 R，匝数为 N_0 的圆线圈通以电流 I 时，在轴线上离圆心 x 处任一点的磁感应强度为

$$B=\frac{\mu_0}{2}\frac{N_0R^2I}{(R^2+x^2)^{3/2}} \tag{3.10.1}$$

本实验取 $N_0=400$ 匝，$R=105$ mm. 当 $f=120$ Hz，$I=60$ mA（有效值）时，在圆心 $O(x=0)$ 处，可算得单个线圈的磁感应强度 $B=0.144$ mT.

亥姆霍兹线圈是由两个平行且共轴的相同线圈组成的，线圈通以同方向电流时，当线圈间距 a 等于线圈半径 R 时，两线圈的合磁场在两线圈圆心连线附近较大范围内是均匀的. 由式(3.10.1)和叠加原理可知，在亥姆霍兹线圈轴线上距离中心点 O 为 x 处的磁感应强度为

$$B=\frac{\mu_0}{2}\frac{N_0R^2I}{\left[R^2+\left(\frac{R}{2}+x\right)^2\right]^{3/2}}+\frac{\mu_0}{2}\frac{N_0R^2I}{\left[R^2+\left(\frac{R}{2}-x\right)^2\right]^{3/2}} \tag{3.10.2}$$

在亥姆霍兹线圈轴线上中心 O 处坐标 $x=0$，磁感应强度为

$$B_O=0.7155\frac{\mu_0N_0I}{R}$$

本实验取 $N_0=400$ 匝，$R=105$ mm. 当 $f=120$ Hz，$I=60$ mA（有效值）时，在中心 O 处 $x=0$，可算得亥姆霍兹线圈（两个线圈的合成）磁感应强度为 $B=0.206$ mT.

2. *电磁感应法测量磁场的原理*

由交流信号驱动的线圈会产生交变磁场，设磁场强度的瞬时值 $B_i=B_m\sin\omega t$，把一个探测线圈放在这个磁场中，通过这个探测线圈的有效磁通量为

$$\Phi=\boldsymbol{B}_i\cdot\boldsymbol{S}=NSB_m\sin\omega t\cos\theta \tag{3.10.3}$$

式中：N 为探测线圈的匝数；S 为该线圈的截面积；θ 为法线 n 与磁场 B 之间的夹角，线圈产生的感应电动势为

$$\varepsilon=-\frac{\mathrm{d}\Phi}{\mathrm{d}t}=-NS\omega B_m\cos\omega t\cos\theta=-\varepsilon_m\cos\omega t \tag{3.10.4}$$

式中：$\varepsilon_m=NS\omega B_m\cos\theta$ 是线圈法线和磁场成 θ 角时，感应电动势的幅

笔记栏

值. 当 $\theta=0°$时, 感应电动势的幅值最大, $\varepsilon_m=\varepsilon_{max}=NS\omega B_m$. 如果用数字式毫伏表来测量此时线圈的电动势, 那么毫伏表的读数 $U=\varepsilon_{max}/\sqrt{2}$, 此时线圈中的磁场有效值 B 为

$$B=\frac{B_m}{\sqrt{2}}=\frac{U}{NS\omega} \tag{3.10.5}$$

实验中由于磁场的不均匀性, 这就要求探测线圈要尽可能地小. 实际的探测线圈又不可能做得很小, 否则会影响测量灵敏度. 一般设计的线圈长度 L 和外径 D 要求满足 $L=2D/3$ 的关系, 线圈的内径 d 与外径 D 满足 $d\leqslant D/3$ 的关系, 线圈在磁场中的等效面积 S 可用下式表示:

$$S=\frac{13}{108}\pi D^2 \tag{3.10.6}$$

这样的线圈测得的平均磁感应强度可以近似看成是线圈中心点的磁感应强度. 将式(3.10.6)代入式(3.10.5)得

$$B=\frac{54}{13\pi^2ND^2f}U \tag{3.10.7}$$

本实验的 $D=0.012$ m, $N=1000$ 匝. 将不同的频率 f 代入式(3.10.7)就可得出 B 值为

$$B=\frac{54}{13\pi^2ND^2f}U=2.926\frac{U}{f} \tag{3.10.8}$$

例如: 当 $I=60$ mA, $f=120$ Hz 时, 交流毫伏表读数为 5.95 mV, 则可根据式(3.10.8)求得单个线圈的磁感应强度 $B=0.145$ mT.

3.10.3 实验仪器

DH4501 亥姆霍兹线圈磁场实验仪, 实验仪包括励磁线圈架和测量仪, 导线若干.

1. *励磁线圈架*

亥姆霍兹线圈架上有一长一短两个移动装置, 慢慢转动手轮, 移动装置上装的测磁传感器盒随之移动, 就可将装有探测线圈的传感器盒移动到指定的位置上. 用手转动传感器盒的有机玻璃罩就可转动探测线圈, 改变测量角度. 两个励磁线圈有效半径为 105 mm, 单个线圈匝数为400匝, 两线圈中心间距为105 mm. 励磁线圈架中有一传感器盒, 盒中装有用于测量磁场的感应线圈, 线圈匝数为 1000 匝, 旋转角度 360°. 整个传感器盒横向移动范围250 mm, 纵向移动范围70 mm, 距离分辨率 1 mm.

注意: 移动装置移动时要与两端保持距离, 到达尽头时不要再用力转动手轮, 以免损坏部件.

2. *测量仪与励磁线圈间的接线*

测量仪中励磁电流频率调节范围20～200 Hz, 频率分辨率0.1 Hz, 励磁电流大小调节范围 0～200 mA. 实验接线方法如表 3.10.1 所示.

笔记栏

表 3.10.1　实验接线方法

测量仪面板	连接方式	线圈架面板
感应电压(红)	直接连接	输出电压(红)
感应电压(黑)	直接连接	输出电压(黑)
激励电流(红)	直接连接	励磁线圈(左红)
激励电流(黑)	选择连接	励磁线圈(左黑)，测左侧单个线圈磁场 励磁线圈(右黑)，测亥姆霍兹线圈磁场

3.10.4　实验内容和步骤

1. 测量左侧圆电流线圈轴线上磁场的分布

(1) 打开电源预热 10 min，预热过程中熟悉亥姆霍兹线圈架和磁场测量仪上各个接线端子，并按表 3.10.1 连线，其中激励电流黑线连接励磁线圈左黑接线柱.

(2) 调节仪器：①转动励磁线圈架上传感器盒的有机玻璃罩，使其角度为 0°. ②转动两个手轮，将装有探测线圈的传感器盒位置移动到 0 刻度. ③调节磁场测量仪的频率调节电位器，使频率表为 120 Hz. ④调节电流调节电位器，使励磁电流为 60 mA.

(3) 转动水平手轮，从−120 mm 刻度开始，在−120 mm 到 + 120 mm 范围内，每隔 10.0 mm 测一个电压 U_1 值，记录 U_1 并计算实验值 B_1 和对应的理论值 B_{10}. **注意：实验过程中移动手轮改变探测线圈位置时，激励电流和频率保持不变.**

(4) 由于圆电流中心不是坐标原点，所以轴向距离要用 x_1 = 传感器坐标 $x + 52.5$ 来转换.

注意：转动探测线圈，在 $\theta = 0°$和 $\theta = 180°$时可得到两个相同的 U_1 值，但实际测量时，这两个值往往不相等，这时就应该分别测出这两个值，然后取其平均值计算对应点的磁感应强度. 同学们在做实验时若不大于 2%，则只做一个方向的数据即可，否则，应分别按正、反方向测量，再计算平均值作为测量结果(**实验中这一步为选做内容**).

2. 测量亥姆霍兹线圈轴线上磁场的分布

(1) 按表 3.10.1 接线，其中激励电流黑线连接励磁线圈右黑接线柱. 传感器盒的有机玻璃罩角度为 0°，传感器盒位置移动到 0 刻度，频率表读数为 120 Hz，励磁电流为 60 mA.

(2) 以两个圆线圈轴线上的中心点为坐标原点，转动水平手轮，从−120 mm 刻度开始，在−120 mm 到 + 120 mm 范围内，每隔 10.0 mm 测一个电压 U_2 值，记录 U_2 并计算对应的实验值 B_2 和理论值 B_{20}.

3. 测量亥姆霍兹线圈沿径向的磁场分布

(1) 按表 3.10.1 接线，其中激励电流黑线连接励磁线圈右黑接线柱.

笔记栏

传感器盒的有机玻璃罩角度调为0°，传感器盒位置移动到0刻度，频率表读数调为120 Hz，励磁电流调为60 mA.

(2) 以两个圆线圈轴线上的中心点为坐标原点，径向转动竖直手轮，从−30 mm刻度开始，在−30 mm到+30 mm范围内，每隔10.0 mm测一个电压 U_3 值，记录 U_3 并计算对应的实验值 B_3.

4. *探测线圈角度对线圈感应电动势的影响*

(1) 按表3.10.1接线，其中激励电流黑线连接励磁线圈右黑接线柱，且左右励磁线圈间用导线串联. 传感器盒的有机玻璃罩角度调为0°，并把传感器盒位置移动到0刻度，频率表读数调为120 Hz，励磁电流调为60 mA.

(2) 以两个圆线圈轴线上的中心点为坐标原点，转动有机玻璃罩，使探测线圈法线方向与圆电流轴线的夹角从0°开始，顺时针旋转，每改变10°测一个电压 U_4 值，记录 U_4 并计算对应的理论值 U_{40}.

5. *励磁电流频率改变对磁场强度影响*

(1) 按表3.10.1接线，其中激励电流黑线连接励磁线圈右黑接线柱. 传感器盒的有机玻璃罩角度调为0°，传感器盒位置移动到0刻度，励磁电流调为60 mA.

(2) 以两个圆线圈轴线上的中心点为坐标原点，调节励磁电流的频率 f 为20 Hz，从20 Hz开始，在20～130 Hz范围内，每隔10 Hz测一个电压 U_5 值，记录 U_5 并计算对应的实验值 B_5.

注意：改变电流频率的同时，励磁电流大小也会随之变化，需调节电流调节电位器使励磁电流为60 mA不变.

3.10.5 数据处理

1. *左侧圆电流线圈轴线上磁场分布(表3.10.2)*

表3.10.2 左侧圆电流线圈轴线上的磁场记录表

f = 120 Hz, I = 60 mA

数据	坐标 x/mm												
	−120	−110	−100	−90	−80	−70	−60	−52.5	−50	−40	−30	−20	−10
$x_1 = x + 52.5$/mm													
U_1/mV													
B_1/mT													
B_{10}/mT													

数据	坐标 x/mm												
	0	10	20	30	40	50	60	70	80	90	100	110	120
$x = x_i + 52.5$/mm													
U_1/mV													
B_1/mT													
B_{10}/mT													

笔记栏

这里实验值$B_1=\frac{2.926}{f}U_1$，理论值$B_{10}=\frac{\mu_0 N_0 IR^2}{2(R^2+x_1^2)^{3/2}}$，实验取$N_0=400$匝，$R=105$ mm，当$f=120$ Hz，$I=60$ mA（有效值）时，$B_{10}=\frac{166253}{2(R^2+x_1^2)^{3/2}}=\frac{166253}{(R^2+x_1^2)^{3/2}}$. 在同一坐标纸上画出实验曲线$B_1$-$x$与理论曲线$B_{10}$-$x$.

2. 亥姆霍兹线圈轴线上的磁场分布（表3.10.3）

表3.10.3 亥姆霍兹线圈轴线上的磁场分布

$f=120$ Hz, $I=60$ mA

数据	坐标 x/mm												
	−120	−110	−100	−90	−80	−70	−60	−52.5	−50	−40	−30	−20	−10
U_2/mV													
B_2/mT													
B_{20}/mT													
数据	坐标 x_2/mm												
	0	10	20	30	40	50	60	70	80	90	100	110	120
U_2/mV													
B_2/mT													
B_{20}/mT													

这里实验值$B_2=\frac{2.926}{f}U_2$，理论值$B_{20}=\frac{\mu_0}{2}\frac{166253}{\left[R^2+\left(\frac{R}{2}+x\right)^2\right]^{3/2}}+\frac{\mu_0}{2}\frac{166253}{\left[R^2+\left(\frac{R}{2}-x\right)^2\right]^{3/2}}$. 在同一坐标纸上画出实验曲线$B_2$-$x$与理论曲线$B_{20}$-$x$.

3. 亥姆霍兹线圈沿径向的磁场分布（表3.10.4）

表3.10.4 亥姆霍兹线圈沿径向的磁场分布

$f=120$ Hz, $I=60$ mA

数据	y/mm						
	−30	−20	−10	0	10	20	30
U_3/mV							
B_3/mT							

这里实验值$B_3=\frac{2.926}{f}U_3$，在坐标纸上画出实验曲线B_3-y.

笔记栏

4. 线圈角度对感应电动势的影响(表 3.10.5)

表 3.10.5 探测线圈角度对感应电动势影响

$f = 120$ Hz, $I = 60$ mA

数据	θ/(°)												
	0	10	20	30	40	50	60	70	80	90	100	110	120
U_4/mV													
U_{40}/mV													
数据	θ/(°)												
	125	130	140	150	160	170	180	190	200	210	220	230	240
U_4/mV													
U_{40}/mV													
数据	θ/(°)												
	245	250	260	270	280	290	300	310	320	330	340	350	360
U_4/mV													
U_{40}/mV													

这里理论值$U_{40} = |U_0 \cos\theta|$, U_0为$\theta = 0°$的电压值. 以角度为横坐标, 以电压 U 为纵坐标, 在同一坐标纸上画出实验曲线U_4-θ与理论曲线U_{40}-θ, 验证公式$\varepsilon_m = NS\omega B_m \cos\theta$, 讨论当 $NS\omega B_m$ 不变时, ε_m 与 $\cos\theta$ 是否成正比.

5. 励磁电流频率对磁场的影响(表 3.10.6)

表 3.10.6 励磁电流频率对磁场的影响

$I =$ 60 mA

数据	f/Hz											
	20	30	40	50	60	70	80	90	100	110	120	130
U_5/mV												
B_5mT												

这里实验值$B_5 = \dfrac{2.926}{f} U_5$, 以频率 f 为横坐标, 磁场强度有效值 B_5 为纵坐标作图.

3.10.6 实验注意事项

(1) 仪器在搬运及放置时, 应避免强烈振动和受到撞击.

(2) 仪器长时间不使用时, 请套上塑料袋, 防止潮湿空气长期与仪器接触. 房间内空气湿度应小于 80%.

(3) 仪器使用时, 应避免周围有强烈磁场源的地方.

(4) 长期放置不用后再次使用时, 请先加电预热 30 min 后使用.

(5) 移动装置在移动时不要超出范围, 当无法移动时即刻停止以免损坏, 有故障请示老师.

笔记栏

3.10.7 实验思考题

1. 单线圈轴线上磁场的分布规律如何？亥姆霍兹线圈是怎样组成的？其基本条件有哪些？它的磁场分布特点又怎样？

2. 探测线圈放入磁场后，不同方向上毫伏表指示值不同，哪个方向最大？如何测准 U_{max} 值？指示值最小表示什么？

3. 分析圆电流磁场分布的理论值与实验值的误差的产生原因？

3.11 霍尔效应实验

霍尔效应是美国物理学家霍尔(Hall)于 1879 年在研究金属导电机构时发现的，故称霍尔效应. 利用霍尔效应制成的元件叫霍尔元件. 霍尔元件结构简单，尺寸小(可小到 10 μm^2)，因而可测不均匀磁场；其测量范围宽(10^{-7}～10 T)，精确度高；霍尔效应建立的时间短，可以测量频率高达 10^9 Hz 的交变磁场. 因此，霍尔元件获得了广泛的应用. 根据霍尔效应，还可以用来测量半导体中载流子浓度判别载流子类型及测量半导体材料的电导率等.

1980 年原物理学家冯·克利青(Von Klitzing)研究二维电子气系统的输运特性时，在低温和强磁场下发现了量子霍尔效应. 这是凝聚态物理最重要的发现之一. 而反常量子霍尔效应是物理学目前最前沿的课题之一.

3.11.1 实验目的

(1) 了解霍尔效应原理及霍尔元件有关参数.
(2) 了解霍尔效应负效应产生的原理和消除方法.
(3) 测量霍尔元件灵敏度、载流子的浓度，并判断其载流子的类型.
(4) 学习利用霍尔效应测量磁感应强度 B 及磁场分布.

3.11.2 实验原理

1. 霍尔效应的介绍

霍尔效应从本质上讲是运动的带电粒子在磁场中受洛仑兹力的作用而引起带电粒子的偏转. 当带电粒子(电子或空穴)被约束在固体材料中，这种偏转就导致在垂直于电流和磁场方向的两个端面产生正负电荷的聚积，从而形成附加的横向电场.

图 3.11.1 所示，沿 z 轴的正向加以磁场 B，与 z 轴垂直的半导体薄片上沿 x 正向通以电流 I_s(称为工作电流或控制电流)，假设载流子为电子[如 N 型半导体材料，图 3.11.1(a)]，它沿着与电流 I_s 相反的 x 负向运动. 由于洛伦兹力 F_m 的作用，电子即向图中的 D 侧偏转，并使 D 侧形成电子积累，而相对的 C 侧形成正电荷积累. 与此同时，运动的电子还

笔记栏

受到由于两侧积累的异种电荷形成的反向电场力 F_e 的作用. 随着电荷的积累, F_e 逐渐增大, 当两力大小相等, 方向相反时, 电子积累便达到动态平衡. 这时在 C、D 两端面之间建立的电场称为霍尔电场 E_H, 相应的电势差称为霍尔电压 U_H.

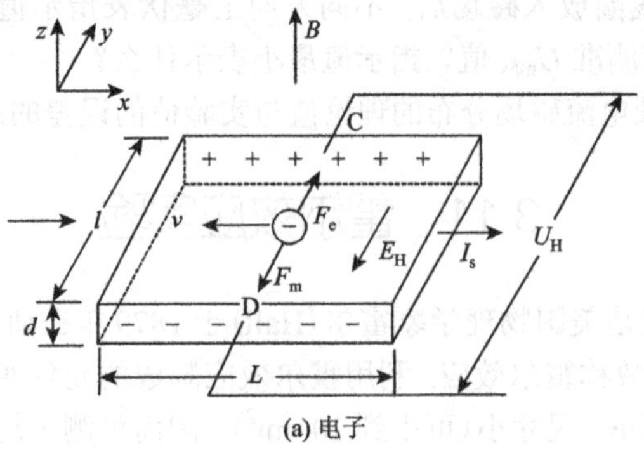

(a) 电子

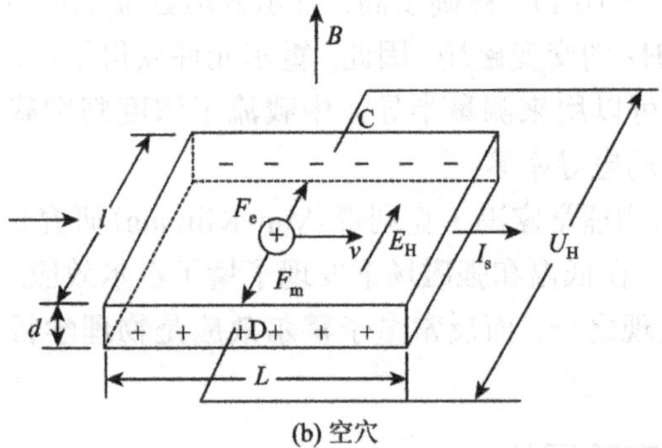

(b) 空穴

图 3.11.1 霍尔元件中载流子在外磁场下的运动情况

设电子按相同平均漂移速率 v 向图 3.11.1 中的 x 轴负方向运动, 在磁场 B 作用下, 所受洛伦兹力为

$$F_m = -ev \times B \tag{3.11.1}$$

式中: e 为电子电量 1.6×10^{-19} C; v 为电子漂移平均速度; B 为磁感应强度.

同时, 电场作用于电子的力为

$$F_e = -eE_H \tag{3.11.2}$$

式中: E_H 为霍尔电场强度, 则霍尔电压 U_H 为

$$U_H = E_H l \tag{3.11.3}$$

l 为霍尔元件宽度. 当达到动态平衡时, $F_m = -F_e$, 从而得到

$$U_H = vBl \tag{3.11.4}$$

设载流子浓度为 n, 则霍尔元件的工作电流为

$$I_s = nevld \tag{3.11.5}$$

d 为霍尔元件厚度. 由式(3.11.3)、式(3.11.4)可得

$$U_H = \frac{1}{ne}\frac{I_s B}{d} = R_H \frac{I_s B}{d} = K_H I_s B \tag{3.11.6}$$

即霍尔电压 U_H 与 I_s、B 成正比，与霍尔元件的厚度 d 成反比. 其中：比例系数 $R_H=\frac{1}{ne}$ 称为霍尔系数，它是反映材料霍尔效应强弱的重要参数；比例系数 $K_H=\frac{1}{ned}$ 称为霍尔元件的灵敏度，它表示霍尔元件在单位磁感应强度和单位工作电流下的霍尔电势大小，其单位是 mV/(mA·T)，一般要求 K_H 愈大愈好.

当霍尔元件的厚度确定时，根据霍尔系数或灵敏度可以得到载流子的浓度 n:

$$n=\frac{1}{eR_H}=\frac{1}{edK_H} \tag{3.11.7}$$

霍尔元件中载流子迁移率 μ:

$$\mu=\frac{v}{E_s}=\frac{v\cdot L}{U_s} \tag{3.11.8}$$

将式(3.11.4)、式(3.11.5)、式(3.11.7)联立求得

$$\mu=K_H\cdot\frac{L}{l}\cdot\frac{I_s}{U_s} \tag{3.11.9}$$

式中：μ 为载流子的迁移率，即单位电场强度下载流子获得的平均漂移速度(一般电子迁移率大于空穴迁移率，因此制作霍尔元件时大多采用 N 型半导体材料). L 为霍尔元件的长度(见图 3.11.1)，U_s 为霍尔元件沿着 I_s 方向的工作电压，E_s 为由 U_s 产生的电场强度.

由于金属的电子浓度 n 很高，所以它的 R_H 或 K_H 都不大，不适宜作霍尔元件. 此外元件厚度 d 愈薄，K_H 愈高，所以制作时，往往采用减少 d 的办法来增加灵敏度，但不能认为 d 愈薄愈好，因为此时元件的输入和输出电阻将会增加，这对锗元件是不希望的.

由于霍尔效应建立时间很短(约 10^{-14}～10^{-12} s)，所以使用霍尔元件时既可用直流电，也可用交流电. 但使用交流电时，霍尔电压是交变的，I_s 和 U_H 应取有效值.

应当注意，当磁感应强度 B 和元件平面法线成一角度时(图 3.11.2)，作用在元件上的有效磁场是其法线方向上的分量 $B\cos\theta$，此时

$$U_H=K_H I_s B\cos\theta \tag{3.11.10}$$

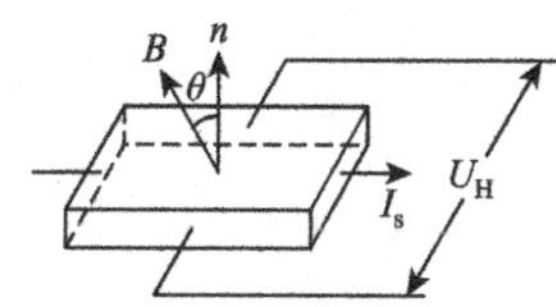

图 3.11.2 霍尔电压计算示意图

所以，一般在使用时应调整元件平面朝向，使 U_H 达到最大，即 $\theta=0$，$U_H=K_H I_s B\cos\theta=K_H I_s B$.

由式(3.11.9)可知，当工作电流 I_s 或磁感应强度 B，两者之一改变方向时，霍尔电压 U_H 的方向随之改变；若两者方向同时改变，则霍尔电压 U_H 极性不变.

2. 霍尔效应的负效应及其消除

测量霍尔电势 U_H 时，不可避免地会产生一些负效应，由此而产生的附加电势叠加在霍尔电势上，形成测量系统误差，这些负效应如下.

笔记栏

1) 不等位电势 U_0

由于制作时，两个霍尔电极不可能绝对对称地焊在霍尔元件两侧(图 3.11.3 左图)、霍尔元件电阻率不均匀、工作电流极的端面接触不良(图 3.11.3 右图)都可能造成 C、D 两极不处在同一等位面上，此时虽未加磁场，但 C、D 间存在电势差 U_0，称为不等位电势，$U_0 = I_s R_0$，R_0 是 C、D 两极间的不等位电阻. 由此可见，在 R_0 确定的情况下，U_0 与 I_s 的大小成正比，且其正负随 I_s 的方向改变而改变.

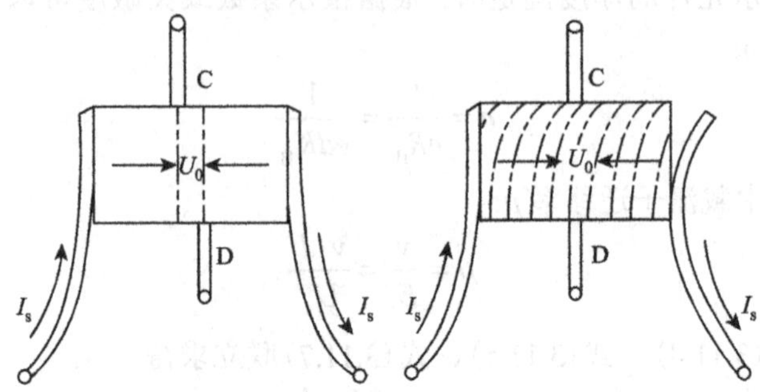

图 3.11.3　霍尔效应的负效应

2) 埃廷斯豪森(Etting shausen)效应

图 3.11.4 中当霍尔元件的 x 方向通以工作电流 I_s，z 方向加磁场 B 时，由于霍尔元件内的载流子速度服从统计分布，有快有慢. 在达到动态平衡时，在磁场的作用下慢速与快速的载流子将在洛伦兹力和霍尔电场的共同作用下，沿 y 轴分别向相反的两侧偏转，这些载流子的动能将转化为热能，使两侧的温度不同，因而造成 y 方向上两侧出现温差 $(\Delta T = T_C - T_D)$.

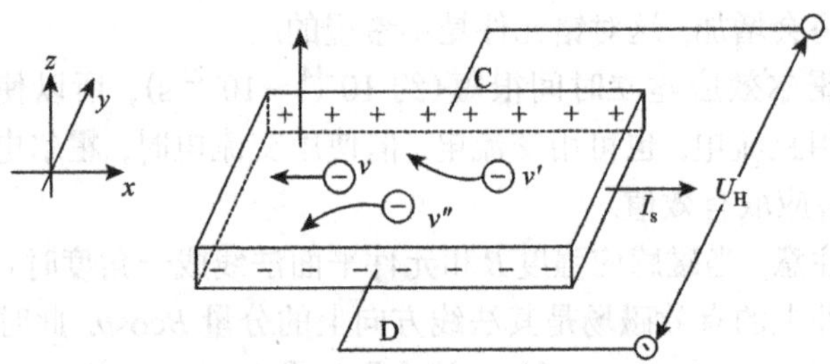

图 3.11.4　霍尔元件中电子实际运动情况

因为霍尔电极和元件两者材料不同，电极和元件之间形成温差电偶，这一温差在 C、D 间产生温差电动势 U_E，$U_E \propto I_s B$.

这一效应称埃廷斯豪森效应，U_E 的大小及正负符号与 I_s、B 的大小和方向有关，跟 U_H 与 I_s、B 的关系相同，所以不能在测量中消除.

3) 能斯特(Nernst)效应

由于工作电流的两个电极与霍尔元件的接触电阻不同，工作电流在两电极处将产生不同的焦耳热，引起工作电流两极间的温差电动势，此电动势又产生温差电流(称为热电流)I_Q，热电流在磁场作用下将发

笔记栏

生偏转，结果在 y 方向上产生附加的电势差 U_N 且 $U_N \propto I_Q B$，这一效应称为能斯特效应，由上式可知 U_N 的符号只与 B 的方向有关.

4) 里吉-勒迪克(Righi-Leduc)效应

如能斯特效应所述霍尔元件在 x 方向有温度梯度，引起载流子沿梯度方向扩散而有热电流 I_Q 通过霍尔元件，在此过程中载流子受 z 方向的磁场 B 作用，在 y 方向引起类似埃廷斯豪森效应的温差 $\Delta T = T_C - T_D$，由此产生的电势差 $U_R \propto I_Q B$，其符号与 B 的方向有关，与 I_s 的方向无关.

在确定的磁场 B 和工作电流 I_s 下，实际测出的电压是 U_H、U_0、U_E、U_N 和 U_R 这 5 种电势差的代数和. 上述 5 种电势差与 B 和 I_s 方向的关系如表 3.11.1.

表 3.11.1　5 种电势差与 B 和 I_s 方向的关系

U_H		U_0		U_E		U_N		U_R	
B	I_s	B	I_s	B	I_s	B	I_s	B	I_s
有关	有关	无关	有关	有关	有关	有关	无关	有关	无关

为了减少和消除以上效应引起的附加电势差，利用这些附加电势差与霍尔元件工作电流 I_s、磁场 B(即相应的励磁电流 I_M)的关系，采用对称(交换)测量法测量 C、D 间电势差：

当 $+I_M, +I_s$ 时　　$U_{CD1} = +U_H + U_0 + U_E + U_N + U_R$

当 $+I_M, -I_s$ 时　　$U_{CD2} = -U_H - U_0 - U_E + U_N + U_R$

当 $-I_M, -I_s$ 时　　$U_{CD3} = +U_H - U_0 + U_E - U_N - U_R$

当 $-I_M, +I_s$ 时　　$U_{CD4} = -U_H + U_0 - U_E - U_N - U_R$

对以上 4 式作如下运算：

$$\frac{1}{4}(U_{CD1} - U_{CD2} + U_{CD3} - U_{CD4}) = U_H + U_E \tag{3.11.11}$$

可见，除埃廷斯豪森效应以外的其他负效应产生的电势差会全部消除，因埃廷斯豪森效应所产生的电势差 U_E 的符号和霍尔电势 U_H 的符号，与 I_s 及 B 的方向关系相同，故无法消除，但在非大电流、非强磁场下，$U_H \gg U_E$，U_E 可以忽略不计，有

$$U_H \approx U_H + U_E = \frac{1}{4}(U_{CD1} - U_{CD2} + U_{CD3} - U_{CD4}) \tag{3.11.12}$$

一般情况下当 U_H 较大时，U_{CD1} 与 U_{CD3} 同号，U_{CD2} 与 U_{CD4} 同号，而两组数据反号，故

$$U_H = \frac{1}{4}(U_{CD1} - U_{CD2} + U_{CD3} - U_{CD4}) = \frac{1}{4}(|U_{CD1}| + |U_{CD2}| + |U_{CD3}| + |U_{CD4}|) \tag{3.11.13}$$

用 4 次测量值的绝对值的平均值即可.

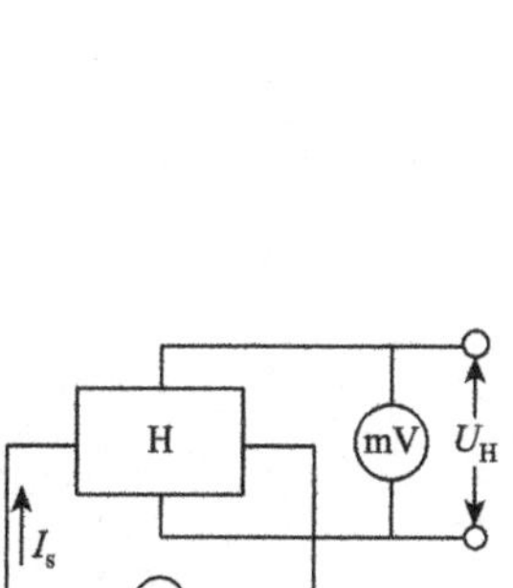

图 3.11.5　霍尔元件测量磁场的电路图

霍尔元件测量磁场的基本电路如图 3.11.5，将霍尔元件置于待测磁场的相应位置，并使元件平面与磁感应强度 B 垂直，在其控制端输入恒

笔记栏

定的工作电流 I_s，霍尔元件的霍尔电压输出端接毫伏表，测量霍尔电压 U_H 的值.

3.11.3 实验仪器

ZKY-HS 霍尔效应实验仪和 ZKY-H/L 霍尔效应螺线管磁场测试仪.

实验仪器由 ZKY-HS 霍尔效应实验仪和 ZKY-H/L 霍尔效应螺线管磁场测试仪两大部分组成，如图 3.11.6 所示.

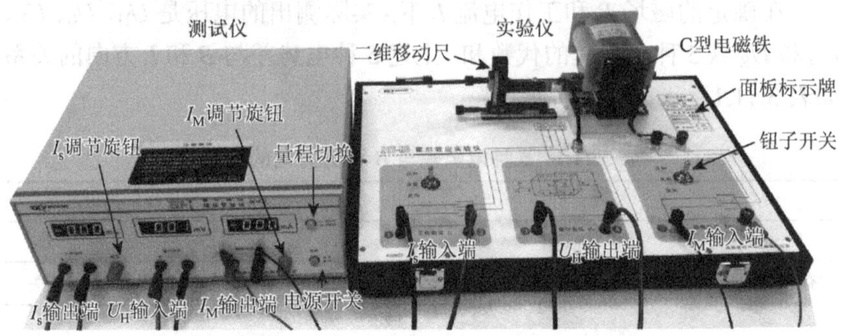

图 3.11.6 霍尔效应实验仪与螺线管磁场测试仪

1. ZKY-HS 霍尔效应实验仪

本实验仪由 C 形电磁铁、二维移动尺及霍尔元件、面板标示牌、两个钮子开关等组成.

1) C 形电磁铁

本实验中励磁电流 I_M 与电磁铁在气隙中产生的磁感应强度 B 成正比. 导线绕向(或正向励磁电流 I_M 方向)已在线圈上用箭头标出，可通过右手螺旋定则以及磁力线基本沿着铁芯走的性质，确定电磁铁气隙中磁感应强度 B 的方向.

2) 二维移动尺及霍尔元件

二维移动尺可调节霍尔元件水平、垂直移动，可移动范围：水平 0～50 mm，垂直 0～30 mm.

霍尔元件相关参数见面板标示牌.

霍尔元件上有 4 只引脚(图 3.11.7)，其中 1、2 为工作电流(又称为控制电流)端，3、4 为霍尔电压端. 同时将这 4 只引脚焊接在印制板上，四个引脚引线的定义如图 3.11.7 所示，然后引到仪器钮子开关对应的位置.

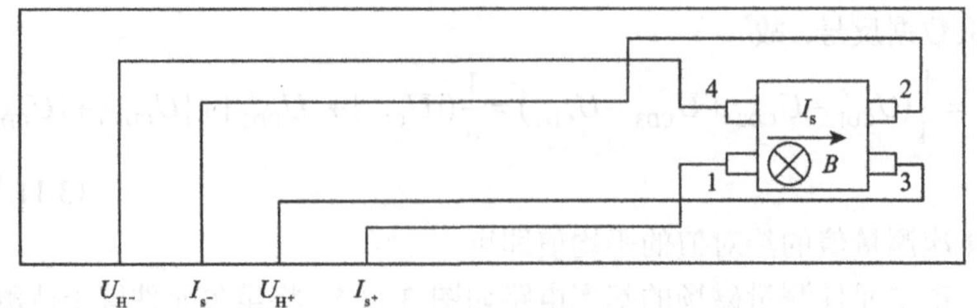

图 3.11.7 霍尔元件的外形封装及管脚定义

(1)面板标示牌. 面板标示牌中填写的内容包括: 霍尔元件参数(尺寸、导电类型及材料、最大工作电流)、电磁铁参数(线圈常数 C、气隙尺寸等). 由于本实验中励磁电流 I_M 与电磁铁在气隙中产生的磁感应强度 B 成正比, 所以用电磁铁的线圈常数 C 可替代测量磁感应强度的特斯拉计. 电磁铁线圈常数 C 指的是单位励磁电流作用下电磁铁在气隙中产生的磁感应强度, 单位: mT/A. 若已知励磁电流大小, 便能根据公式: $B = C \cdot I_M$ 得到此时电磁铁气隙中的磁感应强度.

(2)两个钮子开关. 分别对励磁电流 I_M 和工作电流 I_s 进行通断和换向控制(图 3.11.8), 仪器选用的钮子开关有三种状态: 直流电流正向导通、反向导通和关断. 本实验仪规定: 当钮子开关拨向二维移动尺和电磁铁所在的一侧时为正向接通, 即电流为红进黑出, 电极为红接正极、黑接负极; 当钮子开关直立时关断电流.

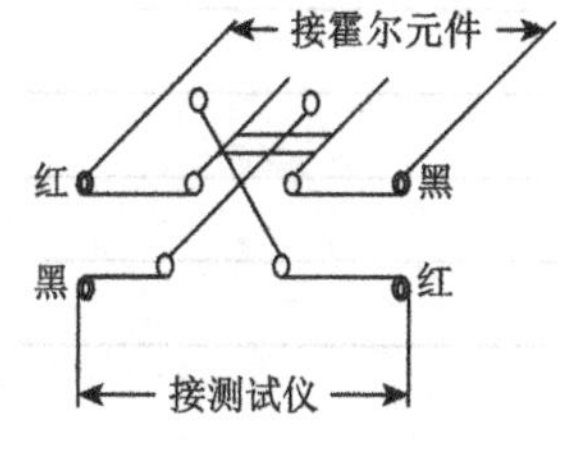

图 3.11.8 钮子开关示意图

2. ZKY-H/L 霍尔效应螺线管磁场测试仪

仪器背部为 220 V 交流电源插座(带保险丝). 仪器面板分为三大部分.

1)霍尔元件工作电流 I_s 输出: 前面板左侧, 三位半数码管显示输出电流值 I_s(mA). 恒流源可调范围: 0～10.00 mA(用调节旋钮调节).

2)霍尔电压 U_H 输入: 前面板中部, 四位数码管显示输入电压值 U_H(mV), 测量范围: 0～19.99 mV(量程 20 mV)或 0～199.9 mV(量程 200 mV), 可通过按测试仪面板上的量程切换按钮进行切换. 在本实验中, 只用 200 mV 量程, 在实验前先将霍尔电压测试仪的电压量程调至 200 mV. 20 mV 量程配套另一仪器——"螺线管磁场实验仪"使用.

3)励磁电流 I_M 输出: 前面板右侧, 三位半数码管显示输出电流值 I_M(mA), 恒流源可调范围: 0～1000 mA(用调节旋钮调节).

注意: 只有在接通负载时, 恒流源才能输出电流, 数显表上才有相应显示.

笔记栏

3.11.4 实验内容与步骤

(1)按仪器面板上的文字和符号提示将 ZKY-HS 霍尔效应实验仪(以下简称"实验仪")与 ZKY-H/L 霍尔效应螺线管磁场测试仪(以下简称"测试仪")面板上的工作电流、励磁电流和霍尔电压对应的接线柱用导线连接起来.

(2)将工作电流、励磁电流调节旋钮逆时针旋转到底, 测试仪的电压量程按钮选择高量程.

(3)将实验仪上工作电流、励磁电流和霍尔电压对应的三个换向开关断开, 打开测试仪的电源开关.

(4)接通测试仪的工作电流开关，调节工作电流I_s为5.00 mA，预热5 min.

(5)测量霍尔元件灵敏度K_H，计算载流子浓度n.

①调节二维移动尺，使霍尔元件处于电磁铁气隙中心位置(其法线方向已调至平行于磁场方向). 闭合励磁电流开关，调节测试仪面板上的励磁电流调节旋钮，使励磁电流$I_M = 300$ mA. 通过公式$B = C \cdot I_M$求出此时电磁铁气隙中的磁感应强度B. C为电磁铁的线圈常数，其值可以由试验仪面板标示牌上读出. 读出霍尔元件厚度d.

②调节工作电流$I_s = 1.00, 2.00, \cdots, 10.00$ mA(间隔1.00 mA)，通过变换实验仪各换向开关，在$(+I_M, +I_s)$、$(-I_M, +I_s)$、$(-I_M, -I_s)$、$(+I_M, -I_s)$四种测量条件下，分别从测试仪上读出对应的C、D间电压值$U_i (i = 1, 2, 3, 4)$记录在表3.11.2中.

(6)判定霍尔元件半导体类型.

记录工作电流、励磁电流、霍尔电压的极性于表3.11.3中.

(7)研究霍尔电压U_H与励磁电流I_M之间的关系.

霍尔元件仍位于电磁铁气隙中心，调定$I_s = 3.00$ mA，分别使$I_M = 100, 200, \cdots, 1000$ mA(间隔为100 mA)，表3.11.4分别测量C、D间电压值U_i.

(8)测量一定I_M条件下电磁铁气隙中磁感应强度B的大小及分布情况.

①调节$I_M = 600$ mA，$I_s = 5.00$ mA，调节二维移动尺的垂直标尺，使霍尔元件处于电磁铁气隙垂直方向的中心位置. 调节水平标尺至0刻度位置，测量相应的U_i.

②调节水平标尺按表3.11.5中给出的位置测量U_i，填入表3.11.5(若表3.11.5中首尾个别位置达不到，可跳过继续实验).

3.11.5 数据处理

1. 测量霍尔元件灵敏度K_H和载流子浓度n

表3.11.2 霍尔电压U_H与工作电流I_s的关系

$I_M = 300$ mA，电磁铁的线圈常数$C =$ ________mT/A，霍尔元件厚度$d =$ ________mm

I_s/mA	U_1/mV	U_2/mV	U_3/mV	U_4/mV	$U_H = \frac{1}{4}(\lvert U_1\rvert + \lvert U_2\rvert + \lvert U_3\rvert + \lvert U_4\rvert)$/mV
	$+I_M, +I_s$	$-I_M, +I_s$	$-I_M, -I_s$	$+I_M, -I_s$	
1.00					
2.00					
3.00					
4.00					
5.00					
6.00					
7.00					
8.00					
9.00					
10.00					

笔记栏

(1) 根据式(3.11.13)计算霍尔电压 U_H 填入上表中, 并绘制 U_H-I_s 关系曲线, 求得斜率 K_1. 根据式(3.11.6)可知 $K_H = K_1/B$.

(2) 据式(3.11.7)可计算载流子浓度 n.

2. 判定霍尔元件半导体类型

表 3.11.3　工作电流 I_s、励磁电流 I_M 与霍尔电压 U_H 的极性

项目	类型		
	I_s	I_M	U_H
极性			

根据电磁铁导线绕向及励磁电流 I_M 的流向, 判定出气隙中磁感应强度 B 的方向. 根据闸刀开关接线以及霍尔测试仪 I_s 输出端引线, 判定霍尔元件中工作电流 I_s 的流向. 根据换向闸刀开关接线以及霍尔测试仪 U_H 输入端引线, 判断出 U_H 的正负与霍尔元件上正负电荷积累的对应关系. 由 B 的方向、I_s 流向以及 U_H 的正负并结合霍尔元件的引脚位置, 判定霍尔元件半导体的类型(P 型或 N 型).

3. 研究霍尔电压 U_H 与励磁电流 I_M 之间的关系

表 3.11.4　霍尔电压 U_H 与励磁电流 I_M 之间的关系

$I_s = 3.00$ mA

I_M/mA	U_1/mV	U_2/mV	U_3/mV	U_4/mV	$U_H = \frac{1}{4}(\|U_1\|+\|U_2\|+\|U_3\|+\|U_4\|)$ / mV	B/mT
	$+I_M, +I_s$	$-I_M, +I_s$	$-I_M, -I_s$	$+I_M, -I_s$		
100						
200						
300						
400						
500						
600						
700						
800						
900						
1000						

计算霍尔电压 U_H 填入表中, 并绘出 U_H-I_M 曲线, 分析磁感应强度 B 与励磁电流 I_M 之间的关系.

4. 测量一定条件下电磁铁气隙中磁感应强度 B 及分布情况

表 3.11.5　电磁铁气隙中磁感应强度 B 的分布

$I_M = 600$ mA, $I_s = 5.00$ mA

X/mm	U_1/mV	U_2/mV	U_3/mV	U_4/mV	$U_H = \frac{1}{4}(\|U_1\|+\|U_2\|+\|U_3\|+\|U_4\|)$ / mV	B/mT
	$+I_M, +I_s$	$-I_M, +I_s$	$-I_M, -I_s$	$+I_M, -I_s$		
0						
2						

笔记栏

续表

X/mm	U_1/mV $+I_M, +I_s$	U_2/mV $-I_M, +I_s$	U_3/mV $-I_M, -I_s$	U_4/mV $+I_M, -I_s$	$U_H=\frac{1}{4}(\lvert U_1\rvert+\lvert U_2\rvert+\lvert U_3\rvert+\lvert U_4\rvert)$/mV	B/mT
4						
6						
8						
10						
12						
15						
20						
25						
30						
35						
40						
45						
48						
50						

计算霍尔电压 U_H 值，根据式(3.11.6)计算出各点的磁感应强度 B，填入表中，并绘出 B-X 曲线.

3.11.6 实验注意事项

(1) 由于励磁电流较大，所以千万不能将 I_M 和 I_s 接错，否则励磁电流将烧坏霍尔元件.

(2) 霍尔元件及二维移动尺容易折断、变形，应注意避免受挤压、碰撞等. 实验前应检查两者及电磁铁是否松动、移位，并加以调整.

(3) 为了不使电磁铁因过热而受到损害，或影响测量精度，除在短时间内读取有关数据，通以励磁电流 I_M 外，其余时间最好断开励磁电流开关.

(4) 仪器不宜在强光、高温、强磁场和有腐蚀性气体的环境下工作和存放.

3.11.7 实验思考题

1. 如何判别霍尔元件的载流子类型？
2. 若霍尔片的法线与磁场方向不一致，对测量结果有何影响？
3. 用霍尔元件测螺线管的磁场时，怎样消除地球磁场的影响？

3.12 用示波器测动态磁滞回线

磁性材料在科研和工业中有着广泛的应用，测定磁性材料的磁滞回线是研究磁性材料的最有效方法. 用直流电对被测材料样品反复地

进行磁化，并且逐点测出 B 和 H 的对应关系可得 B-H 的静态磁滞回线；用交流电对磁性材料进行磁化时，所得到磁性材料的 B-H 曲线关系称为动态磁滞回线. 测量静态磁滞回线时，材料中只有磁滞损耗，而测动态磁滞回线时，材料中不仅有磁滞损耗，还有涡流损耗，因此同一材料的动态磁滞回线的面积要比静态磁滞回线的面积大. 另外，涡流损耗与交变电磁场的频率有关，因此测量中使用的交流电的频率不同时，测出的 B-H 曲线也有不同. 本实验是用示波器的显示来测量磁性材料的动态磁滞回线.

3.12.1　实验目的

(1) 掌握磁滞、磁滞回线和磁化曲线的概念，加深对铁磁材料的主要物理量(矫顽力、剩磁和磁导率)的理解.

(2) 学会用示波法测绘基本磁化曲线和磁滞回线.

(3) 根据磁滞回线确定磁性材料的饱和磁感应强度 B_s、剩磁 B_r 和矫顽力 H_c 的数值.

(4) 研究不同频率下动态磁滞回线的区别，并确定某一频率下的磁感应强度 B_s、剩磁 B_r 和矫顽力 H_c 数值.

3.12.2　实验原理

利用示波器测动态磁滞回线的原理电路如图 3.12.1 所示. 将实验样品制成闭合的环形，其上均匀地绕以磁化线圈 N_1 及副线圈 N_2. 交流电压 u_2 加在磁化线圈上，线路中串联一取样电阻 R_1. 将 R_1 两端的电压 u_1 加到示波器的 X 输入端，副线圈 N_2 与电阻 R_2 和电容 C 串联成一回路. 电容 C 两端的电压 u_C 加到示波器的 Y 输入端上. 此电路有以下特性.

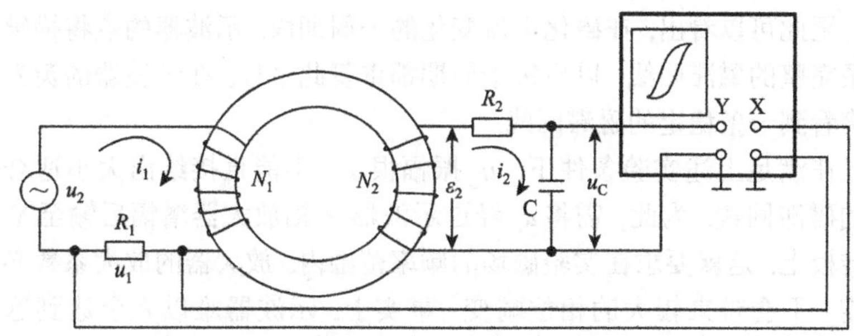

图 3.12.1　用示波器测动态磁滞回线的原理电路图

1. 示波器的 X 输入与磁场强度 H 成正比

设环状样品的平均周长为 L，磁化线圈的匝数为 N_1，磁化电流为 i_1(交流电流的瞬时值)，根据安培环路定理有 $HL = N_1 i_1$，即 $i_1 = HL/N_1$. 而 $u_1 = R_1 i_1$，所以有

$$u_1 = \frac{R_1 L}{N_1} H \tag{3.12.1}$$

笔记栏

式中: R_1, L 和 N_1 皆为常数, 可见 u_1 与 H 成正比. 它表明示波器荧光屏上电子束水平偏转的大小与样品中的磁场强度成正比.

2. 示波器的 Y 输入在一定条件下与磁感应强度 B 成正比

设样品的截面面积为 S, 根据电磁感应定律, 在匝数为 N_2 的副线圈中感应电动势为

$$\varepsilon_2 = -N_2 S \frac{\mathrm{d}B}{\mathrm{d}t} \tag{3.12.2}$$

若副边回路中的电流为 i_2, 且电容 C 上的电量为 q, 则应有

$$\varepsilon_2 = R_2 i_2 + \frac{Q}{C} \tag{3.12.3}$$

在式(3.12.3)中考虑副线圈匝数 N_2 较小, 因而其自感电动势忽略不计. 在选定电路参数时, 将 R_2 与 C 都选得足够大, 使电容 C 上的电压降 $u_C = q/C$ 比起电阻上的电压降 i_2R_2 小到可以忽略不计, 于是式(3.12.3)近似地可改写为

$$\varepsilon_2 = R_2 i_2 \tag{3.12.4}$$

将关系式 $i_2 = \frac{\mathrm{d}q}{\mathrm{d}t} = C\frac{\mathrm{d}u_C}{\mathrm{d}t}$ 代入到式(3.12.4)得

$$\varepsilon_2 = R_2 C \frac{\mathrm{d}u_C}{\mathrm{d}t} \tag{3.12.5}$$

将式(3.4.5)与式(3.4.2)比较, 不考虑负号(在交流电中负号相当于相位差为±π)时有

$$u_C = \frac{N_2 S}{C R_2} B \tag{3.12.6}$$

式中: N_2, S, R_2 和 C 皆为常数, 可见 u_C 与 B 成正比, 也就是说示波器荧光屏上电子束竖直方向偏转的大小与磁感应强度成正比.

至此可以看出, 在磁化电流变化的一周期内, 示波器的点将描绘出一条完整的磁滞回线. 以后每个周期都重复此过程, 在示波器的荧光屏上将看到一条稳定的磁滞回线.

在满足上述实验条件下, u_C 振幅很小, 不能直接绘出大小适合需要的磁滞回线. 为此, 需将 u_C 经过示波器 Y 轴放大器增幅后输至 Y 轴偏转板上. 这就要求在实验磁场的频率范围内, 放大器的放大系数必须稳定, 不会带来较大的相位畸变. 事实上, 示波器难以完全达到这个要求, 因此在实验时经常会出现如图 3.12.2 所示的畸变. 观测时将 X 轴输入选择"AC", Y 轴输入选择"DC"档, 并选择合适的 R_1 和 R_2 的阻值, 可避免这种畸变, 得到最佳磁滞回线图形.

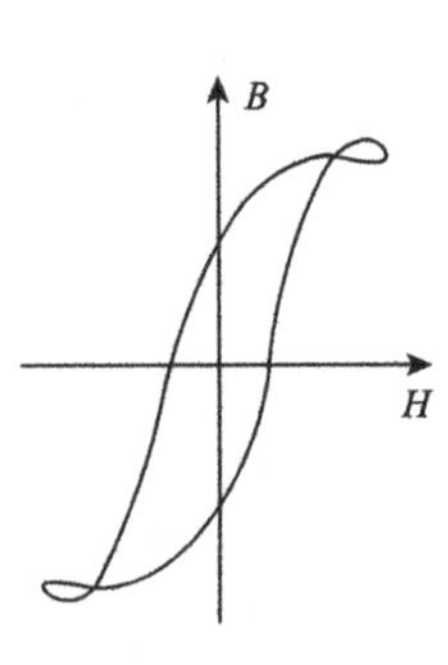

图 3.12.2　有相位畸变时的磁滞回线

在磁化电流变化的一个周期内, 电子束的径迹将描出一条完整的磁滞回线. 适当调节示波器 X 和 Y 轴增益, 再由小到大调节信号发生器的输出电压, 即能在屏上观察到由小到大扩展的磁滞回线图形. 逐次记录其正顶点的坐标, 并在坐标纸上把它连成光滑的曲线, 就得到样品的基本磁化曲线.

笔记栏

3. 示波器的定标

从前面说明中可知从示波器上可以显示出待测材料的动态磁滞回线，但为了定量研究磁化曲线和磁滞回线，必须对示波器进行定标．即还需确定示波器的X轴的每格代表的H值(A/m)，Y轴每格代表的B值(T)．

本实验使用的R_1、R_2和C都是阻抗值已知的标准元件，误差很小，其中的R_1, R_2为无感交流电阻，C的介质损耗非常小．由式(3.12.1)、式(3.12.6)可知，利用数字示波器可以直接读出X轴和Y轴的灵敏度的特点，可以省去烦琐的定标工作．

设X轴灵敏度为S_X(V/格)，Y轴的灵敏度为S_Y(V/格)，则

$$U_X = S_X X, \qquad U_Y = S_Y Y \tag{3.12.7}$$

式中：X, Y分别为测量时记录的坐标值(单位：格．注意，指一大格，示波器一般有8～10大格)，可见通过示波器就可测得U_X、U_Y值．

综合上述分析，本实验定量计算公式为

$$H = \frac{N_1 S_X}{L R_1} X \tag{3.12.8}$$

$$B = \frac{R_2 C S_Y}{N_2 S} Y \tag{3.12.9}$$

式中各量的单位：R_1、R_2为Ω；L为m；S为m^2；C为F；S_X、S_Y为V/格；X、Y为格(分正负向读数)；H为A/m；B为T．

3.12.3 实验仪器

DH4516C动态磁滞回线实验仪面板示意如图3.12.3所示．它主要由测试样品、功率信号源、可调标准电阻、标准电容和接口电路等组成．

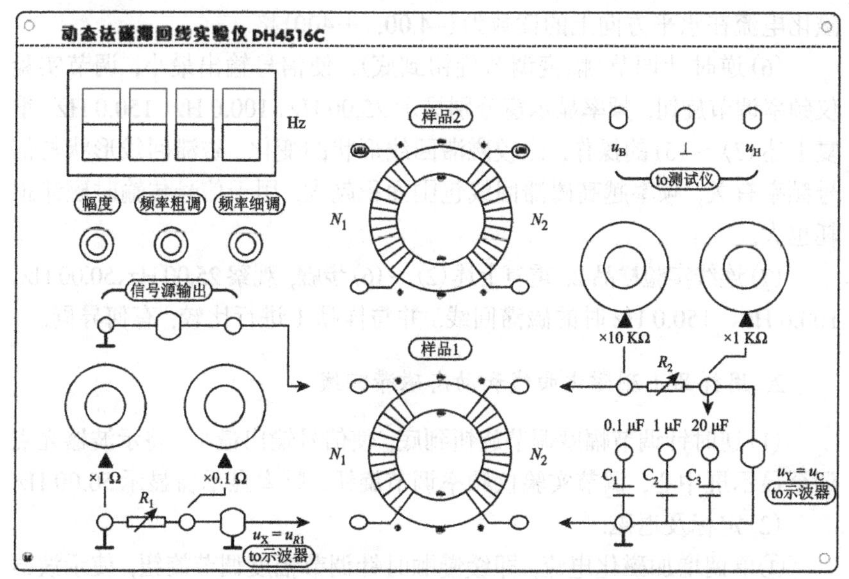

图3.12.3 DH4516C动态磁滞回线实验仪面板示意图

笔记栏

测试样品有两种，一种磁滞损耗较大，另一种较小，其他参数相同；信号源的频率在 20～250 Hz 可调；可调标准电阻 R_1 的调节范围为 0.1～11 Ω；R_2 的调节范围为 1～110 kΩ；标准电容有 0.1 μF、1 μF、20 μF 三档可选；接口电路 U_X、U_Y 分别连接示波器的 X 和 Y 通道.

3.12.4 实验内容与步骤

1. *显示和观察两种样品在不同频率下的磁滞回线图形*

(1) 连接线路. 要求：①逆时针调节实验仪**幅度调节**旋钮到底，使信号输出最小；②打开数字示波器和 DH4516C 动态磁滞回线实验仪电源，预热 10 min；③按图 3.12.1 所示的原理线路接线，连接样品 1，选择积分电容 $C = 1.0\times10^{-6}$ F；④调节示波器显示工作方式为 X-Y 模式，示波器 X 输入为 AC 方式，测量采样电阻 R_1 的电压，示波器 Y 输入为 DC 方式，测量积分电容的电压.

(2) 示波器光点调至显示屏中心，调节实验仪频率调节旋钮，频率显示窗显示 50.00 Hz.

(3) 单调增加磁化电流，即缓慢顺时针调节幅度调节旋钮，使示波器显示的磁滞回线上 B 值增加缓慢，达到饱和. 改变示波器上 X、Y 输入增益开关，示波器显示典型美观、大小合适的磁滞回线图形.

(4) 单调减小磁化电流，即缓慢逆时针调节幅度调节旋钮，直到示波器最后显示为一点，位于显示屏的中心，即 X 和 Y 轴线的交点，如不在中间，可调节示波器的 X 和 Y 位移旋钮.

(5) 单调增加磁化电流，即缓慢顺时针调节幅度调节旋钮，使示波器显示的磁滞回线上 B 值增加缓慢，达到饱和，改变示波器上 X、Y 输入增益波段开关和 R_1、R_2 的值，示波器显示典型美观的磁滞回线图形. 磁化电流在水平方向上的读数为(–4.00，＋400)格.

(6) 逆时针调节(幅度调节旋钮到底)，使信号输出最小，调节实验仪频率调节旋钮，频率显示窗分别显示 25.00 Hz、100.0 Hz、150.0 Hz，重复上述(3)～(5)的操作，比较磁滞回线形状的变化. 磁滞回线形状与信号频率有关，频率越高磁滞回线包围面积越大，用于信号传输时磁滞损耗也大.

(7) 连线实验样品 2，重复上述(2)～(6)步骤，观察 25.00 Hz、50.00 Hz、100.0 Hz、150.0 Hz 时的磁滞回线，并与样品 1 进行比较，有何异同.

2. *用样品 1 测磁化曲线和动态磁滞回线*

(1) 逆时针调节幅度调节旋钮到底，使信号输出最小. 将示波器光点调至显示屏中心，调节实验仪频率调节旋钮，频率显示窗显示 50.00 Hz.

(2) 定标及退磁.

①单调增加磁化电流，即缓慢顺时针调节幅度调节旋钮，使示波器显示的磁滞回线上 B 值增加变得缓慢，达到饱和. 改变示波器上 X、Y

笔记栏

输入增益段开关和 R_1、R_2 的值, 使示波器显示典型美观的磁滞回线图形. 此后, 保持示波器上 X、Y 输入增益波段开关和 R_1、R_2 值固定不变. 记录如下数据: 采样电阻 R_1, 积分电阻 R_2, 电容 C, 示波器 X 轴的灵敏度 S_X, 示波器 Y 轴的灵敏度 S_Y.

②单调减小磁化电流, 即缓慢逆时针调节幅度调节旋钮, 直到示波器最后显示为一点, 位于显示屏的中心, 即 X 和 Y 轴线的交点, 如不在中间, 可调节示波器的 X 和 Y 位移旋钮.

(3) 测量磁化曲线(即测量大小不同的各个磁滞回线的顶点的连线).

单调增加磁化电流, 即缓慢顺时针调节幅度调节旋钮, 磁滞回线顶点在 X 方向读数为 0、0.20、0.40、0.60、0.80、1.00、1.50、2.00、2.50、3.00、4.00, 单位为格, 记录磁滞回线顶点在 Y 方向上读数如表 3.12.1, 单位为格, 磁滞回线顶点在 X 方向上的读数为(–4.00, +4.00)格时, 示波器显示典型美观的磁滞回线图形. 此后, 仍需保持示波器上 X、Y 输入增益波段开关和 R_1、R_2 值固定不变.

(4) 测量动态磁滞回线.

在磁化电流 X 方向上的读数为(–4.00, +4.00)格时, 记录示波器显示的磁滞回线 Y 坐标的数据在数据表 3.4.2 中(记录 X 方向和 Y 方向分别为整数值时对应的数值).

3. 数据记录

连线实验样品 2, 参照步骤 2 中(1)和(2), 记录数据.

3.12.5　数据处理

1. 测样品 1 磁化曲线的数据记录及计算(表 3.12.1)

表 3.12.1　磁化曲线数据表

数据	序号										
	1	2	3	4	5	6	7	8	9	10	11
X/格											
H/(A/m)											
Y/格											
B/mT											

利用式(3.12.8)和式(3.12.9)分别求出表 3.12.1 中的 H 和 B 值, 并记录在数据表 3.12.1 中. 其中, 采样电阻 R_1 = __________Ω, 积分电阻 R_2 = __________Ω, 电容 C = __________F.

示波器 X 轴的灵敏度 S_X = __________mV/格.

示波器 Y 轴的灵敏度 S_Y = __________mV/格.

上述公式中: 铁芯实验样品 1 和实验装置参数如下: 铁芯实验样品平均

笔记栏

磁路长度 $L = 0.130$ m, 铁芯实验样品截面积 $S = 1.24\times10^{-4}$ m^2, 原线圈匝数 $N_1 = 100$, 副线圈匝数 $N_2 = 100$. 一般选择积分电容 $C = 1.0\times10^{-6}$ F, 磁化电流采样电阻 R_1 和积分电阻 R_2 值根据仪器面板上的选择值记录.

由表 3.12.1 的数据作磁化曲线 B-H 图, 可以使用坐标纸手工作图或者使用计算机软件作图, 注意是平滑的曲线.

2. 测样品 1 磁滞回线的数据记录及计算(表 3.12.2)

表 3.12.2 磁滞回线数据表

X/格	H/(A/m)	Y/格	B/(mT)	X/格	H/(A/m)	Y/格	B/(mT)
4.00				−4.00			
3.00				−3.00			
2.00				−2.00			
		3.00				−3.00	
		2.00				−2.00	
		1.00				−1.00	
		0				0	
		−1.00				1.00	
		−2.00				2.00	
		−3.00				3.00	
−3.00				3.00			
−4.00				4.00			

利用式(3.12.8)和式(3.12.9)分别求出表 3.12.2 中的 H 和 B 值, 并记录在数据表 3.12.2 中.

由表 3.12.2 的数据作出磁滞回线 B-H 图, 可以使用坐标纸手工作图或者使用计算机软件作图, 注意是平滑的曲线.

由图读出:

饱和磁感强度(B 的最大值) $-B_s =$ ________ mT, $B_s =$ ________ mT.

剩磁($H = 0$ 时对应的 B 的读数) $-B_r =$ ________ mT, $B_r =$ ________ mT.

矫顽力($B = 0$ 时对应的 H 的读数) $-H_c =$ ________ A/m, $H_c =$ ________ A/m.

3. 测样品 2 动态磁滞回线的特殊数据记录及计算(表 3.12.3)

表 3.12.3 磁滞回线特殊数据表

X/格	H/(A/m)	Y/格	B/mT	X/格	H/(A/m)	Y/格	B/(mT)
4.00				−4.00			
0				0			
		0				0	
−4.00						4.00	

利用式(3.12.8)和式(3.12.9)分别求出表 3.12.3 中的 H 和 B 值,

笔记栏

并记录在数据表3.12.3中. 其中, 采样电阻R_1 = ________Ω, 积分电阻R_2 = ________Ω, 电容 C = ________F.

示波器 X 轴的灵敏度 S_X = ________mV/格.

示波器 Y 轴的灵敏度 S_Y = ________mV/格.

铁芯实验样品 2 和实验装置参数如下: 铁芯实验样品平均磁路长度 $L = 0.130\ \mathrm{m}$, 铁芯实验样品截面积 $S = 1.24\times10^{-4}\ \mathrm{m}^2$, 原线圈匝数 $N_1 = 100$, 副线圈匝数 $N_2 = 100$, 积分电容 $C = 1.0\times10^{-6}\ \mathrm{F}$, 磁化电流采样电阻 R_1 和积分电阻 R_2 值根据仪器面板上的选择值记录.

3.12.6　实验思考题

1. 根据原理图 3.12.1 及实验给出的各元件的参数, 在预习时估算 R_2上与 C 上的电压降之比, 分析在公式(3.12.4)中忽略 u_C ($u_C = i_C/2\pi fC$) 会带来多大的系统性误差?

2. 为什么在全部完成 B-H 曲线的测量之前, 不能变动示波器面板上的 X、Y 轴增益旋钮? 测量中应注意哪些问题?

3.13　普朗克常量的测定

金属在光的照射下释放电子的现象称为光电效应. 这种现象是 1887 年赫兹研究电磁波时发现的. 1905 年, 爱因斯坦提出光量子假说, 并用光电效应方程圆满地解释了光电效应的一系列实验规律. 密立根经过 10 年的努力, 用精确的实验数据证实了爱因斯坦的光电效应方程. 爱因斯坦也因此获得了 1921 年的诺贝尔物理学奖.

如今, 光电效应在现代科学技术中有着广泛的应用, 例如, 根据光电效应原理制成的光电管、光电倍增管、光电摄像管等在自动控制等方面有着十分重要的应用.

3.13.1　实验目的

(1) 观察光电效应现象, 了解光的量子性.

(2) 验证爱因斯坦光电效应方程, 并测定普朗克常量 h.

3.13.2　实验原理

研究光电效应实验规律和测定普朗克常量的实验原理如图 3.13.1 所示, 其中 S 为真空光电管, K 为阴极, A 为阳极. 当无光照射阴极时, 由于阳极与阴极是断路, 所以检流计 G 中无电流流过. 当用频率为 ν 的单色光照射到金属材料做成的阴极 K 上时, 就有光电子逸出金属. 若在 A、K 两端加上电压 U 后, 光电子将由 K 定向地运动到 A, 从而在回路中形成光电流 I.

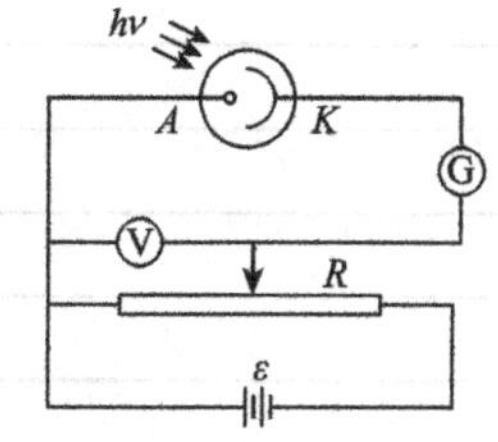

图 3.13.1　光电效应实验原理图

光电效应实验的基本规律可归纳如下.

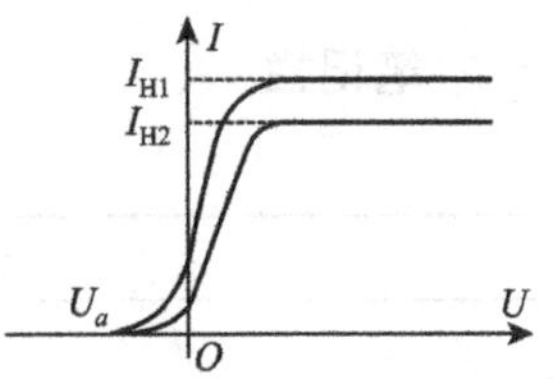

图 3.13.2 光电管的伏安特性曲线

(1) 饱和光电流的大小与入射光强成正比，图 3.13.2 是光电管的伏安特性曲线.

光电流随加速电压 U 的增加而增加，加速电压增加到一定量值后，光电流达到饱和值 I_H，饱和电流与光强成正比，而与入射光的频率无关.

(2) 光电子的初动能与入射光的频率成正比，与入射光强无关. 实验中，通过在 A、K 两端加上反向电压可以使光电子减速. 在反向电压达到某个值时能阻止具有一定初动能的光电子到达阳极，此时光电流为零. 这一电压称为遏止电压，用 U_a 表示，有

$$eU_a = \frac{1}{2}mv_{\max}^2 \tag{3.13.1}$$

(3) 光电效应存在一个频率阈值 ν_0，当入射光的频率低于 ν_0 时，不论光的强度如何，都没有光电子产生. 这一频率阈值 ν_0 称为截止频率.

(4) 光电效应是瞬时效应，一经光照射，立刻产生光电子.

以上这些实验规律，用光的电磁波理论不能做出圆满地解释. 1905 年，爱因斯坦提出了光量子理论，成功地解释了光电效应实验规律. 他认为，一束频率为 ν 的光是以光速运动、能量为 $h\nu$ 的粒子流. 当光与金属中的电子作用时，光子被电子吸收，根据能量守恒定律有

$$h\nu = \frac{1}{2}mv_{\max}^2 + A \tag{3.13.2}$$

这就是著名的爱因斯坦光电效应方程. 式中：h 为普朗克常量；$\frac{1}{2}mv_{\max}^2$ 是光电子逸出金属表面后的最大初动能；A 是电子逸出金属表面需要做的功，称为逸出功. 由式(3.13.2)可知，要产生光电效应，必须 $h\nu_0 \geqslant A$，故有

$$h\nu_0 = A \tag{3.13.3}$$

用爱因斯坦光电效应方程，可以圆满地解释光电效应的实验规律. 同时，由式(3.13.1)～式(3.13.3)可得 $eU_a = \frac{1}{2}mv_{\max}^2 = h\nu - h\nu_0$，

即
$$U_a = \frac{h}{e}\nu - \frac{h}{e}\nu_0 \tag{3.13.4}$$

实验中，测出不同频率 ν 对应的遏止电压 U_a，作出 U_a-ν 曲线，由直线的斜率 k 和直线与纵轴的交点 U_φ 就可以求出普朗克常量和金属的逸出功 A:

$$h = ek \tag{3.13.5}$$

$$A = -eU_\varphi \tag{3.13.6}$$

实验时，实际测出的伏安特性曲线并不是图 3.13.2 所示的形状，而是如图 3.13.3 所示的曲线. 这是因为实际光电流还包括下面三部分.

(1) 暗电流. 它是在完全没有光照射光电管的情形下，由于阴极热电子发射等原因产生的电流.

笔记栏

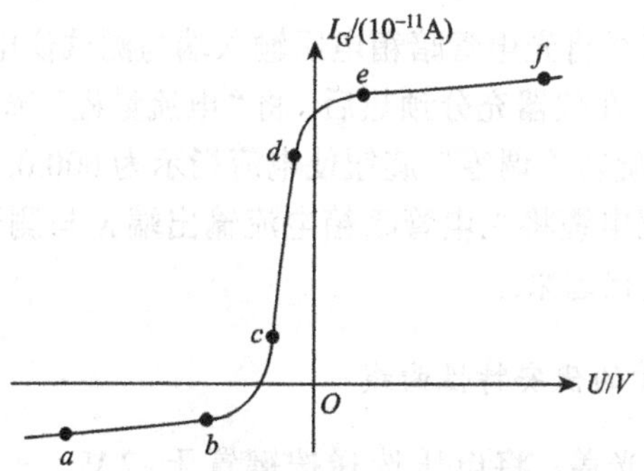

图 3.13.3 实际的光电效应伏安特性曲线

笔记栏

(2) 本底电流. 它是由于外界各种漫反射光入射到光电管上所致. 实验时, 光电管处于暗箱中, 本底电流一般很小, 可略去.

(3) 反向电流. 在制造光电管的过程中, 阳极不可避免地被阴极材料所玷污, 当光照射时阳极也会发射电子, 形成阳极电流即反向电流.

由于存在上述三种电流, 使得当光电流为零时所对应的电压并非遏止电压. 实验时, 确定遏止电压一般采用: ①交点法. 即伏安特性曲线与横轴的交点所对应的电压值. ②拐点法. 即反向电流饱和时拐点对应的电压值. 本实验中采用交点法, 并通过补偿来减小误差.

3.13.3 实验仪器

DH-GD-1 型普朗克常量测定仪(包括光电管工作电源、光电管、汞灯、干涉滤光片、微电流测量仪).

1. 光源

采用高压汞灯作光源, 其可用较强谱线为 365.0 nm、404.7 nm、435.8 nm、546.1 nm、577.0 nm、579.0 nm, 配合滤光片使用得到所需要的单色光. 在光电管前还有光阑可以改变光电管接受的光通量.

2. 光电管

实验采用测普朗克常量 h 专用光电管, 其阴极材料为钾.

3. 微电流测量仪

三位半数字显示式微电流测量仪, 电流测量范围为10^{-8}～10^{-13}A .

3.13.4 实验内容及步骤

1. 测试前准备

将测试仪及汞灯电源接通, 预热 20 min.

把汞灯及光电管暗箱遮光盖盖上(光电管暗箱遮光盖即滤光片选择“0”的位置), 将汞灯暗箱光输出口对准光电管暗箱光输入口, 调整光电管与汞灯距离为约 40 cm 并保持不变.

笔记栏

用专用连接线将光电管暗箱电压输入端与测试仪电压输出端(后面板上)连接起来. 在仪器充分预热后, 将"电流量程"选择开关置于所选档位(10^{-11} A), 旋转"调零"旋钮使电流指示为000.0.

用高频匹配电缆将光电管暗箱电流输出端K与测试仪微电流输入端(后面板上)连接起来.

2. 测光电管的伏安特性曲线

(1) 去掉遮光盖. 将电压选择按键置于−2 V～＋30 V; 选择直径2 mm的光阑(轻轻外拉然后旋转); 选择435.8 nm的滤色片(直接旋转).

(2) 从−2 V开始增大电压到30 V止, 记录对应的电流值. 电压每变化一定值记录一组数据到表格中.

(3) 在U_{AK}为30 V时, 测量光阑分别为2 mm、4 mm、8 mm时的电流数据到表格中.

(4) 选用546.1 nm的滤色片, 选用直径4 mm的光阑, 将"电流量程"选择开关置于10^{-10} A档位. 重复步骤(2)、(3).

注意: (1) 若电流表超量程, 需要改换量程. 换量程必须重新调零.

(2) 由于光电流会随光源、环境光以及时间的变化而变化, 测量光电流时, 在选定U_{AK}后, 应取光电流读数的平均值.

3. 测普朗克常量h

(1) 将电压选择按键置于−2 V～＋2 V档; 电流量程置于10^{-12} A档; 使用直径4 mm的光阑; 选择365.0 nm的滤色片.

(2) 调节电压U_{AK}使电流为零后, 保持U_{AK}不变, 盖上汞灯遮光罩, 此时测得的电流I_1为电压接近遏止电压时的暗电流和本底电流. 重新让汞灯照射光电管, 调节电压U_{AK}使电流值至I_1, 将此时对应的电压U_{AK}的绝对值作为遏止电压U_a, 将数据记录于数据表中. 此法可补偿暗电流和本底电流对测量结果的影响.

(3) 依次换上404.7 nm、435.8 nm、546.1 nm、577.0 nm的滤色片, 重复(2)的测量步骤.

3.13.5 数据处理

1. 作伏安特性曲线(表3.13.1～表3.13.3)

表3.13.1 测伏安特性数据表格1

波长λ = ________nm, 光阑孔Φ = ________mm

数据	序号											
	1	2	3	4	5	6	7	8	9	10	11	12
U/V												
I_G/(10^{-11} A)												

笔记栏

续表

数据	序号											
	13	14	15	16	17	18	19	20	21	22	23	24
U/V												
I_G/(10^{-11} A)												

表 3.13.2　测伏安特性数据表格 2

波长 λ = ________nm，光阑孔 Φ = ________mm

数据	序号											
	1	2	3	4	5	6	7	8	9	10	11	12
U/V												
I_G/(10^{-10} A)												

数据	序号											
	13	14	15	16	17	18	19	20	21	22	23	24
U/V												
I_G/(10^{-10} A)												

根据表 3.13.1 和表 3.13.2 中的数据作出光电管的伏安特性曲线.

根据表 3.13.3 中的数据验证饱和光电流与入射光强成正比.

表 3.13.3　饱和光电流数据表格

U_{AK} = ________V

滤波片	光阑 Φ/mm	2	4	8
435.8 nm	饱和光电流 I/(10^{-10} A)			
546.1 nm	饱和光电流 I/(10^{-10} A)			

2. 求普朗克常量 h(表 3.13.4)

表 3.13.4　U_a～ν 数据表格

光阑孔 Φ = ________mm

数据	λ/nm				
	365.0	404.7	435.8	546.1	577.0
ν/(10^{14} Hz)					
U_a/V					

根据线性回归理论，由最小二乘法求出关系 $U_a = k\nu + U_0$. 把所得直线的斜率 k 代入式(3.13.5)求出普朗克常量 h，并与 h 的公认值(6.626×10^{-34} J·s)比较，求出相对误差.

相对误差为

$$\frac{|h-\bar{h}|}{h}\times 100\% = \underline{\qquad\qquad}$$

笔记栏

3.13.6 实验注意事项

(1) 汞灯关闭后，不要立即开启电源．必须待灯丝冷却后再开启，否则会影响汞灯寿命．

(2) 光电管应保持清洁，避免用手摸，而且应放置在遮光罩内，不用时禁止用光照射．

(3) 滤光片要保持清洁，禁止用手摸光学面．

(4) 在光电管不使用时，要断掉施加在光电管阳极与阴极间的电压，保护光电管，防止意外的光线照射．

3.13.7 实验思考题

1. 爱因斯坦光电效应方程的物理意义是什么？它适用的条件是什么？

2. 遏止电压为什么不易测准？影响遏止电压测准的因素是什么？

3. 分析实验误差产生的原因，实验中如何减小误差？

第 4 章 >>>

综合及设计性实验

4.1　动力学法测量金属的弹性模量

弹性模量是反映材料抗形变能力的物理量，是工程技术中常用的重要参数，是选择机械构件材料的依据之一. 本实验用动力学法测金属的弹性模量，它有别于拉伸法测弹性模量，是国家标准 GB/T 2105—91 推荐的测弹性模量的方法.

4.1.1　实验目的

(1) 学习用动力学法测量弹性模量的方法.

(2) 掌握螺旋测微器的使用.

(3) 学习用内插法测量、处理实验数据.

(4) 熟悉测试仪器及示波器的使用.

4.1.2　实验原理

考虑一沿 x 方向放置的细长棒，如图 4.1.1 所示，它的横振动(又称弯曲振动)满足如下动力学方程

$$\frac{\partial^2\eta}{\partial t^2}+\frac{EJ\partial^4\eta}{\rho S\partial x^4}=0 \tag{4.1.1}$$

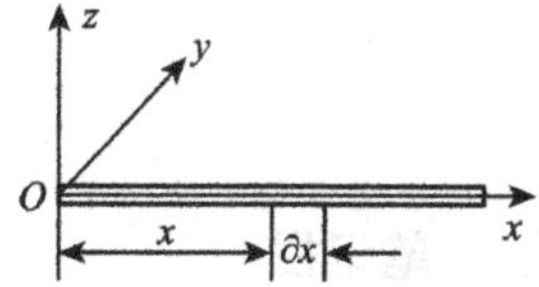

图 4.1.1　细长棒的弯曲振动

式中：η 为棒上距左端 x 处截面的 z 方向的位移；E 为该棒的弹性模量；ρ 为材料密度；S 为棒的横截面；J 为某一截面的惯性矩($J=\iint_S z^2\mathrm{d}S$).

用分离变量法可求解方程(4.1.1)，令 $\eta(x,t)=X(x)T(t)$，则有

$$\frac{1}{X}\times\frac{\mathrm{d}^4X}{\mathrm{d}x^4}=-\frac{\rho S}{EJ}\times\frac{1}{T}\times\frac{\mathrm{d}^2T}{\mathrm{d}t^2}$$

等式两边分别是两个独立变量 x 和 t 的函数，只有在两端都等于同一个任意常数时，才有可能成立. 设都等于 K^4，于是得

$$\frac{\mathrm{d}^4X}{\mathrm{d}x^4}-K^4X=0$$

$$\frac{\mathrm{d}^2T}{\mathrm{d}t^2}+\frac{K^4EJ}{\rho S}T=0$$

设棒中每点都作简谐振动，则以上两方程的通解分别为

$$X(x)=B_1\cosh Kx+B_2\sinh Kx+B_3\cos Kx+B_4\sin Kx$$
$$T(t)=E\cos(\omega t+\varphi)$$

于是横振动方程(4.1.1)的通解为

$$\eta(x,t)=(A\cosh Kx+B\sinh Kx+C\cos Kx+D\sin Kx)\cos(\omega t+\varphi) \quad (4.1.2)$$

式中

$$\omega=\left(\frac{K^4EJ}{\rho S}\right)^{\frac{1}{2}} \quad (4.1.3)$$

称为频率公式，它对任意形状截面的试样，不同的边界条件都是成立的.根据特定的边界条件定出常数K，代入特定截面的惯性矩J，就可以得到具体条件下的关系式.

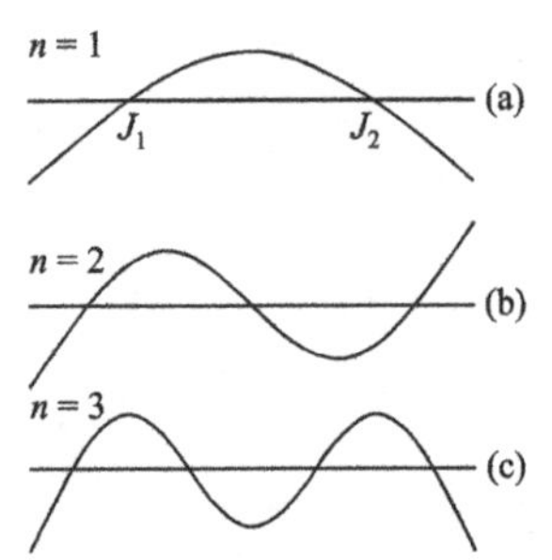

图 4.1.2 两端自由的棒弯曲振动前三阶振幅分布

由对细长棒弯曲振动的动力学分析知，其所受的弯曲力矩M和横向作用力F分别为

$$M=-EJ\frac{\partial^2\eta}{\partial x^2},\quad F=\frac{\partial M}{\partial x}-EJ\frac{\partial^3\eta}{\partial x^3}$$

对于用细线悬线挂起来的棒，若悬线位于棒作横振动的节点，如图 4.1.2(a)所示中J_1、J_2点附近，并且棒的两端均处于自由状态，那么在两端面上，横向作用力F与弯曲力矩M均为零，则有边界条件

$$\left.\frac{\mathrm{d}^3X}{\mathrm{d}x^3}\right|_{x=0}=0,\quad \left.\frac{\mathrm{d}^3X}{\mathrm{d}x^3}\right|_{x=l}=0$$

式中：l为棒长. 将通解代入以上边界条件得

$$\cos Kl\cdot\cosh Kl=1 \quad (4.1.4)$$

用数值解法可求得满足上式的一系列根K_nl，其值为$K_nl=0, 4.730, 7.853, 10.996, \cdots$，每一个$K_n$对应一个简正振动，且系数满足$A=C$，$B=D$，则简正振动$\eta_n(x,t)$的解为

笔记栏

$$\eta_n(x,t)=[A_n(\cosh K_nx+\cos K_nx)+B_n(\sinh K_nx+\sin K_nx)]\cos(\omega_nt+\varphi_n) \quad (4.1.5)$$

且A_n、B_n满足如下关系

$$B_n=A_n\frac{\sinh K_nl+\sin K_nl}{\cos K_nl-\cosh K_nl}$$

则棒作横振动的总位移就为所有简正振动的叠加，即方程(4.1.1)的最后解为

$$\eta(x,t)=\sum_{n=1}^{\infty}[A_n(\cosh K_nx+\cos K_nx)+B_n(\sinh K_nx+\sin K_nx)]\cos(\omega_nt+\varphi_n) \quad (4.1.6)$$

考虑前几个简正振动，其中$K_nl=0$的根对应于静止状态. 因此将$K_nl=4.730$记为第一个根，对应的振动频率为基振频率，此时棒的振幅分布如图 4.1.2(a)所示，K_2l、K_3l对应的振动形态依次如图 4.1.2(b)、

笔记栏

(c)所示. 从图 4.1.2(a)可以看出，试样在作基频振动时存在两个节点，根据计算知它们的位置分别距端面为 $0.224l$ 和 $0.776l$. 对应 $n=2$ 的振动，其振动频率约为基频的 2.5～2.8 倍，节点位置在 $0.132l$ 、$0.500l$ 、$0.868l$ 处.

将第一个 $K_1=\dfrac{4.730}{l}$ 的值代入到式(4.1.3)，得到棒作基频振动的固有频率为

$$\omega=\left[\frac{4.730^4 EJ}{\rho l^4 S}\right]^{\frac{1}{2}}$$

解出弹性模量为

$$\begin{aligned}E&=1.9978\times10^{-3}\frac{\rho l^4 S}{J}\omega^2\\&=7.8870\times10^{-2}\frac{l^3 m}{J}f^2\end{aligned}$$

式中：$m=\rho lS$ 为圆棒的质量；f 为棒的基频.

对于直径为 d 的圆棒，由惯性矩的定义计算得

$$\begin{aligned}J&=\iint z^2\mathrm{d}S=\int_{-d/2}^{d/2}2yz^2\mathrm{d}z\\&=2\int_{-d/2}^{d/2}z^2\sqrt{(d/2)^2-z^2}\,\mathrm{d}z\\&=\frac{\pi d^4}{64}\end{aligned}$$

代入上式得

$$E=1.6067\frac{l^3 m}{d^4}f^2 \tag{4.1.7}$$

这就是本实验要用到的计算公式.

此处得到弹性模量计算公式的前提条件是自由振动，而实验中测试棒作受迫振动，两种振动如何联系起来？可以这样理解：悬线处于节点时，测试棒几乎不受激振器通过悬线带来的激励影响，测试棒振动就是自由振动.

另外要明确的是，物体的固有频率 $f_{固}$ 和共振频率 $f_{共}$ 是两个不同的概念，它们之间的关系为

$$f_{固}=f_{共}\sqrt{1+\frac{1}{4Q^2}}$$

式中：Q 为测试的机械品质因素. 对于悬挂法测量，一般 Q 的最小值约为 50，共振频率和固有频率相比只偏低 0.005%，本实验中只能测出测试的共振频率，由于两者相差很小，所以固有频率可用共振频率代替.

4.1.3　实验仪器

DHY-2A 型动态杨氏模量测试台、DH0803 振动力学通用信号源、

笔记栏

数字示波器、测试棒(铜、铝、不锈钢)、悬线、专用连接导线、数显电子天平、游标卡尺、螺旋测微器等.

1. 动态弹性模量测试台

本实验用 DHY-2A 型动态杨氏模量测试台进行弹性模量测量，其结构如图4.1.3所示. 需要说明的是，杨氏模量又称拉伸模量，是沿纵向的弹性模量.

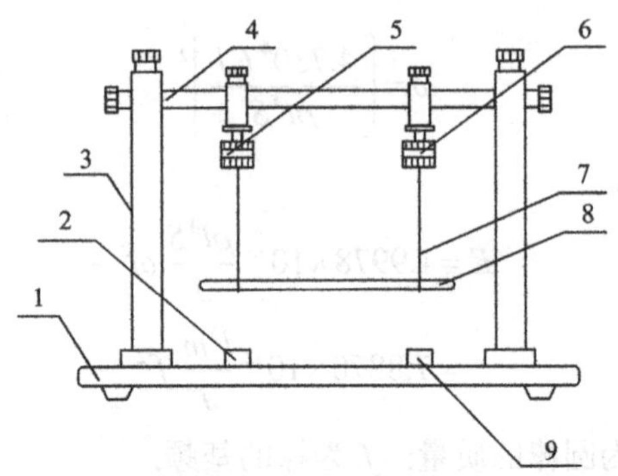

图 4.1.3 DHY-2A 型动态杨氏模量测试台结构图

1. 底板; 2. 输入插口; 3. 立柱; 4. 横杆; 5. 激振器; 6. 拾振器; 7. 悬线; 8. 测试棒; 9. 输出插口

由频率连续可调的音频信号源输出正弦电信号，经激振器转换为同频率的机械振动，再由悬线把机械振动传给测试棒，使测试棒做受迫横振动，测试棒另一端的悬线再把测试棒的机械振动传给拾振器，这时机械振动又转变成电信号，信号经选频放大器的滤波放大，再送至示波器显示.

当信号源频率不等于测试棒的固有频率时，测试棒不发生共振，示波器几乎没有电信号波形或波形很小. 当信号源的频率等于测试棒的固有频率时，测试棒发生共振，这时示波器上的波形突然增大，这时频率显示窗口显示的频率就是测试棒的共振频率，代入式(4.1.7)即可计算出弹性模量.

本实验用的是 DH0803 振动力学信号源，能输出正弦波、方波等信号，输出信号幅度可调，频率 20～100 000 Hz 连续可调；利用编码开关和数字按键联合进行频率调节，最小步进值 0.001 Hz, 6 位数码管显示；实验中使用的最小步进值为 0.1 Hz, 0.1 Hz 以下的步进值对共振信号的影响不明显. DH0803 振动力学信号源前面板如图 4.1.4 所示.

(1) 频率显示窗口.

(2) 频率调节：按键按下后，对应指示灯亮，表示可以用编码开关调节输出频率，编码开关下面的按键用于切换频率调节位.

(3) 幅度调节：按键按下后，对应指示灯亮，表示可以用编码开关调节输出信号幅度.

(4) 信号放大：按键按下后，对应指示灯亮，表示可以用编码开关调节信号放大倍数.

笔记栏

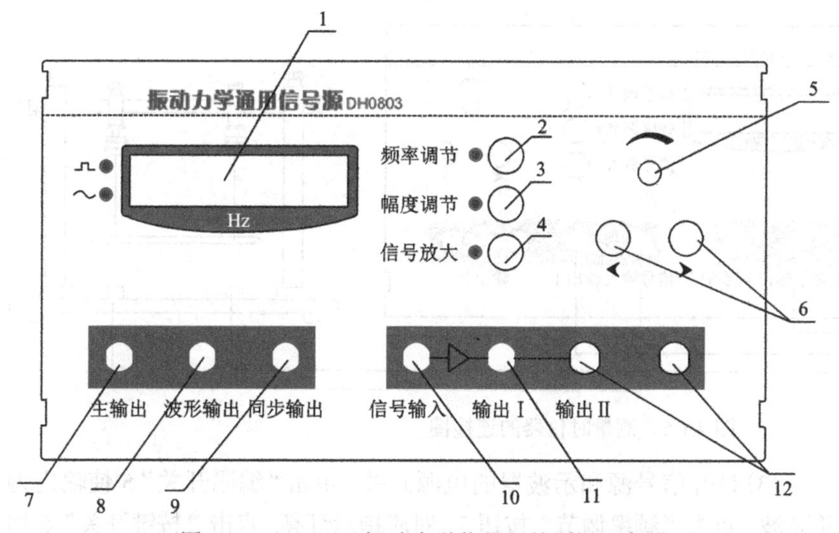

图 4.1.4 DH0803 振动力学信号源前面板示意图

(5) 编码开关: 可以单击或者旋转, 单击旋钮可用来切换正弦波和方波输出; 旋转旋钮可用于调节输出信号频率、幅度以及信号放大倍数.

(6) 按键开关: 用于切换频率调节位, 仅用于信号频率调节.

(7) 主输出: 功率信号输出, 接驱动传感器.

(8) 波形输出: 可接示波器观察主输出的波形.

(9) 同步输出: 为输出频率同主输出, 且与主输出相位差固定的正弦波信号; 本实验不用此输出端口.

(10) 信号输入: 连接杨氏模量测试台输出插口, 对电信号进行放大.

(11) 输出 I: 接示波器通道 1, 将放大后信号输出.

(12) 输出 II: 将信号放大输出, 可接耳机或其他检测设备; 本实验不用此输出端口.

2. 示波器

本实验用数字示波器, 其原理及功能见数字示波器实验的有关内容.

4.1.4 实验内容与步骤

1. 测量前仪器的调整

(1) 安装测试棒. 如图 4.1.5 所示, 将铜测试棒悬挂于两悬线之上, 要求测试棒横向水平, **悬线与测试棒轴向垂直**, 把两悬线挂到第五个刻痕(从棒边缘往中间数, 标注数字为 2.5 cm), 安装好之后用手托一下棒让其静止.

(2) 按图 4.1.5 连接线路. 将动态杨氏模量测试台上的"输入插座"接至信号源的"主输出"端, 用于驱动激振器; 同时将信号源的"波形输出"接示波器, 观察激振波形; 将动态杨氏模量测试台上的"输出插座"接至信号源 DH0803 的"信号输入", 对探测的共振信号进行放大; 再将放大信号"输出 I"连接到示波器上观察共振波形.

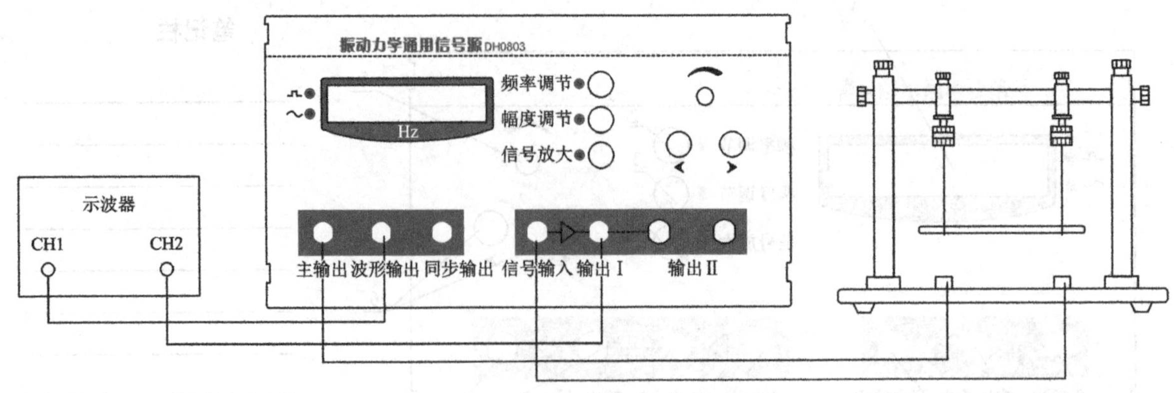

图 4.1.5 测量时仪器的连接图

(3) 打开信号源和示波器的电源开关. 单击“编码开关”5 使输出为正弦波; 点击“频率调节”按钮 2, 对应指示灯亮, 点击“按键开关”6 切换频率调节位, 旋转“编码开关”5 调节频率, 让“频率显示窗口”1 显示的频率值约为 300 Hz. 点击“幅度调节”按钮 3, 对应指示灯亮, 旋转“编码开关”5 调节幅度, 让“频率显示窗口”1 显示的幅度值为 10. 点击“信号放大”按钮 4, 对应指示灯亮, 旋转“编码开关”5 调节信号放大倍数, 让“频率显示窗口”1 显示的信号放大倍数值为 50.

(4) 调节示波器的垂直档位(电压调节旋钮)和水平档位(时间扫描调节旋钮). 调节示波器的垂直档位, 让信号波形的竖直方向合理地显示在示波器的显示屏上; 调节示波器的水平档位, 使波形疏密得当. 拾振器接收到的信号振动幅度过小时, 加大信号输出幅度作用并不明显, 应当调节示波器的垂直档位让信号波形的显示明显一些.

2. 测量数据

笔记栏

(1) 鉴频. 它是对测试共振模式及振动级次的鉴别, 是准确测量操作中的重要一步. 在作频率扫描时(在 300～1500 Hz 间大范围调节频率时), 切换频率调节位至十位, 粗调信号频率, 寻找测试棒的共振频率. 当示波器屏幕上出现共振现象时(正弦波振幅突然变大), 信号源显示的频率就是测试棒的共振频率. 我们会发现测试棒不只在一个频率处发生共振现象, 而所用式(4.1.9)只适用于基频共振的情况, 所以要确认测试棒是在基频频率下共振. 我们可用阻尼法来鉴别: 若沿测试棒长度的方向轻触棒的不同部位, 同时观察示波器, 波幅会变小, 这时的共振就是在基频下的共振.

(2) 精准确定测试棒在悬挂点为 2.5 的共振频率. 大体确定基频频率后, 切换频率调节位至个位、十分位以及百分位, 微调信号频率, 使波形振幅达到极大值, 此时信号源数码管显示的频率就是要记录的频率.

(3) 测量其他悬挂点对应的频率. 从两边向中间依次对称悬挂(如 3.0, 3.5, 4.0, 4.5, 5.0, 5.5), 分别测量 7 个悬挂点对应的频率, 记录的频率值精确到十分位或者百分位即可.

笔记栏

(4) 节点附近共振频率的测量. 当悬挂点从两边向中间靠近节点时(节点位于 4.0 对应刻痕的附近), 共振波形的振幅变得非常微小或者没有共振, 难以观察到. 这时, 可以先不测该悬挂点的频率, 继续将悬挂点向中间移动, 测量其他的悬挂点对应的共振频率, 等到最后再测量节点附近悬挂点的共振频率; **或者在 3.5 和 4.5 之间的范围内稍微偏移一点(如悬挂至 3.8、3.9、4.1、4.2、4.3 等), 实际悬挂点(而非刻痕)到棒端面的距离要用游标卡尺精确测量**. 节点附近悬挂点的频率值必定小于近邻悬挂点的频率值且差距不大, 有这样一个预判之后, 仔细调节信号源的频率, 观察信号波形的变化, 有微小的共振出现即可.

(5) 测量其他测试棒的频率. 测完铜棒的共振频率后, 再依次换上不锈钢棒(重)和铝棒(轻), 分别进行共振频率的测量.

(6) 测量其他参数. 用游标卡尺测量测试棒(铜棒、不锈钢棒、铝棒)的长度, 用螺旋测微器测量铜棒、不锈钢棒、铝棒等测试棒直径(在不同部位测 6 次), 用数显电子天平测量铜棒、不锈钢棒、铝棒等测试棒质量. 用游标卡尺测量测试棒刻痕到端面的距离. 铜棒、不锈钢棒、铝棒等**测试棒上的悬挂点(刻痕)标注了数字, 但并不准确, 需要用游标卡尺精确测量棒上刻痕到棒端面的距离**, 仅测量一端即可, 将所测数据填入表 4.1.2 中悬点位置对应的空格.

4.1.5 实验数据处理

1. 样品棒长度、直径及质量的测量(表 4.1.1)

表 4.1.1 测样品棒的直径 d 数据表格(用螺旋测微器)

数据	测量次数					
	1	2	3	4	5	6
d_i/mm(黄铜)						
d_i/mm(不锈钢)						
d_i/mm(铝)						

$$U_A = S_d = \sqrt{\frac{\sum_{i=1}^{6}(d_i - \bar{d})^2}{6-1}} = \underline{\qquad\qquad}\text{mm}$$

$$U_B = \Delta_{仪} = \underline{\quad 0.004 \quad}\text{mm}$$

$$U_d = \sqrt{U_A^2 + U_B^2} = \underline{\qquad\qquad}\text{mm}$$

$$d = \bar{d} \pm U_d = \underline{(\qquad \pm \qquad)}\text{mm}$$

用游标卡尺测样品棒的长度, 用电子天平测样品棒的质量. 由于以上都是单次测量值, 所以不考虑不确定度的A类分量, 只考虑B类分量, 即主要由仪器误差决定.

样品棒的长度为l, 而$U_l = \Delta_{仪} = 0.02\text{mm}$, 则$l = \underline{(\qquad \pm \qquad)}\text{mm}$.

笔记栏

样品棒的质量为m，$U_m=\Delta_{仪}=1\text{g}$，则$m=$(____±____)g.

2. 基频共振频率的确定(表 4.1.2)

将悬线挂在0.224l和0.776l节点处时，测试棒振动对应的频率即为基频共振频率. 但悬线位于该节点处时，几乎无法激励测试棒振动，振动幅度几乎为零，很难激振和检测，故采用内插法获得该频率值. 所谓内插法，就是根据一些点做出特定曲线来近似函数，由曲线计算其他点的函数值的方法. 本实验中就是以悬挂点位置和棒长的比值为横坐标，以相对应的共振频率为纵坐标做出关系曲线，求得曲线节点(x/l = 0.224)所对应的频率即为测试棒的基频共振频率.

表 4.1.2 共振频率与悬线位置数据表

数据		序号						
		1	2	3	4	5	6	7
黄铜	悬点 x/mm							
	比值 x/l							
	频率 f/Hz							
不锈钢	悬点 x/mm							
	比值 x/l							
	频率 f/Hz							
铝	悬点 x/mm							
	比值 x/l							
	频率 f/Hz							

数据处理要求：由上述数据，以x/l比值为横坐标，以相对应的共振频率f为纵坐标，用 Excel 软件作图(插入散点图)，对数据进行拟合(添加趋势线：多项)，将三条关系曲线作在同一幅图上对比(设置数据系列格式：次坐标轴)，并打印出来贴在实验报告上，并由拟合曲线确定在节点位置(x/l = 0.224)的基频共振频率(f的不确定度U_f取最小分度的一半即 0.0005).

3. 分别计算黄铜、不锈钢、铝棒的弹性模量 E

弹性模量为

$$\bar{E}=1.6067\frac{l^3 m}{\bar{d}^4}f^2=\underline{\qquad\qquad}$$ Pa(用科学计数法表示，保留 4 位有效数字)

不确定度为

$$U_{\bar{E}}=\bar{E}\sqrt{\left(\frac{3}{l}\right)^2(U_l)^2+\left(\frac{1}{m}\right)^2(U_m)^2+\left(\frac{4}{d}\right)^2(U_d)^2+\left(\frac{2}{f}\right)^2(U_f)^2}$$

= ____________________(展示数据带入过程)

= ________Pa(用科学计数法表示，保留 3 位有效数字)

图 4.1.6 $x=0.224$ 对应的 y 值

笔记栏

测量结果

$$E = \overline{E} \pm U_{\overline{E}} = \underline{\qquad\qquad} \text{Pa}$$(按规范进行修约)

4.1.6　实验注意事项

(1) 悬挂测试棒时要轻，不要拽悬线，以免损坏激振器和拾振器.

(2) 测试台上立柱、横杆、激振器、拾振器对应的螺钉要拧紧，否则共振信号很弱.

4.1.7　实验思考题

1. 实验中你是如何判断共振的？怎样确定基频共振？

2. 从 E 的不确定度计算式分析哪个量的测量对 E 的结果的准确度影响最大？

3. 内插法有什么特点，使用时应注意什么？

4.2　迈克耳孙干涉仪测线膨胀系数

固体的线膨胀是指固体受热时在某一方向上的伸长. 这种特性是工程结构设计、机械和仪表制造、材料加工中要考虑的重要因素. 在相同条件下，不同材料的固体线膨胀的程度不同，各种材料膨胀特性用线膨胀系数来描述. 对于金属材料，温度变化引起长度的微小变化比较微小，本实验中利用干涉法测量金属棒的线膨胀系数.

4.2.1　实验目的

(1) 了解迈克耳孙干涉仪的基本原理和应用方法.

(2) 学会采用干涉法测量试件的线膨胀系数.

4.2.2　实验原理

1. 固体的线膨胀系数

在一定温度范围内，原长为 L_0 (在 $t_0 = 0$ ℃时的长度) 的物体受热温度升高，一般固体会由于原子的热运动加剧而发生膨胀，在 t(单位℃) 温度时，伸长量 ΔL，它与温度的增加量 $\Delta t = t - t_0$ 近似成正比，与原长 L_0 也成正比，即

$$\Delta L = \alpha L_0 \Delta t \tag{4.2.1}$$

此时的总长为

$$L_t = L_0 + \Delta L \tag{4.2.2}$$

式中：α 为固体的线膨胀系数，它是固体材料的热学性质之一. 在温度变化不大时，α 是一个常数，可由式(4.2.1)和式(4.2.2)得

$$\alpha = \frac{L_t - L_0}{L_0 t} = \frac{\Delta L}{L_0} \cdot \frac{1}{t} \tag{4.2.3}$$

笔记栏

由上式可见，α 的物理意义：当温度每升高 1 ℃时，物体的伸长量 ΔL 与它在 0 ℃时的长度之比 α 是一个很小的量，附录 A.2.4 中列有几种常见的固体材料的 α 值. 当温度变化较大时，α 可用 t 的多项式来描述：$\alpha = A + Bt + Ct^2 + \cdots$，式中 A, B, C 为常数.

在实际的测量当中，通常测得的是固体材料在室温 t_1 下的长度 L_1 及其在温度 t_1 至 t_2 之间的伸长量 ΔL_{21}，就可以得到线膨胀系数，这样得到的线膨胀系数是平均线膨胀系数 $\bar{\alpha}$：

$$\bar{\alpha} \approx \frac{L_2 - L_1}{L_1(t_2 - t_1)} = \frac{\Delta L_{21}}{L_1(t_2 - t_1)} \tag{4.2.4}$$

式中：L_1 和 L_2 分别为物体在 t_1 和 t_2 下的长度；$\Delta L_{21} = L_2 - L_1$ 是长度为 L_1 的物体在温度从 t_1 至 t_2 的伸长量.

2. 干涉法测量线膨胀系数

采用迈克耳孙干涉法测量试件的线膨胀系数如图 4.2.1 所示，根据迈克耳孙干涉原理可知，长度为 L_1 的待测试件被温控炉加热，当温度从 t_1 上升至 t_2 时，试件因线膨胀推动迈克耳孙干涉仪动镜（反射镜 3）的位移量与干涉条纹变化的级数 N 成正比，即

$$\Delta L = N\frac{\lambda}{2} \tag{4.2.5}$$

式中：λ 为激光的光波波长. 将式(4.2.5)带入式(4.2.4)得

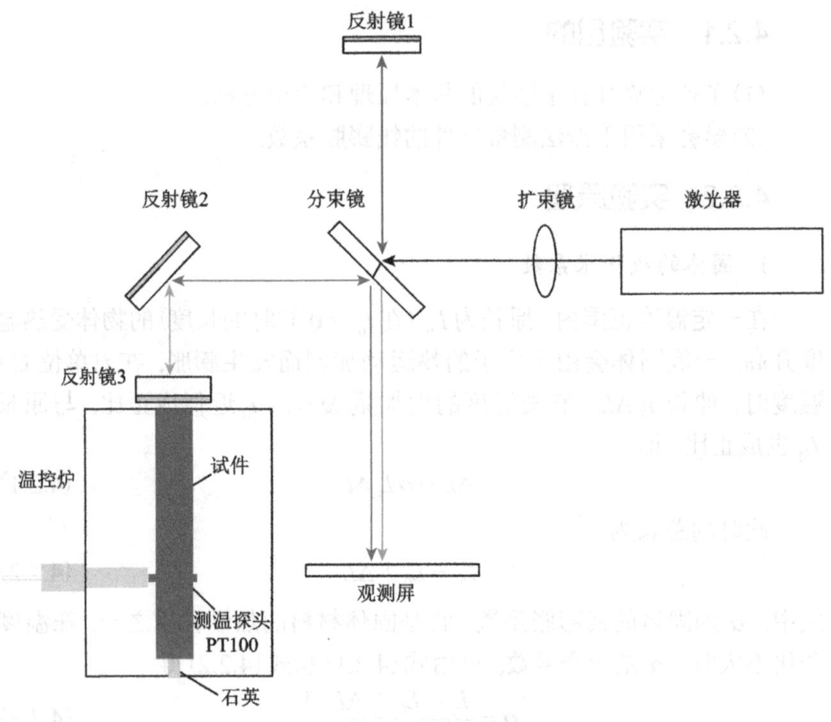

图 4.2.1　干涉法线膨胀系数原理图

$$\alpha = \frac{N\frac{\lambda}{2}}{L_1(t_2 - t_1)} \tag{4.2.6}$$

4.2.3　实验仪器

线膨胀试验仪，氦氖激光器，待测的黄铜、硬铝、钢三种试件，游标卡尺.

4.2.4　实验内容和步骤

1. 待测试件的放置

(1) 将待测试件从试件盒中取出(可用 M4 螺钉旋入试件一端的螺纹孔内，将试件提拉出来)，再用游标卡尺测量并记录试件长度 L_1. 取下反射镜 2，手提 M4 螺钉把试件放入电热炉(确保试件的测温孔与炉侧面的测温探头插入圆孔对准；注意轻放，禁止将样品直接掉进加热炉，以免砸碎试件底端的石英玻璃垫).

(2) 将测温 PT100 探头，通过加热炉侧面圆孔插入试件测温孔内；传感器插座与仪器后面板上的“PT100”插座对应相连；加热炉控制电源与仪器后面板上的“加热炉电源输出”相连.

(3) 拧下 M4 螺钉，将带螺纹的反射镜 3 与试件连接起来(不可拧得过紧以免石英玻璃破碎). 反过来若要更换试件时，需先拧下反射镜 3，再用 M4 螺钉取出试件.

(4) 重新插入放置好反射镜 2，调整至适当反射角.

2. 光路调节

(1) 接通电源，点亮氦氖激光器. 先移开扩束镜，通过微调反射镜 1 和反射镜 2，可将毛玻璃屏上两组光点中两个最强点重合，并尽量让重合点调节到毛玻璃屏中部便于观察的位置.

(2) 将带有磁性的扩束镜架放置在激光器出光口上；仔细调节扩束镜位置，毛玻璃屏上将出现环形干涉条纹.

3. 实验测试

实验测量方法：可以采用观察试件一定的伸长量(例如环形干涉条纹改变 50 或 100 个干涉环对应的光程差)，测量记录下试件温度的变化量；也可以采用升高确定的温度(例如 10 ℃或 15 ℃)来测量试件伸长量(数出的环形干涉条纹改变的数量对应的光程差)的方法；最终根据测得的数据代入公式(4.2.6)，计算试件的线膨胀系数.

(1) 测量金属棒的线膨胀系数.

①测量前，先设定温控表所需达到的温度值，可以把设定值设置到比室温高 15～25 ℃，然后按下“启/停”开始给试件加热.

②认准干涉图样中心的形态，当温控表实时显示的温度值超过室

笔记栏

温 3～5 ℃时(此时干涉环变化比较均匀)，记录此时温控表上的试件初始温度 t_1，同时开始仔细默数干涉环的变化量. 待达到预定数时(例如 50 环或 100 环)，记录此时温控表上的实时温度显示值 t_2.

(2) 作图法测量金属棒的线膨胀系数.

①按步骤 1、2 更换金属试件，调整好光路，重新观察到环形干涉条纹.

②按下“启/停”开始给试件加热. 当温控表实时显示的温度值超过室温 3～5 ℃左右时记录此时温控表上的试件初始温度 t_1，同时开始仔细默数干涉环的变化量. 每计数 20 个干涉环时，记录此时对应的温度显示值 t_i，一共记录 5 组 100 环. 实验完毕后，将温控表设定温度设置在室温以下，关闭电源.

③以横轴标出铜棒温度变化 $\Delta t = t_2 - t_1$，纵轴标出金属棒伸长量 ΔL，通过描点利用最小二乘法进行直线拟合，求出直线斜率 K，进而求出金属线膨胀系数.

4.2.5 数据处理

1. 测量金属的线膨胀系数(表 4.2.1)

表 4.2.1 线膨胀系数测量数据表格

室温______℃，氦氖激光器波长 $\lambda = 632.8$ nm，温控器设置温度为______℃

试件名称 (黄铜/硬铝/钢)	试件长度 L_1/mm	温度℃		干涉环变化数 N	试件伸长量 $\Delta L = N\frac{\lambda}{2}$/nm	线膨胀系数 $\alpha/(10^{-6}/℃)$
		t_1	t_2			
		平均值				
		参考值				
		误差				

2. 作图法测量金属线膨胀系数(表 4.2.2)

表 4.2.2 作图法测量线膨胀系数数据表格

试件名称______，试件初始长度 L_1 = ______mm，激光器波长 $\lambda = 632.8$ nm

数据	干涉环变化数 N					
	0	20	40	60	80	100
温度 t_i/℃						
$\Delta t = t_i - t_1$/℃						
$\Delta L = N\frac{\lambda}{2}$/nm						

直线斜率 K = ______；

笔记栏

金属线膨胀系数 $\alpha=\frac{K}{L_1}=$ ______________ $\times10^{-6}/℃$.

4.2.6　实验注意事项

(1) 由于温度控制器是调差控制器，达到温度控制点时会有反复，所以需避开智能调整温度范围，防止干涉环时而涌出时而缩进，不便于计数. 样品测试完毕后，若没有达到设置温度，可以直接按“启/停”键，停止加热，并将温控表的设定温度值调节到室温以下，对加热炉进行冷却. 若室温低于试件的线性变化温度范围时，可加热至所需温度后再开始实验测量.

(2) 保护眼睛，不可直视激光束！

(3) 保证实验环境的稳定安静，不要跑动和震动桌面和地面，保持实验室光照较弱环境.

(4) 加热炉中，试件底部的石英垫不能承受较大冲击，务必轻拿轻放试件. 反射镜 3 上黏结的石英玻璃管不能承受较大的扭力和拉力，不要用力扭动反射镜 3.

(5) 实验前不要按加热开关，同时加热炉温度不可设置太高，以免冷却时间过长.

(6) 反射镜和分束镜均为易碎器件，注意安全，保护仪器.

4.2.7　实验思考题

1. 对于一种材料来说，线膨胀系数是否一定是一个固定不变的常数？

2. 此实验中，引起实验测量误差的主要因素有哪些？可采用哪些办法减小误差？

4.3　用玻尔共振仪研究受迫振动

振动是自然界最普遍的运动形式之一. 振动一般分为简谐振动、阻尼振动和受迫振动. 简谐振动具有重要的理论意义，而阻尼振动和受迫振动则更具有实际应用价值. 在大量的工程实际中，受迫振动特别是受迫振动中的共振现象是需要特别关注的问题. 因此研究物体的受迫振动规律，特别是其中的共振现象不仅有重要的学术价值而且具有现实意义.

表征受迫振动性质的物理规律是振幅和频率(幅频特性)以及相位差和频率的关系(相频特性). 本实验用玻尔共振仪定量地测量物体受迫振动的幅频特性和相频特性，并利用频闪法测定动态相位差.

4.3.1　实验目的

(1) 研究玻尔共振仪中弹性摆轮受迫振动的幅频特性和相频特性.

(2) 研究不同阻尼矩对受迫振动的影响，观察共振现象.

笔记栏

4.3.2 实验原理

物体在周期性外力的持续作用下发生的振动称为受迫振动，这种周期性的外力称为强迫力．如果强迫力按简谐振动规律变化，那么稳定状态时的受迫振动也是简谐振动，此时物体的振幅保持恒定，振幅的大小与强迫力的频率和原振动系统的固有振动频率以及阻尼有关．在受迫振动状态下，系统同时受线性回复力、阻尼力和强迫力的作用．稳定状态时物体的位移和速度与强迫力并不同步，而是存在一定的相位差．

本实验用玻尔共振仪研究物体的受迫振动．实验中摆轮在弹性力矩的作用下作自由摆动，加在摆轮上的阻尼力矩和强迫力矩使系统作有阻尼的受迫振动．设周期性强迫力矩 $M = M_0\cos\omega t$，阻尼力矩为 $-b\mathrm{d}\theta/\mathrm{d}t$，弹性力矩为 $-k\theta$，则系统的动力学方程为

$$J\frac{\mathrm{d}^2\theta}{\mathrm{d}t^2}+b\frac{\mathrm{d}\theta}{\mathrm{d}t}+k\theta=M_0\cos\omega t \tag{4.3.1}$$

式中：J 为系统的转动惯量；b 为阻尼力矩系数；k 为弹簧的劲度系数；M_0 为强迫力振幅；ω 为强迫力频率．记 $\omega_0^2 = k/J$ 为系统的固有频率，令阻尼系数 $\beta = b/2J$，而强迫力强度 $m = M_0/J$，则式(4.3.1)变为

$$\frac{\mathrm{d}^2\theta}{\mathrm{d}t^2}+2\beta\frac{\mathrm{d}\theta}{\mathrm{d}t}+\omega_0^2\theta=m\cos\omega t \tag{4.3.2}$$

由式(4.3.2)知，当 $m=0$ 时，上式变为有阻尼的振动方程；若同时取 $\beta=0$，则上式变为简谐振动方程．

方程(4.3.2)的通解为

$$\theta(t)=\theta_1\exp(-\beta t)\cos(\sqrt{\omega_0^2-\beta^2 t}+\alpha)+\theta_2\cos(\omega t-\varphi) \tag{4.3.3}$$

通解式(4.3.3)是阻尼振动和受迫振动之和．第一项为阻尼振动项，它反映一定初始条件下的过渡过程，当 $t\to\infty$时该项为 0．实际应用时一般取 $t>\tau$（τ 为振幅衰减到约 37%对应的时间)，第一项近似为 0，即系统达到稳定态．稳定态的解为

$$\theta(t)=\theta_2\cos(\omega t-\varphi) \tag{4.3.4}$$

稳态解的振幅和相位分别为

$$\theta_2=\frac{m}{\sqrt{(\omega_0^2-\omega^2)^2+4\beta^2\omega^2}} \tag{4.3.5}$$

$$\begin{cases}\varphi=\arctan\dfrac{2\beta\omega}{\omega_0^2-\omega^2}, & \omega<\omega_0\\ \varphi=\arctan\dfrac{2\beta\omega}{\omega_0^2-\omega^2}+\pi, & \omega>\omega_0\end{cases} \tag{4.3.6}$$

式(4.3.6)的相位 φ 表示摆轮的振动相位与强迫力相位之差，它的取值范围为 $0<\varphi<\pi$，这表明摆轮振动总是滞后于强迫力的振动．例如，当 $\omega=\omega_0$ 时，$\varphi=\pi/2$，即强迫力频率等于系统的固有频率时，摆轮的振动相位

笔记栏

落后强迫力相位 $\pi/2$. 式(4.3.5)表示系统的振幅与频率的关系，称为系统的幅频特性，式(4.3.6)则为相位差与频率的关系，称为相频特性. 它们均与系统的初始条件无关，而仅由系统的参数 $m, \beta, \omega, \omega_0$ 决定.

研究幅频特性时，其极值特别重要. 取式(4.3.5)的 θ_2 对频率 ω 的导数，并令 $\frac{\partial\theta_2}{\partial\omega}=0$，则有极值条件 $\omega=\sqrt{\omega_0^2-2\beta^2}$，此时系统发生共振，共振振幅为

$$\theta_r=\frac{m}{2\beta\sqrt{\omega_0^2-\beta^2}} \tag{4.3.7}$$

共振时的相位为

$$\varphi_r=\arctan\frac{\sqrt{\omega_0^2-2\beta^2}}{\beta} \tag{4.3.8}$$

由式(4.3.7)可见，当阻尼系数 β 变小，或 β 接近系统的固有频率时，共振振幅变大. 图 4.3.1 给出了系统对应不同 β 时的幅频特性，图 4.3.2 给出了相应的相频特性.

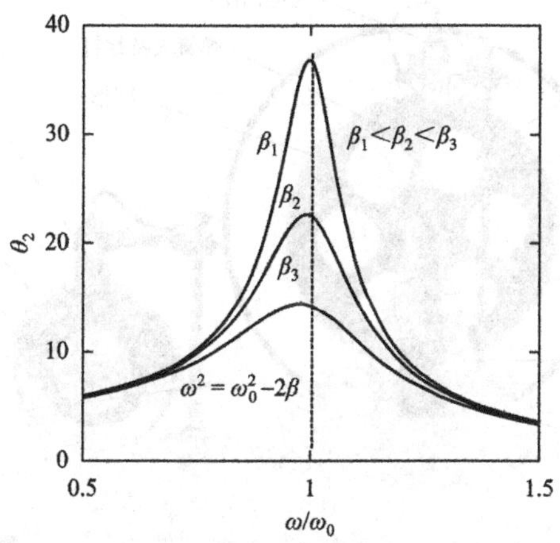

图 4.3.1　受迫振动的幅频特性

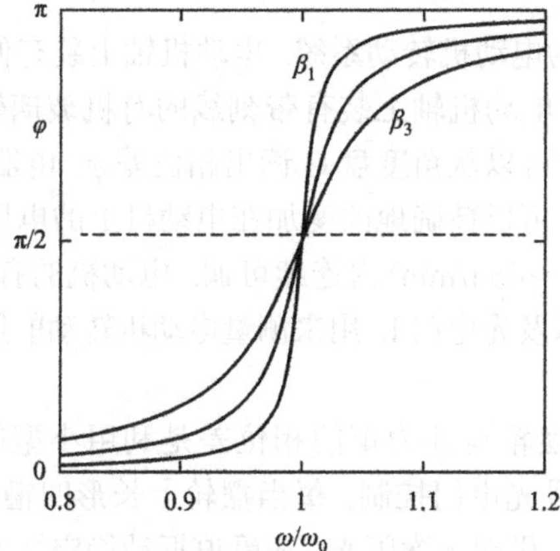

图 4.3.2　受迫振动的相频特性

笔记栏

4.3.3 实验仪器

本实验所用玻尔共振实验仪由机械振动仪与电器控制箱两部分组成.

1. 机械振动仪

机械振动仪如图4.3.3所示，它分为摆轮转动系统和电动机转动系统. 振动仪左边为摆轮振动系统. 铜质摆轮 A 安装在机架上，蜗卷弹簧 B 的一端与摆轮 A 的轴相连，另一端固定在机架支柱上，在弹簧弹性力的作用下，摆轮可绕轴自由往复摆动. 在摆轮的外圈有180个等间距矩形槽，其中一个长形凹槽比其他凹槽长出许多. 摆轮上方有一个光电门 H，当摆轮处于平衡状态时，光电门H正对准长形缺口，它与电器控制箱连接，用来测量摆轮的振幅和摆轮的振动周期. 在机架下方有一对带铁芯的阻尼线圈 K，摆轮 A 恰巧嵌在铁芯的空隙，当线圈中通过电流后，摆轮受到电磁阻尼力的作用，改变电流即可使阻尼相应变化.

图 4.3.3 玻尔共振仪机械振动仪

振动仪右边为电动机转动系统. 电动机轴上装有偏心轮，通过连杆 E 带动摆轮运动. 电动机轴上装有带刻线的有机玻璃转盘 F，它随电动机一起转动，由它可以从角度盘 G 读出相位差 φ. 电器控制箱上的电动机转速调节旋钮，可以精确地改变加在电动机上的电压，使电动机的转速在实验范围(30～45 r/min)内连续可调. 电动机的有机玻璃转盘 F 上装有两个挡光片以及光电门 I，用来测量电动机转动的周期，即强迫力矩的周期.

受迫振动时摆轮与外力矩的相位差是利用小型闪光灯来测量的，闪光灯受摆轮信号光电门控制，每当摆轮上长形凹槽通过平衡位置时，光电门 H 接受光，引起一次闪光. 在受迫振动稳定情况下，每次闪光照射在有机玻璃转盘F的挡光板上，挡光板指针好像一直“停在”某一刻

笔记栏

度处，这一现象称为频闪法. 读出闪光位置的刻度值就是摆轮与电动机转动之间的相位差. 闪光灯放在有机玻璃转盘的下方，并搁置在底座上，切勿拿在手中直接照射刻度盘.

2. 电器控制箱

电器控制箱前面板示意如图4.3.4所示. 强迫力周期控制器用来控制电动机的转速，它是带有刻度的十圈电位器，调节此旋钮可以精确地改变电动机的转速，即改变强迫力的周期. 电位器上有刻度锁定开关，要调节转速大小必须打开锁定开关. 电位器刻度盘上×0.1 档旋转一圈，其×1 档走一个刻度. 其显示的刻度仅供实验时作参考，以便大致确定强迫力周期值在多圈电位器上的相应位置.

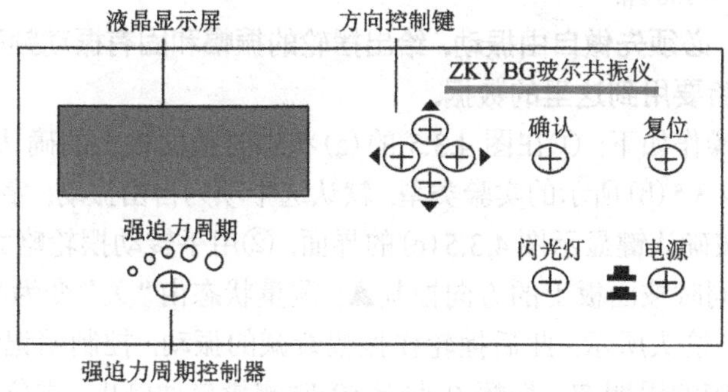

图 4.3.4　电器控制箱前面板示意图

面板上的液晶显示屏与方向控制键及确认键要配合使用，通过它来选择实验内容，改变工作状态，具体操作在实验内容与步骤中详细介绍. 复位键可使系统复原，即按下此键系统回到初始状态. **特别注意：实验过程中不要误操作该键，如果出现操作错误要清除数据可按此键**. 闪光灯开关用来控制闪光，当按住闪光按钮、摆轮长缺口通过平衡位置时便产生闪光. 为延长闪光灯的使用寿命，此键采用按钮开关，仅在测量相位差时才按下按钮.

电器控制箱后面板各插孔通过专用电缆与机械振动仪相连接，实验室已经接好，请同学们不要拔插.

4.3.4　实验内容与步骤

1. 实验准备

按下电器控制箱电源开关，屏幕上出现欢迎界面，几秒钟后屏幕上显示如图 4.3.5 (a) 所示的“按键说明”字样. 符号◀表示向左移动；▶表示向右移动；▲表示向上移动；▼表示向下移动. 根据是否连接电脑选择联网模式或单机模式，这两种模式下的操作完全相同，本实验室为单机模式.

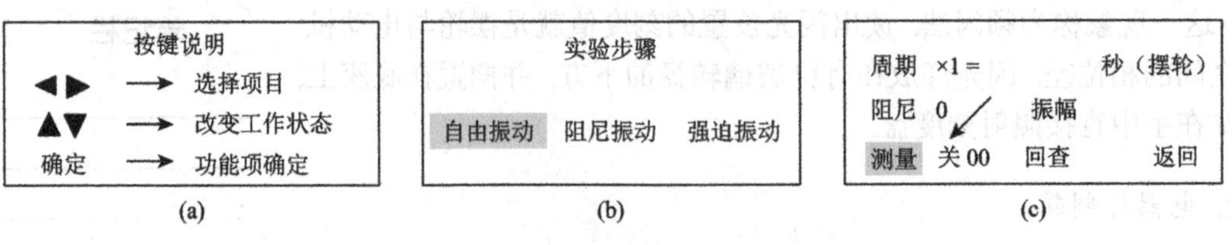

图 4.3.5 自由振动时液晶显示屏示意图

2. 测量自由振动的固有频率

理想弹簧的劲度系数 k 是常数，其值与摆角无关．但是由于制造工艺和材料性能的影响，实际弹簧的劲度系数 k 随摆角的改变略有变化，所以我们需要测量不同摆角（振幅 θ）对应的摆动周期 T_0，或者系统的固有频率 $\omega_0 = 2\pi/T_0$.

注意：必须先做自由振动，给出摆轮的振幅和固有振动频率的关系，后面的实验要用到这里的数据.

具体操作如下：①在图 4.3.5 的 (a) 状态时按面板上的确认键，则马上显示图 4.3.5(b) 所示的实验类型，默认选中项为自由振动，字体反白为选中，再按确认键显示图 4.3.5(c) 的界面．②用手转动摆轮略大于 160°，放开手的同时按面板上的方向控制▲，测量状态由“关”变为“开”，如图 4.3.5(c) 箭头所示．此后摆轮作振幅衰减的振动，控制箱记录不同振幅值 θ 对应的周期 T_0，振幅 θ 小于 50°时测量自动停止．本仪器振幅的有效数值范围为 50°～160°（振幅小于 160°时测量打开，小于 50°时测量自动关闭）．测量显示关时，测量数据已经保存并发送到了主机.

本实验是单机模式，需要在仪器上读取数据并记录在数据记录表中．因此查取实验数据时，按方向控制◀或▶键，选中回查，再按面板上的确认键，则液晶显示屏上显示如图 4.3.6(a) 所示状态．图 4.3.6(a) 表示第一次记录的振幅 $\theta_0 = 134°$，对应的周期 $T_0 = 1.442$ s．继续按▲或▼键查看并记下所有数据，该数据为每次的测量振幅 θ 及对应的周期 T. 回查完毕，按确认键，返回到图 4.3.5(c) 的状态．把所查询数据记录在数据表 4.3.1 中，以备研究系统受迫振动时使用.

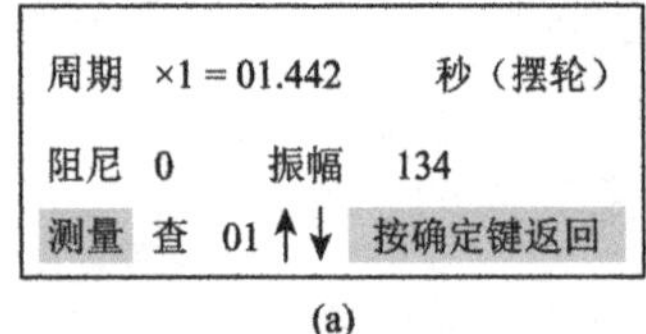

(a)

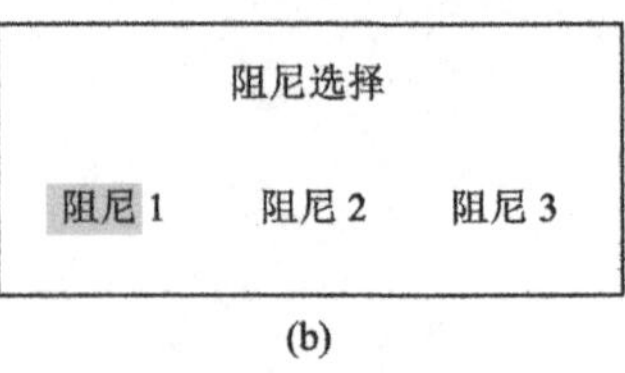

(b)

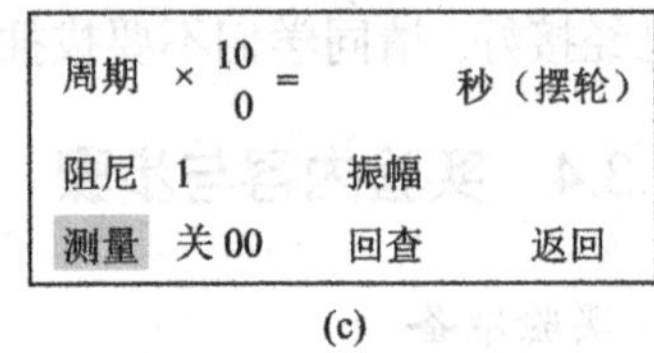

(c)

图 4.3.6 阻尼振动时液晶显示屏示意图

注意：电器控制箱记录每次摆轮周期变化时所对应的振幅值，但有时由于某种原因转盘转过光电门几次，测量周期才记录一次（其间能看到振幅变化）．因此当回查数据时，有的振幅数值（无对应的周期记录）被自动剔除了．另外当摆轮周期的第 5 位有效数字发生变化时，控

笔记栏

制箱虽然记录了对应的数值，但由于显示屏只显示 4 位有效数字，所以从显示屏上无法看到第 5 位，如果在电脑主机上则可以清楚地反映出来.

3. 测量阻尼系数 β

选择好实验的阻尼档进行阻尼系数的测量，具体操作如下：①在图 4.3.5(b)的状态下，按方向控制▶键选中阻尼振动，按确认键显示阻尼状态如图 4.3.6(b)所示. 阻尼分为三档，阻尼 1 最小，根据实验要求选择阻尼档. 例如，选择阻尼 1 档，按确认键显示如图 4.3.6(c)所示. ②将有机玻璃转盘 F 上的指针放在 0°位置，用手转动摆轮 160°左右，放手时按▲或▼键，测量由"关"变为"开"并记录数据. 仪器记录 10 组数据后，测量自动关闭，此时虽然振动仍在继续，但仪器已经停止记数. ③数据回查并记录数据. 回查操作同自由振动完全相类似，从液晶显示屏读出摆轮作阻尼振动时的振幅 θ_i $(i = 1, 2, \cdots, 10)$ 及对应 10 次摆动的总时间 $10T$，记录在数据表 4.3.2 中.

若改变阻尼档继续测量，则重复以上操作步骤.

4. 研究受迫振动的幅频特性和相频特性

我们知道受迫振动总是有阻尼的，因此在研究受迫振动前必须先做阻尼振动实验，并且要在同一阻尼档位下进行受迫振动实验. 具体操作如下：①在 4.3.5(b)状态下选中强迫振动，按确认键则出现图 4.3.7(a)所示的状态. 默认状态选中电动机，按▲或▼键让电动机启动. 此时不能立即进行实验，因为摆轮和电动机的周期都不稳定，稳定后则可开始测量. 稳定后液晶显示如图 4.3.7(b)所示，此时摆轮和电动机的周期都为×1，并且数值相同. ②测量前应先选中周期，按▲或▼键把周期由×1[图 4.3.7(b)]改为×10[图 4.3.7(c)]，改变周期不仅可以减少误差，重要的是若不改变周期，则测量无法打开. ③再选中测量，按▲或▼键，测量打开并记录数据如图 4.3.7(c)所示，一次测量完成后显示测量关，此时读取摆轮的振幅 θ 和周期 T 值，记录在数据表 4.3.3 中. ④利用闪光灯测定受迫振动位移与强迫力间的相位差. 把闪光灯放在电动机转盘前下方，电机转动稳定后按下闪光灯按钮，在电动机转盘 G 上观察转动的挡光杆被闪光灯照亮的位置，此位置就是受迫振动与强迫力之间的相位差，记下对应的值 φ 在数据表 4.3.3 中. **以上过程即完成一次测量.** ⑤调节强迫力周期控制器，即改变强迫力周期 T. 重复以上步骤进行多

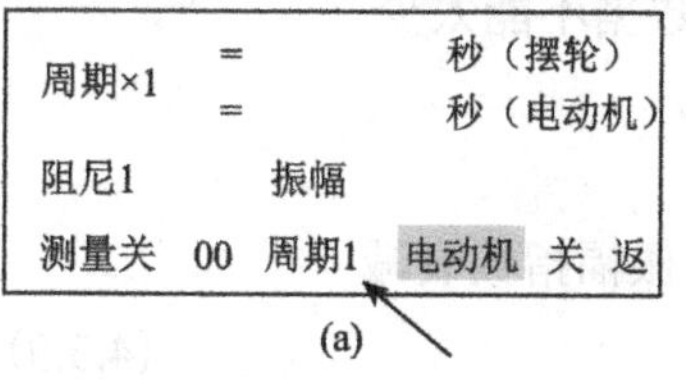

(a)

周期×1　= 1.425　秒（摆轮）
= 1.425　秒（电动机）
阻尼1　振幅122
测量关　00　周期　1电机动开返回

(b)

周期×1　10 = 1.425　秒（摆轮）
0 = 1.425　秒（电动机）
阻尼1　振幅　122
测量开　01　周期　10 电动机开返回

(c)

图 4.3.7　强迫振动时液晶显示屏示意图

笔记栏

次测量，每次测量都要记录强迫力周期 T、振幅 θ 和相位差 φ，并记录在数据表 4.3.3 中．每次改变可按照强迫力周期控制器刻度盘数值变化约 0.1 进行，但在共振点附近由于曲线变化较大，所以测量数据应相对密集些．

注意：每次改变强迫力的周期后，都需要等待系统稳定(约需两分钟)，即返回到图 4.3.7(b)状态让摆轮和电动机的周期相同后再进行测量．

强迫振动测量完毕，按◀或▶键选中返回，按确定键，重新回到图 4.3.5(b)状态．

5. 关机

在图 4.3.5(b)状态下，按住复位按钮保持不动，几秒钟后仪器自动复位，此时所做实验数据全部清除．

注意：在实验过程中不要误操作复位按钮，以免数据丢失．

若进行多次测量可重复操作．自由振动完成后，选中返回，按确认键回到图 4.3.5(b)中进行其他实验．

4.3.5 数据处理

1. 摆轮振幅与系统固有频率的关系(表 4.3.1)

表 4.3.1 振幅 θ 与 T_0 关系数据记录及计算表格

振幅 θ/(°)	周期 T_0/s	频率 ω_0/s^{-1}	振幅 θ/(°)	周期 T_0/s,	频率 ω_0/s^{-1}	振幅 θ/(°)	周期 T_0/s	频率 ω_0/s^{-1}

这里固有频率 $\omega_0 = 2\pi/T_0$．表 4.3.1 中各幅值及对应的固有频率将成为计算受迫振动时的重要数据，因此测量数据不能太少．

2. 计算阻尼系数 β(表 4.3.2)

由式(4.3.3)的第一项可知阻尼振动时振幅指数衰减

$$\theta = \theta_0 e^{-\beta t} \tag{4.3.9}$$

用手拨动一次摆轮即给定 θ_0，记录 10 次摆动的总周期 $10T$ 及对应

笔记栏

的振幅 θ_i ($i=1, 2, \cdots, 10$)，并用对数逐差法处理数据. 由振幅的指数衰减公式，从时间 t 开始再增加 n 个周期后振幅为

$$\theta_n=\theta_0 e^{-\beta(t+nT)} \tag{4.3.10}$$

由式(4.3.9)和式(4.3.10)有 $\ln(\theta/\theta_n)=n\beta T$，即阻尼系数为

$$\beta=\frac{1}{nT}\ln\frac{\theta_i}{\theta_{i+n}} \tag{4.3.11}$$

实际计算时取周期 T 为 10 次测量的平均值，即“T= 测量时间/10”. 把 10 次测量分为两组，每组 5 个数值，即 $n=5$，那么阻尼系数计算公式为

$$\beta=\frac{1}{nT}\ln\frac{\theta_i}{\theta_{i+5}} \tag{4.3.12}$$

表 4.3.2 阻尼振动振幅 θ 数据记录及计算表格

第一次摆动(阻尼档____)					第二次摆动(阻尼档____)				
序号	振幅 $\theta_i/(°)$	序号	振幅 $\theta_{i+5}/(°)$	$\ln(\theta_i/\theta_{i+5})$	序号	振幅 $\theta_i/(°)$	序号	振幅 $\theta_{i+5}/(°)$	$\ln(\theta_i/\theta_{i+5})$
1		6			1		6		
2		7			2		7		
3		8			3		8		
4		9			4		9		
5		10			5		10		
平均	$\bar{T}_1=$____，$\overline{\ln(\theta_i/\theta_{i+5})}=$____				平均	$\bar{T}_1=$____，$\overline{\ln(\theta_i/\theta_{i+5})}=$____			
阻尼系数 $\beta_1=\frac{1}{5\bar{T}_1}\overline{\ln(\theta_i/\theta_{i+5})}=$____$s^{-1}$					阻尼系数 $\beta_2=\frac{1}{5\bar{T}_2}\overline{\ln(\theta_i/\theta_{i+5})}=$____$s^{-1}$				

做完第一次阻尼振动后就进行强迫振动实验，然后再改变阻尼档进行第二次实验.

3. 受迫振动的幅频特性和相频特性数据处理(表 4.3.3)

表 4.3.3 幅频特性和相频特性数据记录表

阻尼	强迫力刻度盘	强迫力周期 T/s	振幅 $\theta/(°)$	相位差测量 φ	固有频率 ω_0/s	强迫力频率 ω/s	频率比 ω/ω_0	相位差理论值 φ'	相位差相对误差
阻尼档一									

笔记栏

续表

阻尼	强迫力刻度盘	强迫力周期 T/s	振幅 θ/(°)	相位差测量 φ	固有频率 ω_0/s	强迫力频率 ω/s	频率比 ω/ω_0	相位差理论值 φ'	相位差相对误差
阻尼档二									

注: ①第一列为阻尼档选择, 我们要比较不同阻尼的幅频和相频特性, 这里选择两个不同的阻尼进行实验, 即从阻尼振动到强迫振动进行二次实验. ②第二列为每次实验选择的强迫力控制器上刻度盘的数值, 只作大概参考用. 一般每变化 0.1 测量一次, 但在共振点附近则每变化 0.05 测量一次. ③第三列到第五列为测量值, 每改变一次强迫力周期记录一组数据, 测量数据不少于 12 组, 表格行数不够可自选添加. ④第六列为系统的固有频率, 对应不同角度振幅的频率 ω_0, 可在数据表 4.3.1 中查出. 若无相应数据, 则可选择邻近两个数据点由线性内插法求出. ⑤第七列为强迫力频率 $\omega=2\pi/T$, 即可由第三列的强迫力周期 T 算出, 第八列则可直接算出. ⑥第九列为相位差理论值, 由式(4.3.6)给出, 其中 β 为表 4.3.2 所对应阻尼档的值. ⑦第十列为相位差测量值与理论值的相对误差 $E=(|\varphi-\varphi'|/\varphi')\times100\%$, 要求逐点算出.

4. *受迫振动数据处理要求*

(1) 完成数据表 4.3.3 的计算, 包括各点相位差理论值和相对误差.

(2) 在同一图上作不同 β 值的 φ–ω/ω_0 相频特性曲线.

(3) 在同一图上作不同 β 值的 θ–ω/ω_0 幅频特性曲线.

4.3.6 实验注意事项

(1) 玻尔共振仪各部分均是精密装配, 不能随意乱动. 控制箱功能与面板上旋钮、按键均较多, 务必在弄清其功能后, 按规则操作. 在进行阻尼振动时, 电动机电源必须切断.

(2) 阻尼档选择后, 要把阻尼振动和强迫振动一次做完.

4.3.7 实验思考题

1. 受迫振动的振幅和相位差与哪些因素有关?
2. 实验中是怎么利用频闪原理来测定相位差 φ 的?
3. 用对数逐差法处理数据有何优点?
4. 实验中为什么当选定阻尼档位后, 要求阻尼系数、幅频特性和相频特性的测定一起完成?

4.4 光的偏振性研究

偏振光是物理光学的重要内容之一, 偏振光的应用已遍及科研生产、工程设计和国防建设等部门.

4.4.1　实验目的

(1) 观察光的偏振现象，加深偏振的基本概念.

(2) 验证马吕斯定律和布儒斯特定律.

(3) 观察波片现象，加深波片的基本概念.

4.4.2　实验原理

1. 马吕斯定律

能够将自然光变成偏振光的器件称为做起偏器，用于检验偏振光的器件称为检偏器. 一束自然光通过两偏振器后的光强 I 随两器件透光轴的夹角 θ 而变化. 即

$$I = I_0\cos^2\theta \tag{4.4.1}$$

式 (4.4.1) 表示的关系式为马吕斯定律. 按照马吕斯定律，显然当以光线传播方向为轴，转动检偏器时，透射光强度 I 发生周期性变化. 当 $\theta = 0°$ 时，透射光强最大；当 $\theta = 90°$时，透射光强为极小值 (消光状态)；当 $0° < \theta < 90°$时，透射光强介于最大和最小值之间. 图 4.4.1 表示自然光通过起偏器与检偏器的变化.

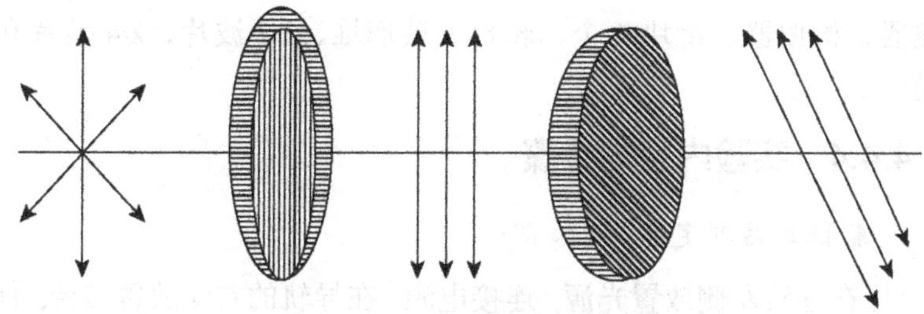

图 4.4.1　光的起偏和检偏

2. 布儒斯特角

当自然光从空气照射在折射率为 n 的非金属镜面 (如玻璃、水等) 上，反射光与折射光都将成为部分偏振光. 当入射角增大到某一特定值 i 时，镜面反射光成为完全偏振光，其振动面垂直于入射面，这时入射角 i_0，称为布儒斯特角，也称起偏振角，由布儒斯特定律得

$$\mathrm{tg}i_0 = n \tag{4.4.2}$$

式中：n 为折射率，玻璃堆是布儒斯特角的一种实用装置，当自然光以布儒斯特角入射到玻璃堆时，经过多次反射后的反射光就近似于线偏振光，其振动垂直在入射面内.

3. 波片

当线偏振光垂直射到厚度为 d，表面平行于自身光轴的单轴晶片时，则寻常光 (o 光) 和非常光 (e 光) 沿同一方面前进，但传播的速度不同. 这两种偏振光通过晶片后，它们的相位差 $\Delta\varphi$ 为

笔记栏

$$\Delta\varphi=\frac{2\pi}{\lambda}(n_o-n_e)d \tag{4.4.3}$$

式中: λ 为入射偏振光在真空中的波长; n_o 和 n_e 分别为晶片对 o 光、e 光的折射率; d 为晶片的厚度. 在某一波长的线偏振光垂直入射于晶片的情况下, 能使 o 光和 e 光产生相位差 $\Delta\varphi=(2k+1)\pi$(相当于光程差为 $\lambda/2$ 的奇数倍)的晶片, 称为对应于该单色光的二分之一波片($\lambda/2$ 波片); 与此相似, 能使 o 光与 e 光产生相位差 $\Delta\varphi=(2k+1)\pi/2$(相当于光程差为 $\lambda/4$ 的奇数倍)的晶片, 称为四分之一波片($\lambda/4$ 波片). 本实验中所用波片是对 632.8 nm 而言的.

从两种波片产生的相位差可以知道, $\lambda/4$ 波片产生 $\pi/2$ 奇数倍的相位延迟, 能使入射线偏振光变成椭圆偏振光. 若入射线偏振光的光矢量与波片光轴成 $\pm\pi/4$ 时, 将得到圆偏振光, 入射线偏振光的光矢量与波片光轴成 0, $\pm\pi/2$ 时, 将得到线偏振光. 同理, $\lambda/2$ 波片产生 π 奇数倍的相位延迟, 入射线偏振光经过 $\lambda/2$ 波片后仍为线偏振光, 若入射线偏振光的光矢量与波片光轴夹角为 α, 则出射线偏振光的光矢量向着光轴方向转 2α.

4.4.3 实验仪器

导轨、半导体激光器、光电转换器、KF-GX 多功能信号分析仪、起偏器、检偏器、滑块 4 个、转台、玻璃堆、$\lambda/2$ 波片、$\lambda/4$ 波片和电源线.

4.4.4 实验内容与步骤

1. 验证马吕斯定律

(1) 在导轨左侧放置光源, 连接电源. 在导轨的右侧放置转台, 使转臂刻线对准零位, 拧紧锁定螺钉(光源与转台离得不要太远, 间距 50 mm 内). 在转臂的外侧孔中插入光电转换器, 调节光源的微调螺钉和光电转换器, 使光源的光斑全部射入光电转换器的遮光罩内.

(2) 在光源与转台之间放入起偏器, 调节起偏器高低, 使光斑全部照入起偏器. 转动起偏器, 使反射光中最亮的光点与入射光源在同一竖直线上(光线垂直入射), 并使起偏器刻线对零位. 在转臂的内侧孔中插入检偏器, 转动检偏器, 使反射光中最亮的光点与入射光源在同一竖直线上(光线垂直入射), 并使检偏器的刻线对零位, 此时光通量最大, 旋转, 信号仪的功率计显示功率变小, 当旋转到 90°附近显示功率最小, 说明此时为线偏振光.

(3) 固定起偏器的方位(刻线对零位), 旋转检偏器, 旋转角度从 0°～360°, 观察功率计显示功率的变化情况, 每间隔 30°测一次功率计的读数, 完成表 4.4.1 测量.

2. 测布儒斯特角和玻璃的折射率

(1) 去掉起偏器, 保留检偏器, 使转盘和转臂刻线对准零位, 把玻璃堆放置转台中心位置，调节玻璃堆和转盘方位，使经玻璃堆的反射光中最亮的光点与入射光源在同一竖直线上(光线垂直入射)，反射光和入射光在同一条竖直线上，则玻璃堆与入射光线垂直.

(2) 正向(顺时针)转动转台，使入射光以 50°～60°射入玻璃堆，转动转臂，使反射光与偏振片垂直，旋转偏振片，用白纸片观察光的强度变化，若有强弱变化，说明玻璃堆起到了起偏器的效果，旋转偏振片，使光斑处于最暗位置. 慢慢转动转台，用白纸片继续观察反射光亮度的变化，如果亮度逐渐变弱，再旋转偏振片使亮度更弱. 反复调整直至亮度最弱，接近全暗. 说明此时反射光已是线偏振光，记录转台的读数.

(3) 正向(顺时针)转动转台，使入射光以 50°～60°射入玻璃堆，转动转臂，使透射光与偏振片垂直，旋转偏振片，用白纸片观察光的强度变化，若有强弱变化，说明玻璃堆起到了起偏器的效果，旋转偏振片，使光斑处于最暗位置. 慢慢转动转台，用白纸片继续观察透射光亮度的变化，如果亮度逐渐变弱，再旋转偏振片使亮度更弱. 反复调整直至亮度最弱，接近全暗. 说明此时透射光已是线偏振光，记录转台的读数.

(4) 反向(逆时针)转动转台，使入射光以 50°～60°射入玻璃堆，重复(2)和(3)中的调节步骤，分别记录反射光和透射光消光时转台的角度.

(5) 求平均值，算出布儒斯特角.

3. 观察 λ/2 波片现象

(1) 调节起偏器和检偏器的刻线对零位，旋转检偏器的刻线到 90°附近，使起偏器和检偏器的偏振轴垂直，入射线偏振光处于消光状态，功率计读数为 0.

(2) 把 λ/2 波片刻线对零位后，放在起偏器和检偏器之间，观察功率计读数是否为 0. 若不为 0，旋转 λ/2 波片使功率计读数为 0，此时波片光轴与起偏器的偏振化方向相同，波片光轴与起偏器偏振化方向相对夹角 $\alpha = 0°$.

(3) 转动检偏器，观察功率计读数的明暗变化，记下在 $\alpha = 0°$ 功率计读数最大时，检偏器的偏转角度 φ_0，即为波片的光轴方向角，同时判断穿过 λ/2 波片线偏振光是否仍为线偏振光.

(4) 将 λ/2 波片从相对夹角 $\alpha = 0°$ 位置转动 10°，此时 $\alpha = 10°$，然后将检偏器从 0°开始转动到 360°，观察功率计读数的明暗变化. 分析穿过 λ/2 波片线偏振光是否仍为线偏振光(两明两零)，并记录功率计读数最强的光强 I_{max}(功率计读数最大)对应检偏器的偏转角度 φ_m，完成表 4.4.3 测量.

(5) 依次将 λ/2 波片从相对夹角 $\alpha = 0°$ 位置转动到 $\alpha = 20°, 30°, 40°$，然后将检偏器从 0°开始转动到 360°，观察光的偏振现象，分析穿过 λ/2 波

笔记栏

笔记栏

片线偏振光是否仍为线偏振光，并记录功率计读数最强的光强 I_{max}(功率计读数最大)对应检偏器的偏转角度 φ_m.

(6) 计算表 4.4.3 中穿过 $\lambda/2$ 波片出射线偏振光的光矢量向着光轴方向转动角度 $\Delta\theta$，验证 $\lambda/2$ 波片出射线偏振光的特征：入射线偏振光经过 $\lambda/2$ 波片后仍为线偏振光，若入射线偏振光的光矢量与波片光轴夹角为 α，则出射线偏振光的光矢量向着光轴方向转 2α.

4. 观察 $\lambda/4$ 波片现象

(1) 重复 $\lambda/2$ 波片调节中步骤(1)(2)，使入射线偏振光处于消光状态，功率计读数为 0. 用 $\lambda/4$ 波片代替 $\lambda/2$ 波片，放在起偏器和检偏器之间，旋转 $\lambda/4$ 波片到消光位置，确定波片的光轴方向与起偏器的偏振化方向相同，相对夹角 $\alpha = 0°$.

(2) 将检偏器从 0°开始转动到 360°，观察功率计读数和通过检偏器光线的明暗变化，记录功率计读数最强光强 I_{max} 和最弱光强 I_{min}，及对应检偏器的偏转角度. 并分析这时从 $\lambda/4$ 波片出来光的偏振状态(线偏振光、圆偏振光、椭圆偏振光)，完成表 4.4.4 数据.

(3) 依次将 $\lambda/4$ 波片从相对夹角 $\alpha = 0°$位置转动到 $\alpha = 30°, 45°, 60°, 90°$，然后将检偏器从 0°开始转动到 360°，观察功率计读数和通过检偏器光线的明暗变化，记录最强光强 I_{max} 和最弱光强 I_{min}，及对应检偏器的偏转角度，并分析这时从 $\lambda/4$ 波片出来光的偏振状态(线偏振光、圆偏振光、椭圆偏振光).

4.4.5 数据处理

1. 验证马吕斯定律的数据记录(表 4.4.1)

表 4.4.1 光强 I 随检偏器转角 θ 的变化关系

数据	角度 θ/(°)						
	0	30	60	90	120	150	180
光强 $I/(10^{-8}$ A)							
$\cos^2\theta$							
I/I_0							

数据	角度 θ/(°)					
	210	240	270	300	330	360
光强 $I/(10^{-8}$ A)						
$\cos^2\theta$						
I/I_0						

I_0 为角度 $\theta = 0°$功率计读数，用作图法在同一张图上作 I/I_0-θ 和 $\cos^2\theta$-θ 的关系曲线，比较两条曲线，验证马吕斯定律.

笔记栏

2. 测布儒斯特角和玻璃的折射率(表 4.4.2)

表 4.4.2　布儒斯特角 i_0 的测量

正向转动角位置			反向转动角位置		
转台角度/(°)(反射光消光)	转台角度/(°)(透射光消光)	平均值 $\overline{i_0^+}$/(°)	转台角度/(°)(反射光消光)	转台角度/(°)(透射光消光)	平均值 $\overline{i_0^-}$/(°)

布儒斯特角 i_0 的平均值 $\overline{i_0}=\dfrac{\overline{i_0^+}+\overline{i_0^-}}{2}=$__________,

玻璃的折射率 $\overline{n}=\tan\overline{i_0}=$__________.

已经玻璃的折射率理论值 $n=1.5$, 则相对误差为

$$\frac{|n-\overline{n}|}{n}\times 100\%=\_\_\_\_\_\_\_\_\_\_$$

3. λ/2 波片偏振现象观察(表 4.4.3)

偏转角 $\alpha=0$, 最强光强时检偏器偏转角 $\varphi_0=$________(λ/2 波片的光轴方向角).

表 4.4.3　λ/2 波片偏振现象描述

偏转角 α/(°)	明暗描述	最强光强 I_{max} 时检偏器偏转角 φ_m/(°)		$\Delta\theta=\varphi_m-\varphi_0$/(°)		偏振光类型(线、圆、椭圆)
		1	2	1	2	
0						
10						
20						
30						
40						

4. λ/4 波片偏振现象观察(表 4.4.4)

表 4.4.4　λ/4 波片偏振现象描述

偏转角 α/(°)	明暗描述	最强光强和偏转角				最弱光强和偏转角				偏振光类型(线、圆、椭圆)
		$I_{max}/10^{-8}$ A		φ/(°)		$I_{min}/10^{-8}$ A		φ/(°)		
		1	2	1	2	1	2	1	2	
0										
30										
45										
60										
90										

笔记栏

4.4.6 实验思考题

1. 偏振光的获得方法有哪几种？
2. 通过起偏和检偏的观测，你应当怎样判别自然光和偏振光？
3. 什么是马吕斯定律？本实验如何验证此定律？
4. 玻璃堆在布儒斯特角的位置上时，反射光束是什么偏振光？它的振动是在平行于入射面内还是在垂直于入射面内？

4.5 旋光现象和旋光溶液浓度的测量

4.5.1 实验目的

(1) 观察旋光现象，了解旋光物质的旋光性质.
(2) 学习测定旋光溶液浓度的基本方法.

4.5.2 实验原理

线偏振光通过某些物质的溶液后，偏振光的振动面将旋转一定的角度，这种现象称为旋光现象. 旋转的角度称为该物质的旋光度，溶液的旋光度与溶液中所含旋光物质的旋光能力、溶液的性质、溶液浓度、样品管长度、温度及光的波长等有关. 当其他条件均固定时，旋光度 φ 与溶液浓度 c 呈线性关系，即

$$\varphi = \beta c \tag{4.5.1}$$

式中：比例常数 β 与物质旋光能力、溶剂性质、样品管长度、温度及光的波长等有关；c 为溶液的浓度.

物质的旋光能力用旋光率来度量，旋光率用下式表示：

$$\alpha(t,\lambda) = \frac{\varphi}{lc} \tag{4.5.2}$$

式中：$\alpha(t,\lambda)$ 中的 t 表示实验时温度，单位：℃；λ 是指旋光仪采用的单色光源的波长，单位：nm. 不同波长的偏振光将旋转不同的角度，这种现象称为旋光色散，φ 为测得旋光度，单位：°，l 为样品管的长度，单位：mm, c 为溶液浓度，单位：g/100 mL.

由式(4.5.1)和式(4.5.2)可知：①偏振光的振动面是随着光在旋光物质中向前传播而逐渐旋转的，因而振动面转过角度 φ 与透过的长度 l 成正比；②振动面转过的角度 φ 不仅与透过的长度 l 成正比，而且还与溶液浓度 c 成正比. 旋光性物质还有右旋和左旋之分. 当面对光射来方向观察，若振动面按顺时针方向旋转，则称右旋物质；若振动面向逆时针方向旋转，则称左旋物质.

利用旋光率可测出其未知溶液的浓度，设已知浓度为 c_1 的旋光溶液旋光角为 φ_1，待测未知浓度 c_2 的旋光溶液旋光角为 φ_2，代入式(4.5.2)，有

笔记栏

$$\alpha_1=\frac{\varphi_1}{lc_1},\qquad \alpha_2=\frac{\varphi_2}{lc_2} \tag{4.5.3}$$

当 $\alpha_1=\alpha_2$ 时，则

$$c_2=\frac{\varphi_2}{\varphi_1}c_1 \tag{4.5.4}$$

4.5.3　实验仪器

导轨、半导体激光器、光电转换器、信号仪、电源线、起偏器、检偏器、滑块 4 个、比色皿框、比色皿 3 个、葡萄糖和量杯 3 个.

4.5.4　实验内容与步骤

1. 仪器的安装和调节

起偏器和检偏器的刻度调为 0，将光源与起偏器、光电转换器调节成等高共轴，插入检偏器，使检偏器与起偏器等高共轴（检偏器与起偏器平行），将比色皿框插入支座上.

2. 葡萄糖溶液浓度制作

取葡萄糖 5 g，水 100 mL，制成浓度 $c=5$ g/100 mL 葡萄糖溶液.

3. 测定旋光溶液的旋光率

(1) 将装满纯水的比色皿装入样品架，旋转检偏 1 圈，观察功率计读数显示的最大值（要求显示最大值在 1000 左右，若不在，读数大小可用增益旋钮调节），然后再旋转检偏器使功率计读数显示最小，记录此时检偏器指示刻度 θ_1.

注意：实验时旋转检偏器，功率计读数显示最小有 2 次. 检偏器指示刻度 θ_1 是检偏器从 0 开始旋转，第 1 次功率计读数显示最小的角度.

(2) 取下比色皿，将其中的纯水换成浓度 $c=5$ g/100 mL 葡萄糖溶液，然后将比色皿装入样品架，重新转动检偏器，使功率计读数显示再次为最小，此时检偏器角度指示刻度为 θ_2，则旋光度：$\varphi_1=|\theta_2-\theta_1|$，重复上述步骤测量 5 次取平均值，计算旋光率.

4. 测定葡萄糖溶液的浓度

将步骤 3 中装有浓度 $c=5$ g/100 mL 葡萄糖溶液换成未知待求浓度葡萄糖溶液，然后将比色皿放入样品架，重新转动检偏器，使功率计读数显示再次为最小，此时检偏器角度指示刻度为 θ_3，则旋光度：$\varphi_2=|\theta_3-\theta_1|$，重复上述步骤测量 5 次取平均值. 由式(4.5.4)计算未知葡萄糖溶液的浓度.

5. 旋光度与比色皿尺寸的关系

将浓度相同的葡萄糖溶液装入不同尺寸的比色皿中，测量各自的旋光度，分析旋光度与比色皿尺寸成什么关系.

笔记栏

4.5.5 数据处理

1. 旋光率的测量(表 4.5.1)

装满纯水的比色皿在检偏器使功率计读数显示最小时指示角度 $\theta_1=$________°, 葡萄糖溶液的浓度 $c=$________g/100 mL, 装满葡萄糖溶液的比色皿长度 $l=$________mm.

表 4.5.1 旋光溶液的旋光率测量

数据	次数 n						平均值 $\overline{\theta}_2$
	1	2	3	4	5	6	
角度 θ_2 /(°)							

$$旋光率\ \alpha(t,\lambda)=\frac{\varphi}{lc}=\frac{|\overline{\theta}_2-\theta_1|}{lc}=\underline{\qquad\qquad}$$

2. 未知葡萄糖溶液浓度的测量(表 4.5.2)

已知葡糖溶液的浓度 $c_1=c=$________g/100 mL.

表 4.5.2 未知葡萄糖溶液浓度的测量

数据	次数 n						平均值 $\overline{\theta}_3$
	1	2	3	4	5	6	
角度 θ_3 /(°)							

旋光度 $\varphi_2=|\overline{\theta}_3-\theta_1|$

未知葡萄糖溶液浓度 $c_2=\dfrac{\varphi_2}{\varphi_1}c_1=$________________g/100 mL

3. 旋光度与比色皿尺寸关系(表 4.5.3)

装满纯水的比色皿在检偏器使功率计读数显示最小时指示角度 $\theta_0=\theta_1=$________°, 葡萄糖溶液的浓度 $c=$________g/100 mL.

表 4.5.3 葡萄糖溶液旋光度与比色皿尺寸关系的测量

比色皿 1 长度 $l_1=$________mm		比色皿 2 长度 $l_2=$________mm		比色皿 3 长度 $l_3=$________mm	
次数 n	角度 θ_1 /(°)	次数 n	角度 θ_2 /(°)	次数 n	角度 θ_3 /(°)
1		1		1	
2		2		2	
3		3		3	
4		4		4	
5		5		5	
6		6		6	
平均值 $\overline{\theta}_1=$______°		平均值 $\overline{\theta}_2=$______°		平均值 $\overline{\theta}_3=$______°	
旋光度 $\varphi_1=\|\overline{\theta}_1-\theta_0\|=$______°		旋光度 $\varphi_2=\|\overline{\theta}_2-\theta_0\|=$______°		旋光度 $\varphi_3=\|\overline{\theta}_3-\theta_0\|=$______°	

笔记栏

作旋光度 φ 与比色皿长度 l 的关系曲线，分析旋光度与比色皿尺寸成什么关系？

4.5.6　实验思考题

1. 何为旋光现象？物质的旋光能力用哪个物理量来度量？

2. 将浓度相同的葡萄糖溶液装入不同尺寸的比色皿中，记录下他们所对应的旋光度，做一比较，分析旋光度与比色皿尺寸成什么关系？

4.6　太阳能电池特性及应用

太阳能是一种清洁绿色能源，太阳能的利用和研究是 21 世纪新型能源开发的重点课题之一．太阳能电池是一种能直接将光能转换成电能的装置．目前硅太阳能电池已实现大规模量产，并应用到太阳能汽车、太阳能游艇、太阳能计算机、太阳能电站等民用领域．本实验主要是探讨太阳能电池特性的测量方法．

4.6.1　实验目的

(1) 熟悉太阳能电池工作原理，了解单晶硅、多晶硅及非晶硅太阳能电池的区别．

(2) 掌握太阳能电池光电特性测量方法，学习填充因子及光电转换效率的计算方法．

4.6.2　实验原理

目前已大规模商业化量产的硅太阳能电池可分为单晶硅太阳能电池、多晶硅薄膜太阳能电池和非晶硅薄膜太阳能电池三种结构．

单晶硅太阳能电池光电转换效率最高，技术也最为成熟．最高的转换效率达到 24.7%，大规模生产的产品平均光电转换效率可达 15%．在大规模应用和工业生产中占据主导地位．但由于单晶硅材料价格高昂，为了节省硅材料，在其基础上发展出了多晶硅薄膜太阳能电池和非晶硅薄膜太阳能电池作为替代产品．

多晶硅薄膜太阳能电池最高转换效率为 18%，工业规模生产的产品转换效率也可达 10%，满足大部分民用场景下的应用，可以预见其能在未来的太阳能电池市场上占据主导地位．

非晶硅薄膜太阳能电池具有成本低、重量轻、便于大规模生产的优势，有极大的潜力．但目前它的转换效率不高，稳定性也较差，阻碍了其应用发展，如果能解决这些问题，它将是太阳能电池的主要发展方向之一．

尽管这三种硅基太阳能电池的制造工艺有所区别，但它们的基本工作原理都是相同的，都是基于硅 PN 结的光生伏特效应．当光照射到半导体 PN 结上时，半导体 PN 结吸收光能，并在两端产生电动势，这种现象称为光生伏特效应，简称光伏效应．在没有光照时，可将太阳能电池视为一个二极管，器件中流过的电流I与两端所施加的电压U满足肖克莱方程：

$$I = I_0(e^{\frac{qU}{nkT}} - 1) \tag{4.6.1}$$

式中：I_0为二极管反向饱和电流；k为玻尔兹曼常量；T为热力学温度；n称为二极管理想因子(理想情况下为1，实际会大于1)．

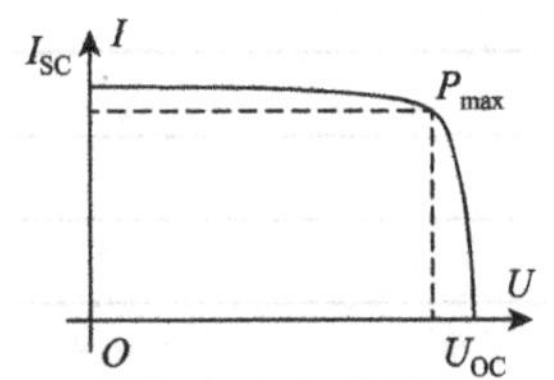

图 4.6.1 太阳能电池伏安特性曲线

在光照射下，由于光伏效应，太阳能电池两端会产生光生电动势，接入负载后就会产生光生电流．光照下太阳能电池的伏安特性曲线如图 4.6.1 所示．当太阳能电池短路时(负载电阻为0，电压为0)，流过器件的电流称为短路电流I_{SC}，对应曲线与纵轴的交点；当太阳能电池开路时(负载电阻无穷大，电流为0)，器件两端的电压称为开路电压U_{OC}，对应曲线与横轴的交点．

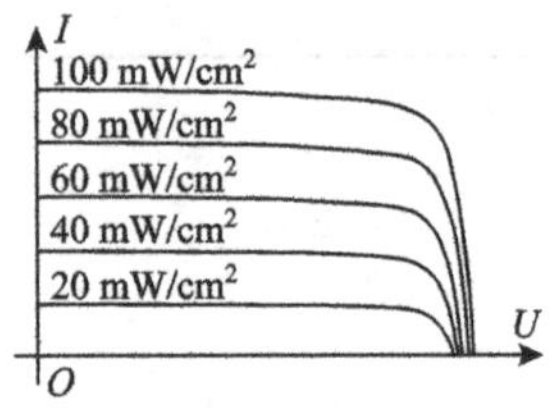

图 4.6.2 不同光照条件下的伏安特性曲线

理论分析及实验表明，在不同的光照条件下，短路电流随入射光功率线性增长，而开路电压在入射光功率增加时只略微增加，如图 4.6.2 所示．

太阳能电池输出电压U与输出电流I的乘积即为太阳能电池的输出功率P．同样的电池及光照条件下，负载电阻大小不一样时，输出的功率也是不一样的．输出功率随输出电压变化呈现出先增大后减小的特点，存在一个极大值P_{max}，称为太阳能电池的最大输出功率．根据太阳能电池的最大输出功率，定义填充因子：

$$FF = \frac{P_{max}}{U_{OC}I_{SC}} \tag{4.6.2}$$

填充因子是表征太阳电池性能优劣的重要参数，其值越大，电池的光电转换效率越高，一般的硅太阳能池填充因子在0.60～0.85之间．

太阳能电池的转换效率定义为太阳能电池的最大输出功率与照射到电池表面的光功率之比，即

$$\eta = \frac{P_{max}}{P_{in}} = \frac{FF \cdot U_{OC}I_{SC}}{P_{in}} \tag{4.6.3}$$

其中照射到电池表面的光功率，可以用光功率密度I乘以电池面积S得到．

笔记栏

4.6.3 实验仪器

太阳能电池(单晶硅、多晶硅、非晶硅各1块，有效面积60×60 mm²)、光源(100 W)、光功率计、光电二极管、电阻箱、测试仪(包含电流表、电压表与直流电源)、导轨、导线等．

4.6.4 实验内容与步骤

1. 无光照时，太阳能电池的伏安特性测试

(1)测量太阳能电池正向偏压下流过太阳能电池的电流I和太阳能

电池上的压降 U. 按如图4.6.3所示电路接线，注意不要正负极性接错，电压表量程选择20 V档，电流表量程选择2 mA档，限流电阻 R_S 调到50 Ω，选用单晶硅样品. 关闭光源，并用遮光罩罩住样品，调节正向偏压 U，逐渐从0 V升高到3.0 V，将不同偏压 U 对应的电流表读数 I 记录在表4.6.1中.

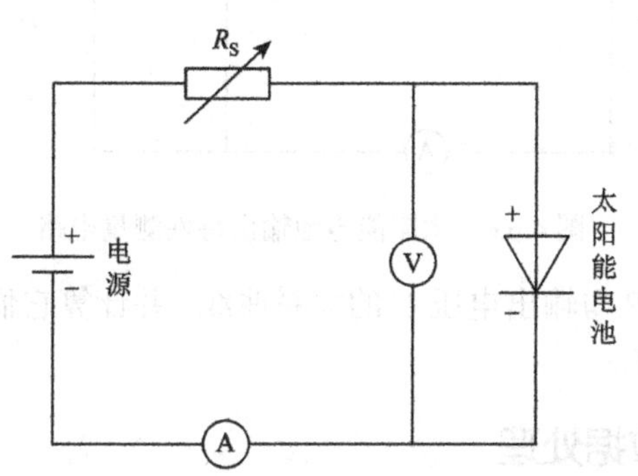

图4.6.3　太阳能电池输出特性测量电路

(2)更换不同的(多晶硅、非晶硅)样品，重复上述步骤，数据分别记录在表4.6.2与表4.6.3中.

2. 测量不同光照强度下太阳能电池的开路电压和短路电流

(1)标定光强分布. 将光源滑块固定在导轨0 cm处，光功率计探头(光电传感器板)放置在样品架上，用专用连接线连接探头板与光功率计. 开启光源，移动样品架，改变光源到光电传感器板的距离 L，同时读取光功率计读数值 I，记录在表4.6.4中.

(2)开路电压测量. 取下传感器板，换上待测单晶硅样品，按图4.6.4电路进行接线，将样品架分别移动到表4.6.4中对应位置处，记录不同位置的开路电压值.

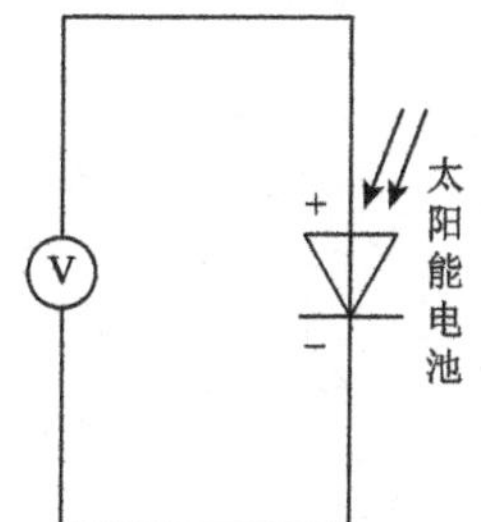

图4.6.4　开路电压测试

(3)短路电流测量. 按图4.6.5电路进行接线，将样品架分别移动到表4.6.4中对应位置处，记录不同位置的短路电流值.

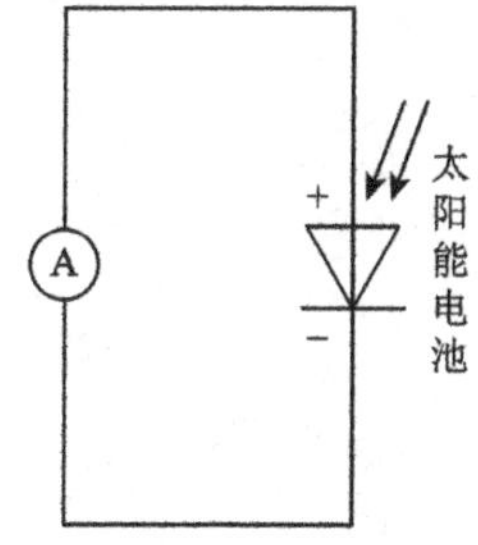

图4.6.5　短路电流测试

(4)更换不同的样品板(多晶硅、非晶硅)，重复步骤(2)(3)，数据分别记录在表4.6.4中.

3. 光照下太阳能电池的输出特性测量

(1)保持光源到样品板之间距离为20 cm，采用单晶硅样品板，按图4.6.6所示的电路进行接线，电阻箱 R_S 阻值调到最大(99999.9 Ω). 开启光源，逐渐改变电阻箱的阻值，记录不同负载电阻下太阳能电池的输出电压 U 和电流 I，并计算输出功率 P，记录在表4.6.5中.

(2)更换不同的样品板(多晶硅、非晶硅)，重复步骤(1)(2)，数据分别记录在表4.6.6与表4.6.7中.

(3)分别作出单晶硅、多晶硅、非晶硅太阳能电池的输出特性曲线

笔记栏

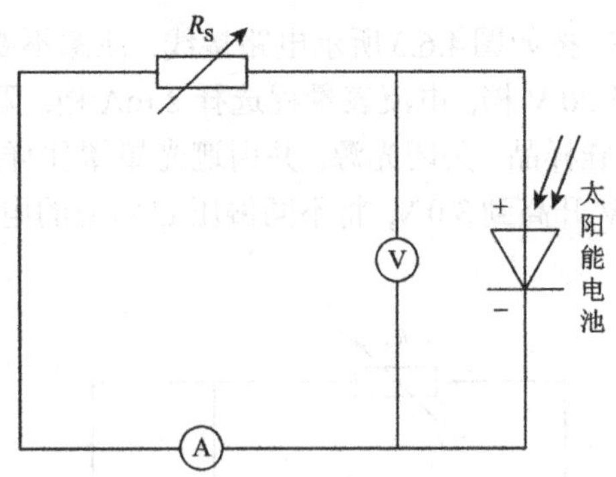

图 4.6.6 太阳能电池输出特性测量电路

以及输出功率 P 与输出电压 U 的关系曲线，并计算它们的填充因子 FF 及光电转换效率.

4.6.5 数据处理

1. 太阳能电池的暗态伏安特性曲线

表 4.6.1 单晶硅太阳能电池暗态伏安特性数据表格

数据	U/V												
	0	0.5	1.0	1.5	2.0	2.2	2.4	2.6	2.8	3.0	3.2	3.4	3.6
I/mA													
ln I	—												

根据表 4.6.1 数据在坐标纸上作出单晶硅太阳能电池的伏安特性曲线，并计算理想因子 $n=$________.

由式(4.6.1)整理得: $\frac{I}{I_0}=e^{\frac{qU}{nkT}}-1$，当 U 较大($U>2$ V)时，有 $e^{\frac{qU}{nkT}}-1\approx e^{\frac{qU}{nkT}}$，故 $\ln I=\frac{q}{nkT}U+\ln I_0$，即 $\ln I$ 与 U 满足线性关系，斜率为 $\frac{q}{nkT}$ (室温下，$\frac{kT}{q}=0.026\text{ V}$). 通过对 $\ln I$ 与 U 的数据进行线性拟合，可计算出器件的理想因子 n.

表 4.6.2 多晶硅太阳能电池暗态伏安特性数据表格

数据	U/V												
	0	0.5	1.0	1.5	2.0	2.2	2.4	2.6	2.8	3.0	3.2	3.4	3.6
I/mA													
ln I	—	—	—										

根据表 4.6.2 数据在坐标纸上作出多晶硅太阳能电池的伏安特性曲线，并计算理想因子 $n=$________.

笔记栏

表 4.6.3　非晶硅太阳能电池暗态伏安特性数据表格

数据	U/V												
	0	0.5	1.0	1.5	2.0	2.2	2.4	2.6	2.8	3.0	3.2	3.4	3.6
I/mA													
ln I	—												

根据表 4.6.3 数据在坐标纸上作出非晶硅太阳能电池的伏安特性曲线，并计算理想因子 $n =$ ________.

2. 光照强度对开路电压和短路电流的影响

表 4.6.4　光强标定数据表

数据		L/cm									
		10	15	20	25	30	35	40	45	50	55
$I/(\mathrm{W/m^2})$											
单晶硅	U_{OC}/V										
	I_{SC}/mA										
多晶硅	U_{OC}/V										
	I_{SC}/mA										
非晶硅	U_{OC}/V										
	I_{SC}/mA										

根据表 4.6.4 数据，在坐标纸上分别作出单晶硅、多晶硅、非晶硅电池的 U_{OC}-I, I_{SC}-I 关系曲线，并分析开路电压 U_{OC} 和短路电流 I_{SC} 与入射光强 I 之间的关系.

3. 光照下太阳能电池的输出特性

表 4.6.5　光照下单晶硅太阳能电池输出特性数据表

R/Ω	I/mA	U/V	$P = I·U$/mW	R/Ω	I/mA	U/V	$P = I·U$/mW
99999.9				199.9			
9999.9				99.9			
3999.9				79.9			
1999.9				59.9			
999.9				39.9			
799.9				19.9			
599.9				9.9			
499.9				5.9			
399.9				0.9			
299.9				0			

根据表 4.6.5 数据，在坐标纸上作出单晶硅太阳能电池的输出特性

笔记栏

曲线，以及输出功率P与输出电压U的关系曲线，找到最大输出功率点，并计算填充因子.

$$FF=\frac{P_{max}}{U_{OC}\cdot I_{SC}}=\_\_\_\_\_\_\_\_（代入数据）=\_\_\_\_\_\_\_\_$$

利用表4.6.4光强标定数据及电池有效面积，计算照射到太阳能电池表面的总光功率

$$P_{in}=I\cdot S=\_\_\_\_\_\_\_\_（代入数据）=\_\_\_\_\_\_\_\_$$

计算单晶硅太阳能电池的光电转换效率

$$\eta=\frac{P_{max}}{P_{in}}=\frac{FF\cdot U_{OC}\cdot I_{SC}}{P_{in}}=\_\_\_\_\_\_\_\_$$

表 4.6.6 光照下多晶硅太阳能电池输出特性数据表

R/Ω	I/mA	U/V	$P=I\cdot U$/mW	R/Ω	I/mA	U/V	$P=I\cdot U$/mW
99999.9				199.9			
9999.9				99.9			
3999.9				79.9			
1999.9				59.9			
999.9				39.9			
799.9				19.9			
599.9				9.9			
499.9				5.9			
399.9				0.9			
299.9				0			

根据表4.6.6数据，在坐标纸上作出多晶硅太阳能电池的输出特性曲线，以及输出功率P与输出电压U的关系曲线，找到最大输出功率点，并计算填充因子.

$$FF=\frac{P_{max}}{U_{OC}\cdot I_{SC}}=\_\_\_\_\_\_\_\_（代入数据）=\_\_\_\_\_\_\_\_$$

利用表4.6.4光强标定数据及电池有效面积，计算照射到太阳能电池表面的总光功率

$$P_{in}=I\cdot S=\_\_\_\_\_\_\_\_（代入数据）=\_\_\_\_\_\_\_\_$$

计算多晶硅太阳能电池的光电转换效率

$$\eta=\frac{P_{max}}{P_{in}}=\frac{FF\cdot U_{OC}\cdot I_{SC}}{P_{in}}=\_\_\_\_\_\_\_\_$$

表 4.6.7 光照下非晶硅太阳能电池输出特性数据表

R/Ω	I/mA	U/V	$P=I\cdot U$/(mW)	R/Ω	I/mA	U/V	$P=I\cdot U$/(mW)
99999.9				199.9			
9999.9				99.9			
3999.9				79.9			

笔记栏

续表

R/Ω	I/mA	U/V	$P=I\cdot U/$(mW)	R/Ω	I/mA	U/V	$P=I\cdot U/$(mW)
1999.9				59.9			
999.9				39.9			
799.9				19.9			
599.9				9.9			
499.9				5.9			
399.9				0.9			
299.9				0			

根据表4.6.7数据，在坐标纸上作出非晶硅太阳能电池的输出特性曲线，以及输出功率P与输出电压U的关系曲线，找到最大输出功率点，并计算填充因子.

$$FF=\frac{P_{max}}{U_{OC}\cdot I_{SC}}=\_\_\_\_\_\_\_\_\_\_(\text{代入数据})=\_\_\_\_\_\_\_\_$$

利用表4.6.4光强标定数据及电池有效面积，计算照射到太阳能电池表面的总光功率

$$P_{in}=I\cdot S=\_\_\_\_\_\_\_\_(\text{代入数据})=\_\_\_\_\_\_\_\_$$

计算非晶硅太阳能电池的光电转换效率

$$\eta=\frac{P_{max}}{P_{in}}=\frac{FF\cdot U_{OC}\cdot I_{SC}}{P_{in}}=\_\_\_\_\_\_\_\_$$

4.6.6　实验注意事项

(1) 开启光源后，禁止用手触摸灯罩，以免烫伤.

(2) 长时间测试时，请保证太阳能电池板距离光源玻璃灯罩面大于20 cm，防止电池板过热影响性能或损坏.

(3) 仅在实验时开启光源，实验结束后立即关闭光源.

(4) 太阳能电池板的输出特性随温度变化很敏感(特别是开路电压)，所以当电池板离光源较近时必须考虑温度因素的影响.

4.7　电表的改装

直流电流表和电压表的表头都是微安级的电流计. 通过对该电流计并联电阻分流和串联电阻分压，可以制成各种规格的电流表和电压表. 掌握将电流计改装成所需的电流表、电压表的技术，对于灵活使用直流电表是十分重要的. 本实验要求学生在教师的指导下完成对直流电流表的改装和校准，然后学生自行设计把表头改装成直流电压表.

4.7.1　实验目的

(1) 掌握把表头改装为直流电流表和直流电压表的原理，并学会校准方法.

(2)学习测量表头数据的一种简便方法.

4.7.2 实验原理

1. 将表头改装成直流电流表

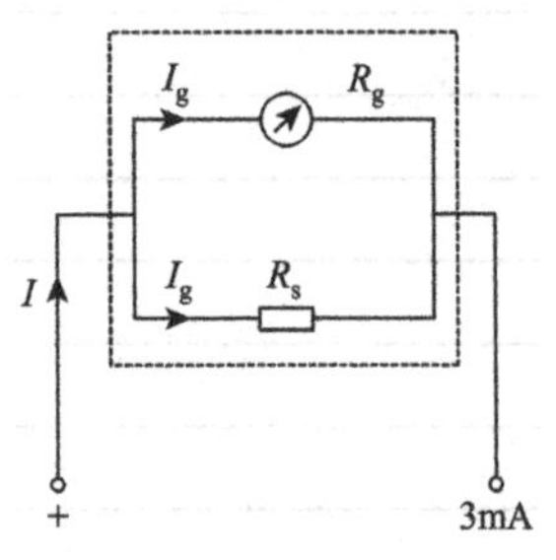

图 4.7.1 电流表原理

一只量程为 I_g 的微安(μA)表头，只能测量 I_g 以内的电流，若要测量大于 I_g 的电流，就要在表头两端并联一个阻值适当的小电阻 R_s，如图 4.7.1 所示，使表头不能承受的那部分电流从小电阻 R_s 上通过. 由表头和 R_s 组成的整体就是直流电流表. 称 R_s 为分流电阻，选用不同大小的 R_s，可以得到不同量程的直流电流表. 假定要得到量程为 I 的直流电流表，如图 4.7.1 所示电路，其并联电路两端的电位差相等，则有

$$I_g R_g = I_s R_s,\quad I = I_g + I_s \tag{4.7.1}$$

所以

$$R_s = \frac{I_g R_g}{I - I_g} \tag{4.7.2}$$

表头的满偏电流 I_g 已知，表头内阻 R_g 事先测出，根据所需改装的电流表量程，由式(4.7.2)可算出应并联的分流电阻 R_s. 分流电阻 R_s 越小，改装表的量程 I 就越大.

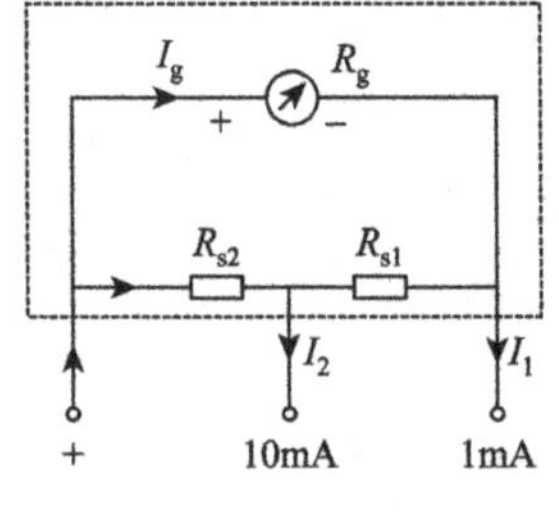

图 4.7.2 双量程电流表

若要把表头改装为多量程的直流电流表，如改装成双量程的直流电流表，则按如图 4.7.2 所示线路，将 R_s 分成两个电阻 R_{s1}，R_{s2}，使用不同引出线就变成了不同量程的直流电流表. 由图 4.7.2 可见，当量程为 I_1 时，并联的分流电阻 $R_s = R_{s1} + R_{s2}$，由式(4.7.2)可算出 R_s 的大小. 当量程为 I_2 时，R_{s1} 与表头内阻 R_g 串联，R_{s2} 为分流电阻. 则有如下关系

$$(I_2 - I_g) R_{s2} = I_g (R_g + R_{s1}),\quad R_s = R_{s1} + R_{s2} \tag{4.7.3}$$

所以

$$R_{s2} = \frac{I_g (R_g + R_s)}{I_2} \tag{4.7.4}$$

先求出 R_s 后，由式(4.7.3)及式(4.7.4)可方便地算出双量程需并联的电阻 R_{s2} 和 R_{s1}.

2. 将表头改装成直流电压表

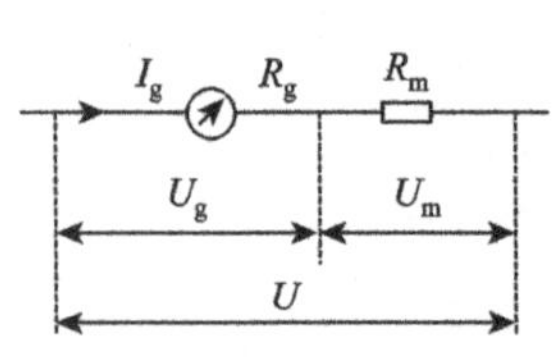

图 4.7.3 电压表原理

一个内阻为 R_g，量程为 I_g 的表头，本身就是一个电压表，其电压量程为 $U_g = I_g R_g$(表头指针满偏转时，表头两端的电压为 U_g). 但这个量程太小，一般在 1 V 以内. 为测量较大的电压，只要在表头上串联一个阻值适当的大电阻 R_m，使表头不能承受的那部分电压降落在电阻 R_m 上，串联的电阻称为扩程电阻. 选用大小不同的 R_m，就可以得到不同量程的电压表. 如图 4.7.3 所示，当表头满度时:

$$U = I_g (R_g + R_m) \tag{4.7.5}$$

化简，得

$$R_m = \frac{U}{I_g} - R_g$$

同理，表头的 I_g 和 R_g 事先测出，根据所需要的电压表的量程 U，由式(4.7.5)可以算出相应串联的扩程电阻 R_m.

如果改装为多量程电压表，那么可根据最高电压量程计算出串联电阻的总值 R_m，并通过若干分电阻以获得较低的量程. 图 4.7.4 为双量程电压表的线路图，串联的总电阻 $R_m = R_{m1} + R_{m2}$ 由式(4.7.5)算出，各分电阻由下式可求得:

$$R_{m1} = \frac{U_1}{I_g} - R_g, \quad R_{m2} = \frac{U_2 - U_1}{I_g} \tag{4.7.6}$$

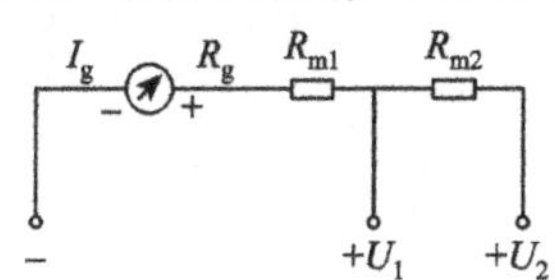

图 4.7.4 双量程电压表

其他更多量程的电压表的改装方法及计算公式可以类推.

3. 表头量程 I_g 和内阻 R_g 的测量

把一个表头改装为电压表和电流表，有关电阻值计算的前提是表头量程 I_g 及其内阻 R_g 必须是已知的. 这时可采取比较法测 I_g 和用倍增量程法测内阻 R_g. 测量电路如图 4.7.5 所示，表头量程为 I_g，标准表的量程为 I_m, R_2, R_s 为电阻箱, R_1 为滑线变阻器. 若断开与表头并联的分流电阻 R_s，调电阻 R_2 为最大，R_1 为最小. 接通开关 K，调整 R_1 使表头满偏，此时标准表的读数为 $I = I_g$. 再把分流电阻 R_s 接上，把 R_2 调到最大，R_s 调得很小(约几欧姆)，待接通 K 后，再同时调 R_1 和 R_s，使达到标准表显示的总电流 I_n 为 I_g 的 n 倍(n 为整数，且 $n = 3, 6, 9, \cdots$)，且表头满偏，记下分流电阻值 R_s 及拟定的 n 值，则有

$$I_n = nI_g = I_s + I_g, \quad I_sR_s = I_gR_g$$

解得

$$R_g = (n-1)R_s \tag{4.7.7}$$

可见，由式(4.7.7)即可简单地确定表头的内阻 R_g.

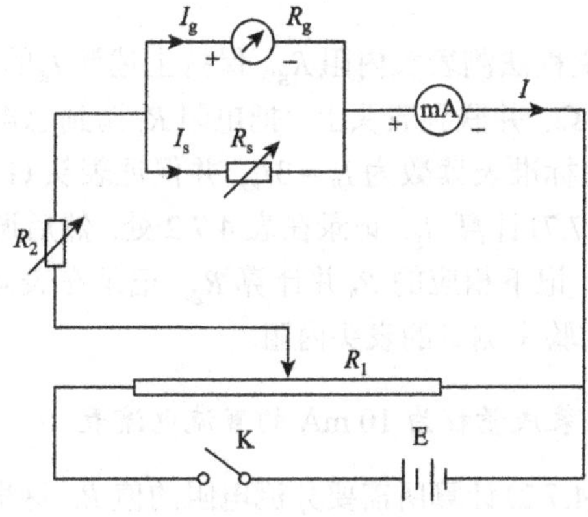

图 4.7.5 改装直流电流表电路图

4. 电表的标称误差和校准

标称误差(相对额定误差)是指电表的读数和准确度的差异，它包括了电表在构造上各种不完善的因素引入的误差. 为确定标称误差，先将电表和一个标准电表同时测量一定的电流(或电压)，称为校准. 校准的结果得到电表各个刻度的绝对误差，选其中最大的绝对误差除以量程，即为该电表的标称误差

笔记栏

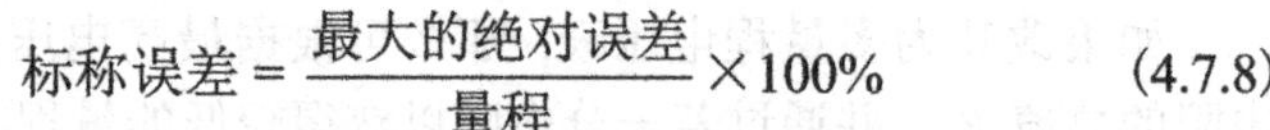

$$标称误差=\frac{最大的绝对误差}{量程}\times 100\% \tag{4.7.8}$$

根据标称误差的大小，电表分为不同等级. 例如，0.5 级表，其标称误差不大于 0.5%.

为了解改装表的误差，需要对改装表刻度盘上每个有数字的分度线进行测量，即与标准表对照，读出改装表各个指示值 I_x(或 U_x)和标准表对应的指示值 I_s(或 U_s)，得到该刻度的修正值 ΔI_x(或 ΔU_x)($\Delta I_x = I_s - I_x$)，从而画出电表的校准曲线(以 I_x 为横轴，ΔI_x 为纵轴，两个校准点之间用直线连接，整个图形是折线状)，如图 4.7.6 所示. 在以后使用这个电表时，根据校准曲线可以修正电表的读数，得到较为准确的结果(测量值 = 电表读数 + 修正值).

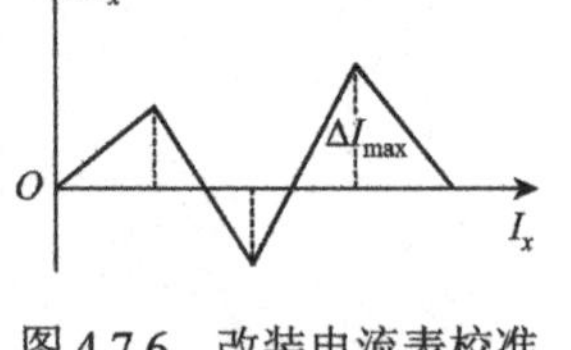

图 4.7.6 改装电流表校准曲线示意图

4.7.3 实验仪器

表头 G(I_g = 100 μA，内阻 R_g 由实验测出)、DM-A$_3$ 数字标准电流表，DM-V$_4$ 数字电压表、滑线变阻器、电阻箱、直流电源、开关、导线等.

4.7.4 实验内容与步骤

1. 测量表头量程 I_g 及内阻 R_g

(1)用比较法测表头量程 I_g. 按图 4.7.5 电路接线，先断开分流电阻 R_s，将 R_2 调到最大(≥99 999 Ω)，电源 E 取为 12 V. 接通开关 K 后，调 R_1、R_2 使表头 G 满度偏转，读出此时标准表的读数 I，即为 I_g. 重复三次，取平均值.

(2)用倍增量程法测表头内阻 R_g. 保持上述测 I_g 的电路，把分流电阻 R_s 调到约 500 Ω，并联到表头上. 把电阻 R_1 调到总电阻的 1/3 处，然后调 R_2 和 R_s，使标准表读数为 $I_n = 3I_g$，并保证表头 G 满偏，记下此时的 R_s，用公式(4.7.7)计算 R_g，记录在表 4.7.2 处. 然后调节 R_1 和 R_s 使 I_n 分别为 $6I_g$、$9I_g$，记下相应的 R_s 并计算 R_g，记录在表 4.7.2 处. 计算其平均值 $\overline{R}_g$ 作为实验室测量的表头内阻.

笔记栏

2. 把表头改装成量程为 10 mA 的直流电流表

(1)由公式(4.7.2)计算所需要分流电阻的值 R_s(这里 I = 10 mA，I_g = 100μA，R_g 取测量的平均值).

(2)校准改装表的量程. ①按图 4.7.5 接好线路. 其中 R_s、R_2 为电阻箱(R_s 按计算出的数值取值)，R_1 为滑线变阻器，mA 为标准毫安表. ②将电阻分压器(R_1)的输出电压调至零位，保护电阻 R_2 调至最大后接通电源. ③调节电阻分压器(R_1)的电压到大约最大值的 5/6，并逐渐减小保护电阻 R_2，使标准表(或表头 G)指针为满刻度. ④若此时表头 G(或标准表)不是指向满刻度，则适当调节 R_s 的值，同时调节 R_1，使两个表同时指向满刻度. 此时的 R_s 作为实验值，请做好记录.

笔记栏

(3) 校准刻度. 使电流从零开始到满刻度(调节 R_1 和 R_2), 然后从满刻度到零, 记下改装表每分度的读数 I_x 和对应的标准表的读数 I_{s1}、I_{s2}, 记录在数据表格中.

(4) 计算相应的误差 $\Delta I_x = I_s - I_x$, 取上述两次误差中的较大者 ΔI_x, 记录在数据表格中, 并作改装表的校准曲线.

3. 把 100 μA 表头改装为 10 V 直流电压表

自行设计实验电路图, 先校准量程, 然后校准刻度, 并作改装表的校准曲线图.

4.7.5　数据处理

(1) 计算表头量程 I_g 及内阻 R_g 数据(表 4.7.1 和表 4.7.2).

表 4.7.1　表头量程 I_g 数据

数据	第一次	第二次	第三次	平均值
I_g/mA				

表 4.7.2　内阻 R_g 数据

数据	$3I_g$	$6I_g$	$9I_g$
R_s/Ω			
R_g/Ω			

由公式(4.7.7)求 R_g 及其平均值 $\bar{R}_g$.

(2) 改装直流电流表校正数据记录表(表 4.7.3).

表 4.7.3　改装直流电流表校正数据

数据	0.00	2.00	4.00	6.00	8.00	10.00
I_{s1}/mA						
I_{s2}/mA						
ΔI_x/mA						

(3) 以改装表的读数为横坐标, 最大误差为纵坐标, 作出直流电流表的校准曲线并计算其标称误差.

(4) 自行设计表格, 记录改装 10 V 直流电压表的数据, 并作校准曲线和计算其标称误差.

4.7.6　实验注意事项

在进行表头数据测量前, 要检查各电表的零点, 零点不正确者要先调整好.

笔记栏

4.7.7 实验思考题

1. 改装直流电流表时，分流电阻 R_s 如发生短路或断路时，哪种情况危险？为什么？

2. 在改装直流电流表的校准电路中，为什么要采取分压电路来调节电流？而不是用更简单的限流电路？在分压电路中为什么又加一个限流电阻 R_2？取消它是否可行？

3. 校准改装后的电流表时，如发现改装表的读数相对标准表的读数都偏高，试问应将分流电阻调大还是调小？为什么？

4.8 非线性电路与混沌

长期以来，人们在认识和描述运动时大多局限于线性动力学方法，即确定运动有一个完美的解析解. 但是在相当多的情况下自然界中非线性现象却起着重要的作用，因此人们不得不研究非线性动力学问题. 在各种非线性现象中，最有代表性的就是混沌现象. 混沌通常相应于不规则或非周期性，这是由非线性系统产生的. 本实验将研究一个简单的非线性电路，它包括有源非线性负阻、LC 振荡器和 RC 移相器三部分. 下面将从这个简单电路中观察到混沌现象.

4.8.1 实验目的

(1) 测量非线性负阻电路（元件）的伏安特性.

(2) 用示波器观测 LC 振荡器产生的波形以及 RC 移相后的波形及上述两个波形组成的相图（李萨如图形）.

(3) 观测相图周期的变化，观测倍周期分岔、阵发混沌、三倍周期、单吸引子（混沌）和双吸引子（混沌）形象，分析混沌产生的原因.

4.8.2 实验原理

1. 非线性电路方程

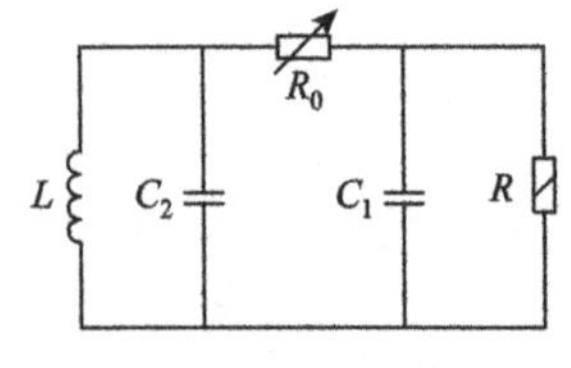

图 4.8.1　非线性电路原理

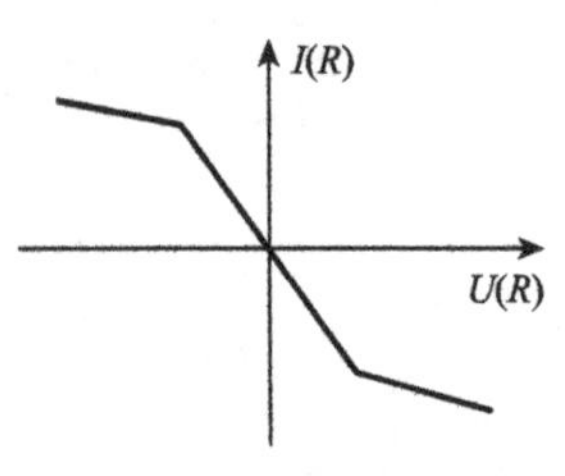

图 4.8.2　非线性负电阻伏安特性曲线图

一个简单而典型的非线性电路如图 4.8.1 所示，它又称为蔡氏电路（Chua's circuit），即三阶互易非线性自治电路. 其中唯一的非线性元件是电阻 R，其特性为三段分段线性，且呈现负阻性. 其伏安特性曲线如图 4.8.2 所示，即加在此非线性元件上电压增加时，通过它的电流却减小，因而它为非线性负阻元件. 电路中电感 L 和电容 C_2 组成一个损耗可忽略的振荡电路作为振荡源. 可变电阻 R_0 呈正阻性，它和 C_1 组成移相电路，并且消耗能量，以防止由于非线性电路的负阻效应使电路中的电压、电流不断增大.

电路的非线性动力学方程为

$$C_1\frac{\mathrm{d}U_{C_1}}{\mathrm{d}t}=G(U_{C_2}-U_{C_1})-gU_{C_1}$$

$$C_2\frac{\mathrm{d}U_{C_2}}{\mathrm{d}t}=G(U_{C_1}-U_{C_2})-i_L$$

$$L\frac{\mathrm{d}i_L}{\mathrm{d}t}=-U_{C_2}$$

式中: U_{C_1}、U_{C_2} 是电容 C_1、C_2 上的电压; i_L 是电感 L 上的电流; $G=1/R_0$ 和 $g=1/R$ 是电导. 若 R 是线性的, 则 g 是常数, 电路就是一般的振荡电路, 得到的解是正弦函数. 电阻 R_0 的作用是调节 C_2 和 C_1 的相位差, 把 C_2 和 C_1 两端的电压分别输入到示波器的 Y 轴和 X 轴, 则显示的相图是李萨如图形. 若 R 是非线性的, 则 $I=gU_{C_1}$ 是一个分段线性的函数, 由于 g 是非线性变化的, 所以上面的三元非线性方程组没有解析解. 非线性负阻能输出电流维持 LC_2 振荡器不断振荡, 使振动周期产生分岔和混沌等一系列现象. 当取适当的电路参数时, 可用示波器观测混沌现象.

2. 有源非线性负阻元件的实现

有源非线性负阻元件实现的方法很多, 如图 4.8.3 所示的电路采用了两个运算放大器(一个双运放 TL082)和 6 个配置电阻来实现. 它的伏安特性曲线如图 4.8.4 所示. 由于本实验研究的是该非线性元件对整个电路的影响, 只要知道它主要是一个负阻电路, 能输出电流维持 LC_2 振荡器不断振荡即可, **而非线性负阻元件的作用是使振动周期产生分岔和混沌等一系列现象.**

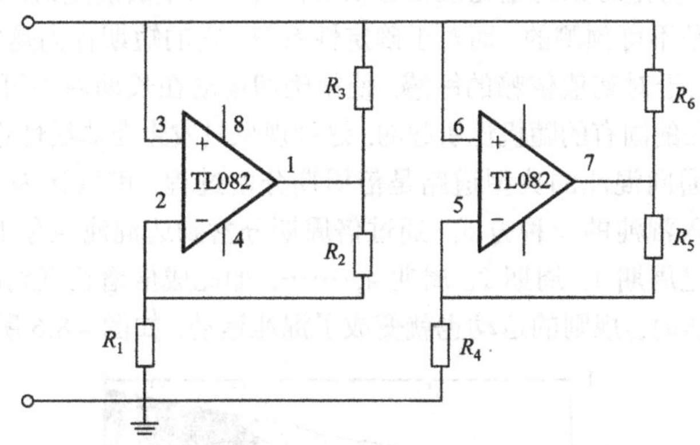

图 4.8.3　有源非线性负阻元件

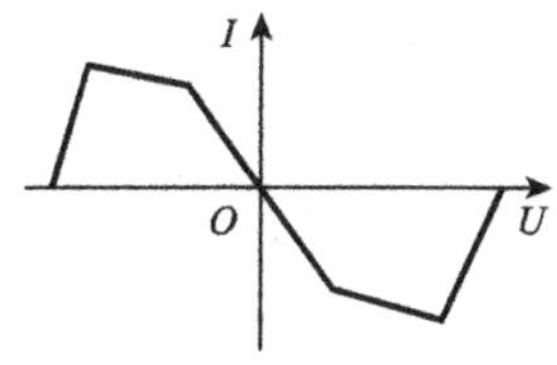

图 4.8.4　双运放非线性负阻元件的伏安特性

实际非线性混沌实验电路如图 4.8.5 所示. 在实际的电路中, L 和 C_2 并联构成振荡电路, R_0 的作用是相移, 使 A、B 两处输入示波器的信号产生相位差. 双运放 TL082 的前级和后级正、负反馈同时存在, 正反馈的强弱与比值 R_3/R_0、R_6/R_0 有关, 负反馈的强弱与比值 R_2/R_1、R_5/R_4 有关. 当正反馈大于负反馈时, LC_2 才能维持振荡. 若调节 R_0, 正反馈就发生变化. 因为运算放大器 TL082 处于振荡状态, 所以是非线性的, 此电

笔记栏

路实际上是一个可调的特殊振荡器. 双运算放大器 TL082 与 6 个电阻的组合等效于一个非线性电阻.

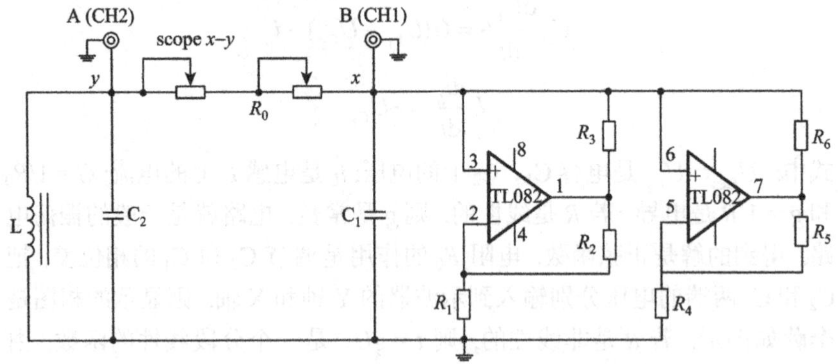

图 4.8.5 非线性电路混沌实验电路

3. 混沌学简介

所谓混沌, 就是指在确定性系统中出现的一种貌似无规则的, 类似随机的现象. 从数学上讲, 对于确定的初始值, 由动力系统就可以推知该系统的长期行为甚至追溯其过去性态. 但是大量的实例表明, 有很多系统, 当初值产生极其微小的变化时, 其系统的长期性态有很大变化, 即系统对初值的依赖十分敏感, 产生所谓“蝴蝶效应”现象. 由于实际中的误差是不可避免的, 所以从物理上讲, 对这种系统的长期行为进行预测完全是随机的. 但这是一种“假”随机现象, 它与由于系统本身具有随机项或随机系数而产生的随机现象完全不同. 对于一个真正的随机系统, 从某一特定时刻的量无法知道以后任何时刻量的确定值, 即系统在短期内也是不可预测的. 而对于确定性系统, 它的短期行为是完全确定的, 只是由于对初值依赖的敏感, 使得确切运动在长期内不可预测. 这正是它内在的固有的随机性引起的. 这种现象只发生在非线性系统中.

一条通向混沌的典型道路是倍周期分岔过程, 可以认为是从周期窗口中进入混沌的一种方式. 通过倍周期分岔到达混沌现象的过程中, 会依次经过周期 1, 周期 2, 周期 4, ……, 如此成倍增长直到周期密集到无法分辨时, 规则的运动也就变成了混沌运动, 如图 4.8.6 所示.

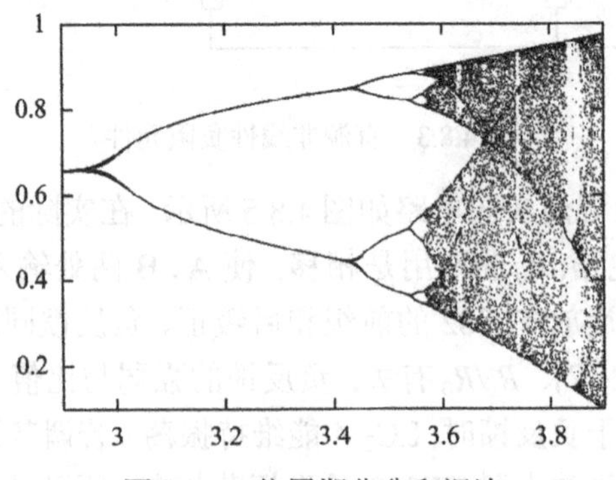

图 4.8.6 倍周期分岔和混沌

如果系统的状态空间是以两个变量为坐标的二维相平面，那么状态空间也称为相空间，轨道图形称为相图. 混沌在相空间内的轨道既不归于不动点，也不归于极限环，而是表现为似乎随机地跳来跳去，对于有能量消耗的耗散系统，这些轨道最终要被吸引到与不动点、极限环性质截然不同的空间集合，这就是奇怪吸引子，如图 4.8.7 所示.

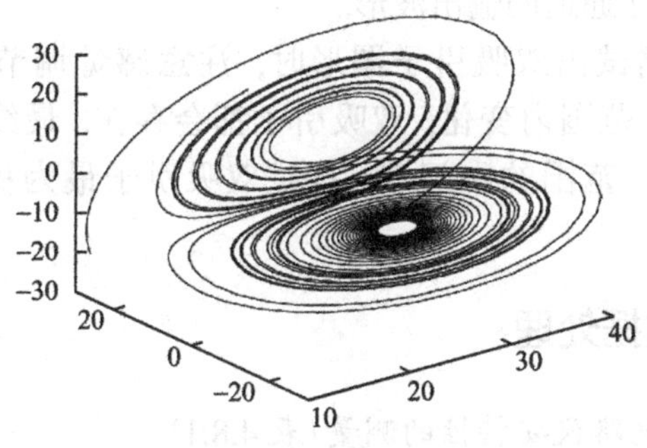

图 4.8.7　奇怪吸引子

一倍周期

二倍周期

四倍周期

三倍周期

单吸引子

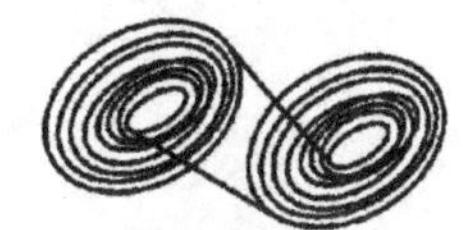
双吸引子

图 4.8.8　非线性电路混沌实验的混沌图形

通过示波器可以观察到一倍周期、二倍周期、四倍周期、三倍周期、单吸引子、双吸引子等相图，如图 4.8.8 所示.

4.8.3　实验仪器

DH6501C 非线性电路混沌实验仪、双通道示波器、电缆连接线 2 根.

4.8.4　实验内容与步骤

1. 非线性电阻的伏安特性的测量

(1) 在实验仪面板上插上跳线 A、V，并将可调电压源电位器旋钮逆时针旋转到头，在混沌单元 1 中插上非线性电阻 NR1.

(2) 连接实验仪电源，打开机箱后侧的电源开关. 面板上的电流表应有电流显示，电压表也应有显示值.

(3) 按顺时针方向慢慢旋转可调电压源上的电位器，并观察实验仪面板上的电压表的读数，每隔 0.2 V 记录面板上电压表和电流表的读数，直到旋钮顺时针旋转到头.

2. 调整并观察非线性电路振荡周期分岔现象和混沌现象

(1) 拔除跳线 A、V，在实验仪面板的混沌单元 1 中插上电感 L_1 (20 mH)、电容 C_1 (0.01 μF)、电容 C_2 (0.1 μF)、非线性电阻 NR1，并将电位器 W1 上的旋钮顺时针旋转到头.

(2) 用两根电缆线分别连接示波器的 CH1 和 CH2 端口到实验仪面板上标号 Q4 和 Q3 处. 打开机箱后侧的电源开关.

笔记栏

笔记栏

(3) 按下示波器的Acquire键，选择X-Y模式，调节示波器通道CH1和CH2的电压档位使示波器上能显示整个波形. 逆时针旋转电位器W1到头，然后慢慢顺时针旋转电位器W1并观察示波器，示波器上应该逐次出现单周期分岔、双周期分岔、四周期分岔、阵发混沌、三周期分岔、单吸引子、双吸引子现象.

(4) 在观测每个相图的同时，要调节显示器的显示方式，同时观测CH1通道和CH2通道的输出波形.

注意：在调试出双吸引子图形时，注意感觉调节电位器的可变范围. 即在某一范围内变化，双吸引子都会存在. 最终应该将调节电位器调节到这一范围的中间点，这时双吸引子最为稳定，并易于观察清楚.

4.8.5 数据处理

1. 非线性电路伏安特性的测量(表 4.8.1)

在 $U<0(I>0)$ 的条件下测量 I-U 关系，并作出相应的 I-U 曲线($I=|U|/R$).

表 4.8.1 非线性电阻特性数据记录表

U/V	I/mA	U/V	I/mA	U/V	I/mA
−11.4		−9.0		−1.4	
−11.2		−8.0		−1.2	
−11.0		−7.0		−1.0	
−10.8		−6.0		−0.8	
−10.6		−5.0		−0.6	
−10.4		−4.0		−0.4	
−10.2		−3.0		−0.2	
−10.0		−2.0		0.0	

(1) 用最小二乘法对以上数据进行线性拟合，求出三段直线(如图 4.8.4 第二象限所示)的直线方程和对应相关系数.

(2) 对直线的交点，即转折点进行计算.

(3) 在坐标纸上或者用电脑软件作出完整的 I-U 图(由实验的测量数据所绘制的图形在第二象限，第四象限的图形可参考非线性电路伏安特性的对称性画出).

2. 混沌现象的观察及描绘

调节W1的阻值，在示波器上观测CH1-CH2构成的相图，描绘出相图周期的变化. 若将一个环形相图的周期定义为P，则要求观测并

笔记栏

定性地在表 4.8.2 中画出: ①1P、2P、4P、阵发混沌、3P、单吸引子、双吸引子共 7 个相图; ②7 个相图对应的 CH1 通道和 CH2 通道的输出波形.

表 4.8.2　混沌现象相图和通道的输出波形图

相图名称	相图图形	CH1 输出波形	CH2 输出波形
1P			
2P			
4P			
阵发混沌			
3P			
单吸引子			
双吸引子			

4.8.6　实验思考题

1. 非线性电阻在本实验中的作用是什么?
2. 什么是相图? 为什么用相图来观测倍周期分岔到混沌的现象?
3. 什么是不动点、极限环和奇怪吸引子?

4.9　非平衡直流电桥测电阻

直流电桥是一种精密的非电量测量仪器, 具有重要的应用价值. 它的基本原理是通过桥式电路来测量电阻, 从而得到引起电阻变化的其他物理量, 如温度、压力、形变等. 直流电桥可分为平衡电桥和非平衡电桥. 平衡电桥是通过调节电桥平衡, 把待测电阻与标准电阻进行直接比较得到待测电阻值, 常见如惠斯通电桥、开尔文电桥均是平衡直流电桥. 由于平衡直流电桥需要调节平衡, 所以只能用于测量具有相对稳定状态的物理量. 实际工程和科学实验中, 物理量是连续变化的, 只能采用非平衡电桥才能测量. 用非平衡电桥测量非线性电阻需要通过对电桥的输出进行处理才能得到电阻值.

笔记栏

作为基本实验，我们把平衡电桥和非平衡电桥结合在一起，以便学习和掌握直流电桥的全面知识.

4.9.1 实验目的

(1)学习直流电桥测量电阻的基本原理和操作方法.

(2)用直流平衡电桥测量铜电阻的阻值.

(3)用非平衡直流电桥电压输出方法(立式电桥)，测量 2.7 kΩ MF51 型热敏电阻.

4.9.2 实验原理

1. 惠斯通电桥(平衡电桥)

惠斯通电桥是平衡电桥，其原理如图 4.9.1 所示. R_1、R_2、R_3 和 R_4 构成一电桥，A、C 两端提供一恒定的桥压 U_S，B、D 之间为一检流计 G. 当电桥平衡时，检流计 G 无电流，B、D 两点等电位. 则有 $U_{BC} = U_{DC}$，$I_1 = I_4$, $I_2 = I_3$，于是关系式 $I_1R_1 = I_2R_2$, $I_3R_3 = I_4R_4$ 成立，有

$$R_1R_3 = R_2R_4 \tag{4.9.1}$$

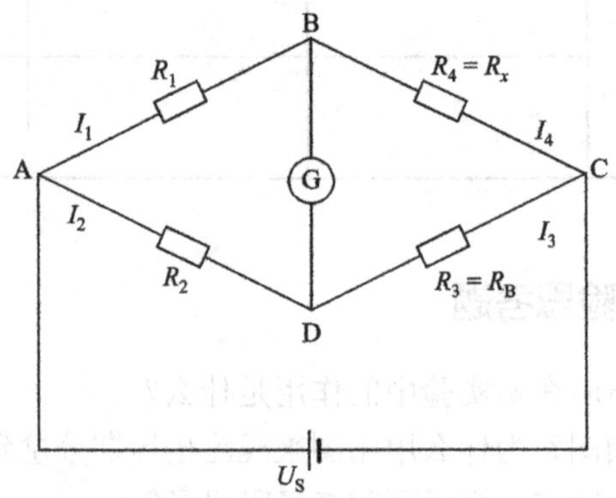

图 4.9.1 惠斯通电桥原理图

若 R_4 为待测电阻 R_x，R_3 为标准比较电阻，则令 $K = R_1/R_2$ 称为比率(一般惠斯通电桥的 K 有 0.001, 0.01, 0.1, 1, 10, 100, 1000 七档，本电桥的 K 可任选). 通常根据待测电阻大小选择 K 后，只要调节 R_3 使电桥平衡(检流计电流为 0)，就可以根据式(4.9.1)得到待测电阻 R_x. 那么有平衡电桥测量公式:

$$R_x = \frac{R_1}{R_2}R_3 = KR_3 \tag{4.9.2}$$

2. 非平衡电桥(立式电压电桥)

非平衡电桥原理如图 4.9.2 所示，B, D 间为一负载电阻 R_g，只要测量电桥输出 U_g 和 I_g，就可得到 R_x，并求得输出功率.

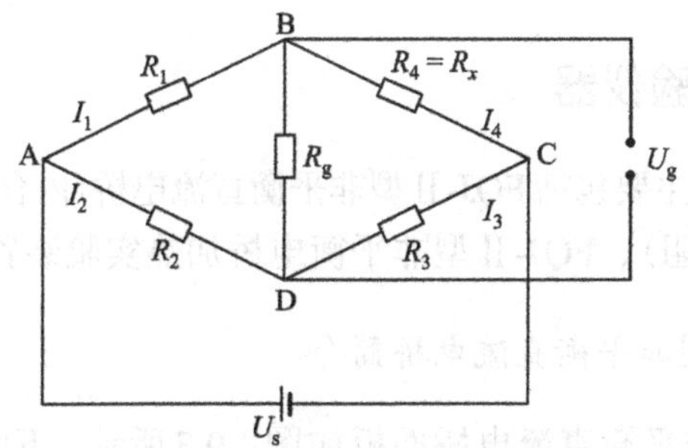

图 4.9.2　非平衡电桥原理图

非平衡电桥分为等臂电桥、卧式电桥(输出对称电桥)和立式电桥(电源对称电桥)三类. 在计算电桥的输出电压时, 由于负载电阻是数字电压表, 其内阻 R_g 很大, 可以认为负载电阻 $R_g \to \infty$, 此时电流 $I_g = 0$, 电压输出为 U_g.

根据分压原理, ABC 半桥的电压降为 U_g, 通过 R_1, R_4 两臂的电流为

$$I_1 = I_2 = \frac{U_s}{R_1 + R_4} \tag{4.9.3}$$

则 R_4 上的电压降为

$$U_{BC} = \frac{R_4}{R_1 + R_4} U_s \tag{4.9.4}$$

同理 R_3 上的电压降为

$$U_{DC} = \frac{R_3}{R_2 + R_3} U_s \tag{4.9.5}$$

则输出电压 U_g 为 U_{BC} 与 U_{DC} 之差

$$U_g = U_{BC} - U_{DC} = \frac{R_2R_4 - R_1R_3}{(R_1 + R_4)(R_2 + R_3)} U_s \tag{4.9.6}$$

当满足条件 $R_1R_3 = R_2R_4$ 时, 电桥输出 $U_g = 0$, 电桥处于平衡状态. 通常为了测量的准确性, 开始测量时电桥必须调平衡, 称为预调平衡, 这样可使输出只与某一臂的电阻有关. 若 R_1、R_2、R_3 固定, R_4 可以变化, 取 $R_4 \to R_4 + \Delta R$, 则由公式(4.9.6)知, 非平衡电桥的电压输出为

$$U_g = \frac{R_2R_4 + R_2\Delta R - R_1R_3}{(R_1 + R_4)(R_2 + R_3) + \Delta R(R_2 + R_3)} U_s \tag{4.9.7}$$

对立式电压电桥: $R_3 = R_4 = R$, $R_1 = R_2 = R'$, 式(4.9.7)变为

$$U_g = \frac{R'\Delta R}{(R + R')^2 + \Delta R(R + R')} U_s \tag{4.9.8}$$

由式(4.9.8)可解出变化的电阻

$$\Delta R = \frac{(R + R')^2 U_g}{R'U_s - (R + R')U_g} \tag{4.9.9}$$

只要测出非平衡电桥的输出电压 U_g, 就可由式(4.9.9)求出对应电阻 R_4 的增量 ΔR, 公式(4.9.9)是本实验重要的计算公式.

笔记栏

4.9.3 实验仪器

本实验仪器主要包括FQJ-Ⅱ型非平衡直流电桥(内含铜电阻和2.7 kΩ MF51 型热敏电阻)、FQJ-Ⅱ型非平衡电桥加热实验装置.

1. FQJ-Ⅱ型非平衡直流电桥简介

FQJ-Ⅱ型非平衡直流电桥面板如图4.9.3所示，下面介绍平衡和非平衡电桥的使用.

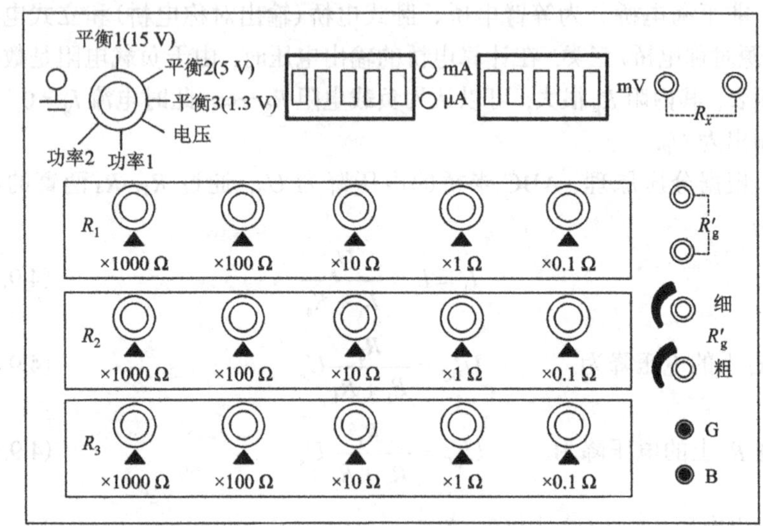

图 4.9.3 FQJ-Ⅱ型非平衡直流电桥面板

(1) 惠斯通电桥(平衡电桥). FQJ-Ⅱ型惠斯通电桥的量程倍率为 $\times10^{-3}$, $\times10^{-2}$, $\times10^{-1}$, $\times1$, $\times10$, $\times10^2$, $\times10^3$. 使用平衡电桥时其量程倍率根据需要自行设定，方法是通过电桥面板上的 R_1 和 R_2 两组开关来实现. 如“×1”倍率，可分别在 R_1 和 R_2 两组的“×1000 Ω”盘打“1”，其余均为0; “$\times10^{-1}$”倍率，可分别在 R_1 的“×100 Ω”盘打“1”，其余均为0, R_2 的“×1000 Ω”盘打“1”，其余均为0, ……由此组成不同的量程倍率. 倍率确定后调节 R_3 组的测量盘，使数字电流表的显示为0，电桥平衡，得到 $R_x = KR_3$.

(2) 非平衡电桥. FQJ-Ⅱ型非平衡直流电桥的三个桥臂 R_1、R_2、R_3 分别由三组十倍步进开关和三组(1～10)×(1000＋100＋10＋1＋0.1)Ω 电阻盘组成，调节范围在 11.111 kΩ 内; 负载电阻 R'由一个 10 kΩ(粗调)和一个 100 Ω(细调)的多圈电位器串联组成，可在 10.1 kΩ 范围内调节.

(3) 2.7 kΩ MF51 型半导体热敏电阻. 2.7 kΩ MF51 型半导体热敏电阻是由一些过渡金属氧化物(主要是Mn、Co、Ni、Fe等氧化物)在一定的烧结条件下形成的半导体金属氧化物作为基本材料制成的，具有P型

半导体的特性. 对于一般半导体材料, 电阻率随温度的变化主要依赖载流子浓度, 而迁移率随温度的变化可以忽略. 但上述过渡金属氧化物则有所不同, 在室温范围内基本上已全部电离, 即载流子浓度基本上与温度无关, 此时主要考虑迁移率与温度的关系. 随着温度升高, 迁移率增加, 电阻率下降, 故这类金属氧化物半导体是一种具有负温度系数的热敏电阻元件. 根据理论分析, 其电阻——温度特性的数学表达式通常可表示为

$$R_t = R_{25}\exp\left[B_n\left(\frac{1}{T}-\frac{1}{298}\right)\right] \tag{4.9.10}$$

式中: R_{25}、R_t 分别为 25 ℃和 t℃时的热敏电阻的电阻值; B_n 为材料系数, 制作时不同的处理方法其值不同. 我们也可以把式(4.9.10)写成比较简单的形式

$$R_t = R_0 e^{B_n/T} \tag{4.9.11}$$

式中: $R_0 = R_{25}e^{-B_n/298}$, 热敏电阻的阻值 R_t 与 T 为指数关系, 是一种典型的非线性电阻.

2. FQJ-Ⅱ型非平衡电桥加热实验装置

FQJ-Ⅱ型非平衡电桥加热实验装置实物及接线图如图 4.9.4 所示, 该装置由加热炉及温度控制仪两大部分组成. 使用前将温控仪机箱底部的撑架竖起, 以便在测试时方便观察及操作. 实验开始前应连接好温控仪与加热炉之间的导线, 根据实验内容用导线把“铜电阻”或“热敏电阻”接线柱与 FQJ 非平衡电桥的“R_x”端相接. 实验装置的加热操作步骤如下.

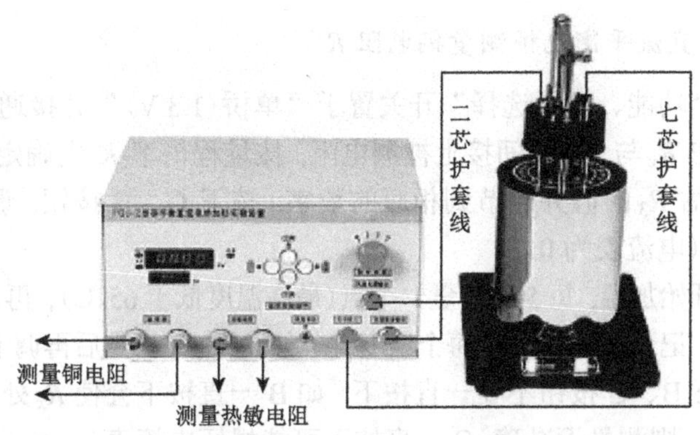

图 4.9.4　FQJ-Ⅱ型非平衡电桥加热实验装置实物及接线图

(1) 温度设定. 根据实验需要设定加热温度上限, 其方法为: 开启温控仪电源, “PV 显示屏”显示的温度为环境温度. 按“SET”键 0.5 s, “PV 显示屏”显示“SO”, 说明温控仪进入设置状态. 这时“SV 显示屏”最低位数字闪烁, 表示这一位可以用“上调”或“下调”键调整大小. 每按一次“位移”键, 闪烁位随即移动一位, 即调节位改变,

笔记栏

如此即可把需要的上限温度设置好. 设置完毕再按一下“SET”键, 设置程序结束. 这时“PV 显示屏”显示加热炉实时温度, “SV 显示屏”显示设置的上限温度. 温控仪进入“测量”状态(温度设定时, 仪器上“加热选择”开关置于“断”处).

(2)加热. 根据环境温度和所需升温的上限及升温速度来确定温控仪面板上“加热选择”开关的位置. 该开关分为“1, 2, 3”三档, 由“断”位置转到任意一档即开始加热. 升温的高低及速度以“1”档为最低、最慢, “3”档为最高、最快. 一般在加热过程中温度升至离设定上限温度 5～10 ℃时, 应将加热档位降低一档以减小温度过冲. 总之在加热升温时, 应根据实际升温需求选择加热档位. 加热档位的选择可参考: 环境温度与设定温度上限之间的差距为 20～30 ℃时, 宜选择“2”档; 当差距大于 30 ℃时, 宜选择“3”档. 由于温度控制受环境温度、仪表调节、加热电流大小等诸多因素的影响, 所以实验时需要仔细调节, 才能取得温度控制的最佳效果.

(3)测量. 在加热过程中, 根据实验内容调节 FQJ 系列非平衡直流电桥, 可进行 Cu50 铜电阻或 2.7 kΩ MF51 热敏电阻特性的测量(测量时连接导线的直流电阻估计值为 0.5 Ω 左右).

(4)降温. 实验过程中或实验完毕, 可能需要对加热铜块或加热炉体降温. 降温时操作方法如下: 将加热铜块及传感器组件升至一定高度并固定, 开启温控仪面板中的“风扇开关”使炉体底部的风扇转动, 达到使炉体加快降温目的. 如要加快加热铜块的降温速度, 可断电后将加热铜块提升至加热炉外, 并浸入冷水中(**注意**: 放回炉体内时要先把水擦干).

4.9.4 实验内容与步骤

1. 用直流平衡电桥测量铜电阻 R

(1)“功能、电压选择”开关置于“单桥(1.3 V)”并接通电源.

(2)在 R_x 与 R_{x1} 之间接上被测电阻, 按量程倍率 K 先确定 R_1 和 R_2 的值, 预估 R_3 的值并调节到相应的数字. 按下 G、B 按钮, 调节 R_3 使电桥平衡(电流表为 0).

(3)开始加温, 每 5 ℃测量一个点(最高温度低于 65 ℃), 再调节 R_3 使电桥平衡, 记录 R_3 和温度 t(每个温度点单独设置, 在稳定后再调电桥平衡).

注意: B、G 按钮不要一直按下. 如 B 一直按下会使 R_x 处于通电状态而加热, 则测量不准确; G 一直按下可能损坏电流表.

2. 用非平衡电压(立式)电桥测量不同温度下 2.7 kΩ MF51 热敏电阻的 $R(t)$

(1)用平衡电桥方法先测出室温下 R_x 值(约 2.7 kΩ), 再设定各桥臂电阻值, 确保电压输出不会溢出. (参考值: $R' = R_1 = R_2 =$ ________Ω, $R = R_3 = R_4 =$ ________Ω)

笔记栏

(2) 预调平衡. 功能转换开关转至电压输出, 选择设置好 R_1、R_2、R_3 并接好线路. 把 G、B 按钮按下, 微调 R_3 使电压 $U_g = 0$.

(3) 开始加温. 从 25 ℃开始, 每 5 ℃测量 1 个点(最高升温低于 65 ℃), 同时读取温度 t 和输出 $U_g(t)$.

4.9.5 数据处理

1. 直流平衡电桥测量室温铜电阻数据表格($R_1/R_2 = K =$ ________)(表 4.9.1)

表 4.9.1 直流平衡电桥测量室温铜电阻

数据	测量次数							
	0	1	2	3	4	5	6	7
t/℃								
R_3/Ω								
R_x/Ω								

2. 非平衡电压(立式)电桥测量不同温度下 2.7 kΩ MF51 型热敏电阻数据记录表格(R_{25} 为 25 ℃时的电阻, $U_s = 1.3$ V)(表 4.9.2)

表 4.9.2 非平衡电压(立式)电桥测量不同温度下 2.7 kΩ MF51 型热敏电阻

数据	测量次数							
	0	1	2	3	4	5	6	7
t/℃								
$1/T$								
$U_g(t)$/mV								
ΔR/Ω								
$R(t) = R_{25} + \Delta R$/Ω								

3. 作图计算

(1) 根据由平衡电桥测量的数据作铜电阻的 $R(t)$-t 曲线, 由此求出电阻的温度系数 α, 并与理论值(43×10^{-4}/℃)比较. 求出百分误差, 并写出表达式. [公式: $R(t) = R_0(1 + \alpha t)$]

(2) 根据由非平衡电桥测量的数据 $R(t)$, 在坐标纸上以 $1/T$($T = 273.15 + t$)为横坐标、$R(t)$ 为纵坐标作图, 用计算机作图拟合曲线, 求出材料常数 B_n.

4.9.6 实验注意事项

(1) 实验开始前所有导线, 特别是加热炉与温控仪之间的信号输入线应连接可靠.

笔记栏

(2) 传热铜块与传感器组件出厂时已由厂家调节好，不得随意拆卸.

(3) 调节加热装置时，转动和调节各旋钮应用力轻微，以免损坏电位器.

(4) 装置在加热时应注意关闭风扇电源.

(5) 实验完毕应切断电源.

(6) 由于热敏电阻耐高温的局限，设定加温的上限值不能超过 65 ℃.

4.9.7 实验思考题

1. 如何设定加热装置的温度？

2. 有人这样进行测量：先将温度设置为 70 ℃，然后持续通电加热，此时铜的温度必然连续上升. 于是他开始观察温度指示值，从室温开始每隔 5 ℃记录一次装置上显示的电压值. 请问这样的操作方式正确吗？请说明理由.

4.10 RLC 串联电路特性研究

电容、电感元件在交流电路中的阻抗是随电源频率的改变而变化的. 将正弦交流电压加到 RLC 元件组成的电路中，各元件上的电压和相位会随之变化，称为电路的稳态特性. 将一个阶跃电压加到 RLC 元件组成的电路中，电路的状态会从一个平衡态转变到另一个平衡态，各元件上的电压会出现有规律的变化，称为电路的暂态特性. 研究 RLC 电路的稳态和暂态特性对于电子技术具有十分重要的意义，本实验用示波器观察 RC 和 RLC 串联电路的稳态和暂态过程.

4.10.1 实验目的

(1) 了解 RLC 串联电路稳态过程的频率响应和谐振现象，测量谐振频率及品质因数.

(2) 了解 RC 串联电路中暂态过程的充放电规律，用示波器测量 RC 串联电路的时间常数 τ.

(3) 了解 RLC 串联电路的暂态过程，测量 RLC 串联电路固有振荡频率.

4.10.2 实验原理

1. RLC 电路的稳态过程

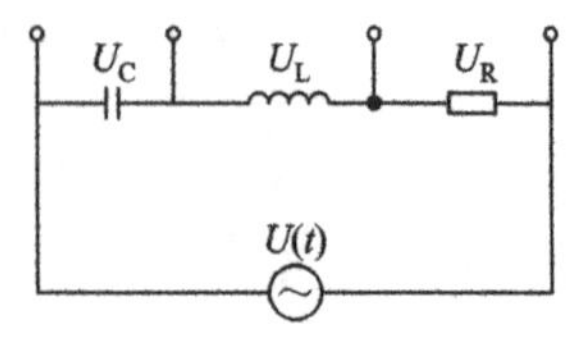

图 4.10.1 RLC 串联电路连接图

在电路中如果同时存在电感和电容元件，那么在一定条件下会产生某种特殊状态，其能量会在电容和电感元件中产生交换，称为谐振现象. RLC 串联电路如图 4.10.1 所示，电路的总阻抗$|Z|$，电压 U、U_R 和电流 i 之间有以下关系：

$$|Z|=\sqrt{R^2+\left(\omega L-\frac{1}{\omega C}\right)^2},\quad i=\frac{U}{\sqrt{R^2+\left(\omega L-\frac{1}{\omega C}\right)^2}} \tag{4.10.1}$$

式中: ω 为角频率. 以上参数均与 ω 有关, 它们与频率的关系称为频响特性, 如图 4.10.2 和图 4.10.3 所示. 由图 4.10.2 可知, 在频率 $f=f_0$ 时阻抗 $|Z|$ 值最小, 且整个电路呈纯电阻性, 而电流 i 达到最大值, 称 f_0 为串联电路的谐振频率(ω_0 为谐振角频率).

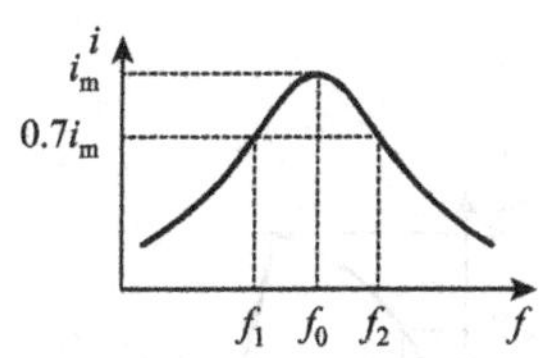

图 4.10.2　RLC 串联电路的幅频特性

下面推导 f_0 和另一个重要参数——品质因数 Q. 由式(4.10.1)可知, 当 $\omega L=1/LC$ 时, 阻抗 $|Z|=R$ 最小. 此时 $\varphi=0$, $i_m=U/R$, $\omega=\omega_0=1/\sqrt{LC}$. 那么 RLC 串联电路的谐振频率为

$$f=f_0=\frac{1}{2\pi\sqrt{LC}} \tag{4.10.2}$$

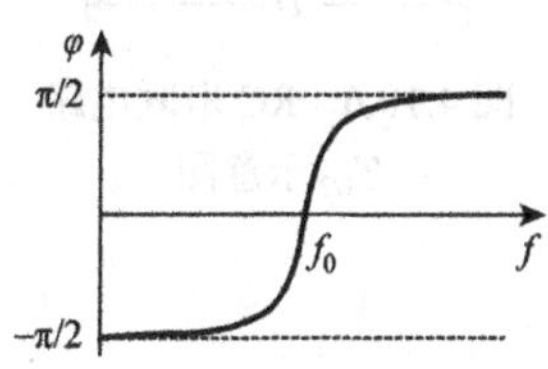

图 4.10.3　RLC 串联电路的相频特性

这时电感和电容上的电压分别为

$$U_L=i_m|Z_L|=\frac{\omega_0 L}{R}U,\quad U_C=i_m|Z_C|=\frac{1}{R\omega_0 C}U$$

U_C 或 U_L 与 U 的比值称为品质因数 Q, 则可求得

$$Q=\frac{U_L}{U}=\frac{U_C}{U}=\frac{\omega_0 L}{R}=\frac{1}{R\omega_0 C} \tag{4.10.3}$$

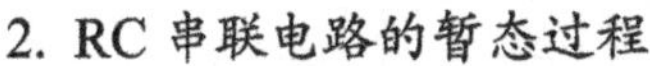

2. RC 串联电路的暂态过程

图 4.10.4 是一个 RC 串联电路. 当开关 K 合向 1 时, 电源 E 通过 R 对电容 C 充电; 充电后把开关 K 从 1 转向 2, 电容 C 通过 R 放电. 充电过程满足 $iR+U_C=\varepsilon$, 而 $i=C\frac{dU_C}{dt}$, 所以有

$$\frac{dU_C}{dt}+\frac{U_C}{RC}=\frac{\varepsilon}{RC} \tag{4.10.4}$$

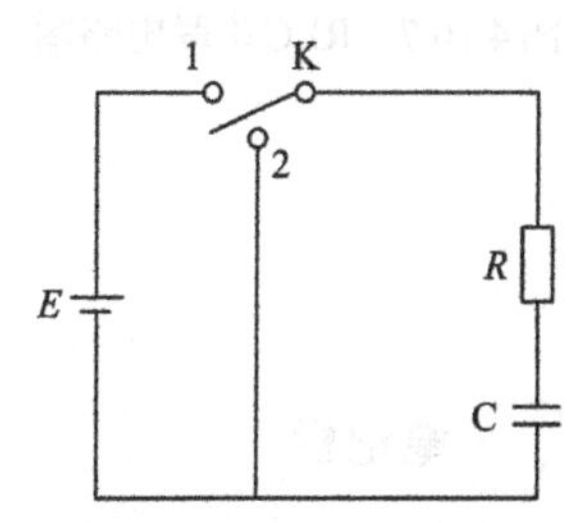

图 4.10.4　RC 串联电路图

由初始条件 $t=0$ 时, $U_C=0$, 解得

$$U_C=\varepsilon(1-e^{-t/\tau}) \tag{4.10.5}$$

其中 $\tau=RC$ 为时间常数. 同理放电过程有

$$U_C=\varepsilon e^{-t/\tau} \tag{4.10.6}$$

可见充放电过程, U_C 均随时间按指数规律变化, 如图 4.10.5 所示.

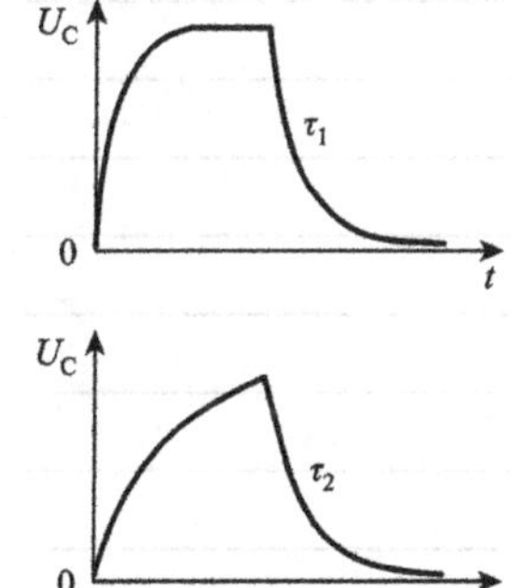

图 4.10.5　不同 τ 值 RC 串联电路充放电过程 U_C 变化图

在 RC 电路中时间常数 τ 决定了电路暂态过程所需时间的长短. 下面用几个特征时间来讨论时间常数 τ 的意义.

(1) $t=RC=\tau$. 当充电时间 $t=\tau$ 时, 电容上的电压为 $U_C=\varepsilon(1-e^{-1})=0.632E$. 这表明充电时间等于电路的时间常数 τ 时, 电容器上的电压到达最终值ε的63.2%. 显然RC越大, 充电到此电压的时间越长, 时间常数反映了电路暂态过程的长短.

(2) $t\to\infty$. 由充电方程, $U_C=\varepsilon(1-e^{-\infty/\tau})=\varepsilon$, 这表明从理论上来说, 电容器充电到电源电压$\varepsilon$需无限长时间. 实际上可以认为只要$t=5\tau$, 充电过程就已经结束. 因为$t=5\tau$时, $U_C=\varepsilon(1-e^{-5})=0.993\varepsilon$.

(3) $t=T_{1/2}$. 当电容器上的电压达到最终值的一半, 即$\varepsilon/2$时, 设所需时间为$T_{1/2}$, 如图4.10.6所示, 则$U_C=\varepsilon/2=\varepsilon(1-e^{-t/\tau})=\varepsilon(1-e^{-T_{1/2}/\tau})$. 可解得$T_{1/2}=\tau\ln2=0.693\tau$. 实验中只要测出电容器充电到电源电压值$\varepsilon$的一半所需时间$T_{1/2}$, 就可确定电路的时间常数$\tau$, 即

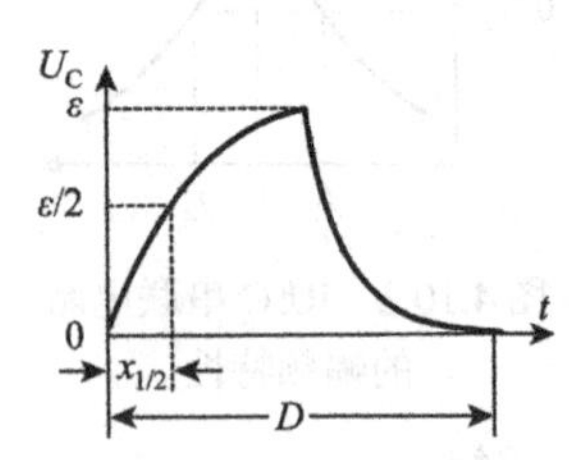

图4.10.6 RC串联电路$T_{1/2}$示意图

$$\tau=\frac{T_{1/2}}{\ln 2}=1.44T_{1/2} \tag{4.10.7}$$

在RC串联电路中, 电阻上的电压U_R也随时间呈指数变化, 并且充电过程满足关系$U_C+U_R=\varepsilon$, 放电过程满足$U_C+U_R=0$.

3. RLC串联电路的暂态过程

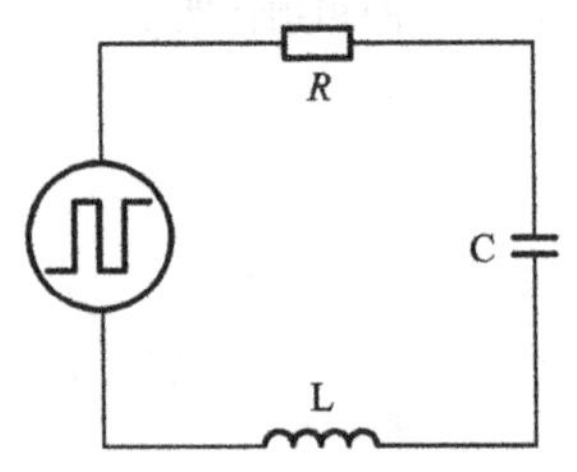

图4.10.7 RLC串联电路图

图4.10.7是RLC串联电路示意图, 一方波信号输入到串联RLC电路中, 在方波的前半周, 电压$U=U_0$, 对电容充电; 在方波的后半周, 电压$U=0$, 电容放电. 先考虑放电过程, 电路方程为

$$L\frac{di}{dt}+Ri+U_C=0 \tag{4.10.8}$$

因为$i=C\frac{dU_C}{dt}$, 所以有

$$CL\frac{d^2U_C}{dt^2}+CR\frac{dU_C}{dt}+U_C=0 \tag{4.10.9}$$

笔记栏

由初始条件$t=0$时, $U_C=U_0$, $i=C\frac{dU_C}{dt}=0$, 令$\beta=\frac{R}{2L}$, $\omega_0=\frac{1}{\sqrt{LC}}$, 式(4.10.9)的解分三种情况.

(1) 当$\beta^2-\omega_0^2<0$ ($R^2<4L/C$)时, 属小阻尼情况, 方程的解为

$$U_C=\frac{U_0}{\cos\alpha}e^{-t/\tau}\cos(\omega t+\alpha) \tag{4.10.10}$$

其中, 时间常数$\tau=1/\beta$, 频率$\omega=\sqrt{\beta^2-\omega_0^2}$. U_C随时间变化情况如图4.10.8曲线1所示. 如果$R^2\ll 4L/C$, 振幅衰减很慢, 此时

$$\omega\approx\frac{1}{\sqrt{LC}}=\omega_0 \tag{4.10.11}$$

(2) 当$\beta^2-\omega_0^2>0$ ($R^2>4L/C$)时, 为过阻尼状态, 其解为

$$U_C=\frac{U_0}{2\sqrt{\beta^2-\omega_0^2}}(p_1e^{p_2t}-p_2e^{p_1t}) \tag{4.10.12}$$

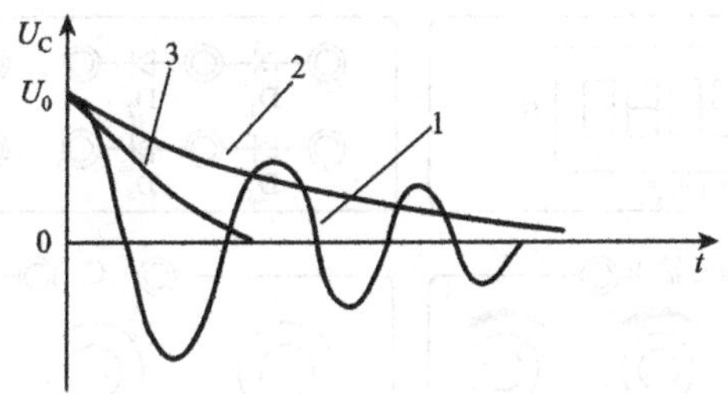

图 4.10.8　RLC 电路放电过程波形图

其中，$p_1=-\beta+\sqrt{\beta^2-\omega_0^2}$，$p_2=-\beta-\sqrt{\beta^2-\omega_0^2}$，对应图 4.10.8 曲线 2.

(3) 当 $R^2=4L/C$ 时，为临界阻尼状态，其解为

$$U_C=U_0(1+t/\tau)e^{-t/\tau} \tag{4.10.13}$$

对应图 4.10.8 曲线 3.

同理充电过程也有阻尼振荡、过阻尼和临界阻尼三种情况，充电过程曲线如图 4.10.9 所示.

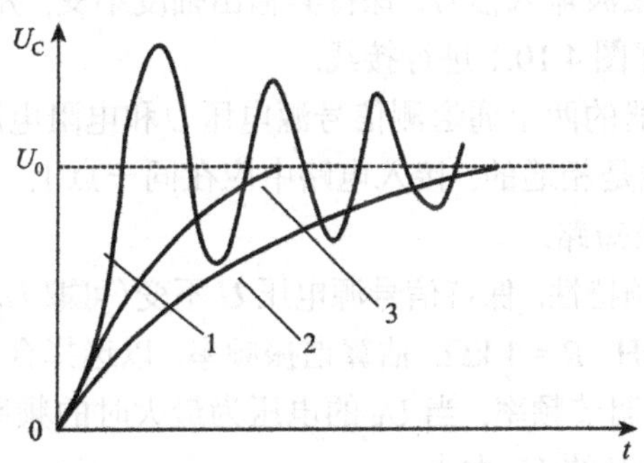

图 4.10.9　RLC 电路充电过程波形图

4.10.3　实验仪器

DH4503 型 RLC 电路实验仪、双踪示波器、数字存储示波器(选用).

电路实验仪采用开放式设计，由学生自己连线来完成 RC、RL、RLC 电路的稳态和暂态特性的研究，从而掌握一阶电路、二阶电路的正弦波和阶跃波的响应过程，并理解积分电路、微分电路和整流电路的工作原理. 仪器由功率信号发生器、频率计、电阻箱、电感箱、电容箱和整流滤波电路等组成，其面板如图 4.10.10 所示.

4.10.4　实验内容与步骤

1. 示波器的调整

(1) 开机前的准备. 开机前把示波器面板上各旋钮调到合适的位置.

(2) 按下电源开关，并确认电源指示灯亮，约 20 s 后 CRT 显示屏上会出现一条水平亮线.

笔记栏

笔记栏

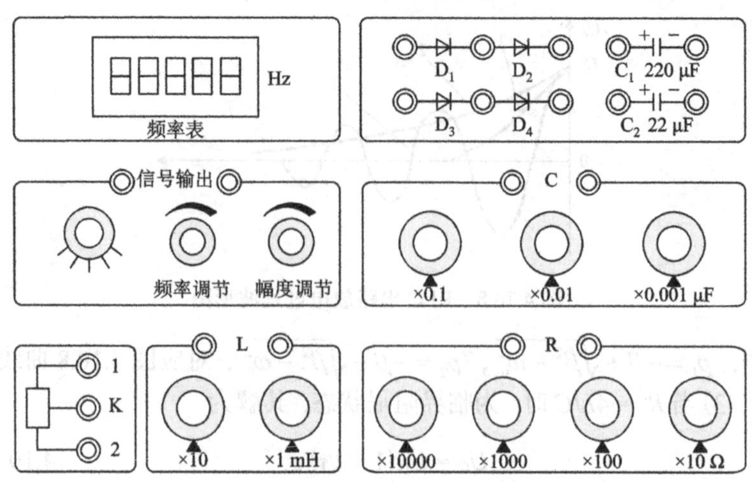

图 4.10.10 DH4503 型 RLC 电路实验仪面板图

2. *研究 RLC 串联电路的稳态过程*

(1) 选择正弦波输入信号，保持其输出幅度不变，并自选合适的 R、L、C 值. 按原理图 4.10.1 进行接线.

(2) 用示波器的两个通道测信号源电压 U 和电阻电压 U_R，必须注意两通道的公共线是相通的，接入电路中应在同一点上(接地线在同一位置)，否则会造成短路.

(3) 观测幅频特性. 保持信号源电压 U 不变(可取 $U_{pp}=5$ V)，取 $C=0.1$ μF，$L=10$ mH，$R=1$ kΩ，估算谐振频率，以选择合适的正弦波频率范围. 从低到高调节频率，当 U_R 的电压为最大时的频率即为谐振频率，记录下不同频率时的 U_R 大小.

(4) 观察相频特性. 用示波器的双通道观测信号源电压 U 和 U_R 的相位差，U_R 的相位与电路中电流的相位相同，观测在不同频率下的相位变化. 从低到高调节信号频率，用李萨如图形法观察，并记录下不同频率时的相位差值.

(5) 计算品质因数 Q. 按式(4.10.3)计算电路的品质因数.

3. *研究 RC 串联电路的暂态过程*

选择方波作为信号源进行实验，以便用普通示波器观察；选择的信号源为直流电压，观察单次充电过程则用存储式示波器.

(1) 观察 RC 串联电路的波形. 按原理图 4.10.4 接好线. 示波器的 MODE 取为 CH1，选择适当的 R、C 和示波器的 TIME/DIV，使之出现 U_C 波形，按屏上位置对应描下连续两个周期的波形，并记下相应的 R，C 值.

(2) 测量 RC 电路的时间常数 τ. 选择适当的 R、C 值，使在方波的半周期时刚好充电完毕. 取合适的 TIME/DIV 和 VOLTS/DIV 及相应的微调旋钮，使一个完整的 U_C 波形图充满整个荧光屏. 先在坐标纸上描下其波形，然后准确地读出如图 4.10.6 所示的 $x_{1/2}$ 与 D 值. 其中 $x_{1/2}$ 是 $U_C=\frac{1}{2}\varepsilon$ 处对应的 t 轴上的长度. 记下信号发生器的方波频率 f、电阻值 R 和电容值 C. 由式(4.10.14)计算时间常数 τ:

$$\tau=1.44T_{1/2}\frac{1.44x_{1/2}}{fD} \tag{4.10.14}$$

若把 SWP.VAR 顺时针旋到 CAL 位置，则可以从 TIME/DIV 直接读出 $T_{1/2}$.

4. 研究 RLC 串联电路的暂态过程

选择方波作为信号源进行实验时，充电过程和放电过程会出现在同一次测量中，即方波前沿为充电过程，后沿为放电过程，因此得到的 U_C 变化曲线对应两个同时存在的过程.

(1) 按原理图 4.10.7 接线，示波器的 MODE 取 CH1，选择合适的方波频率，观察三种情况下的 U_C 波形. 即根据已知的 L、C 值，选择不同的电阻值 R，使之满足 $R^2<\frac{4L}{C}$，$R^2=\frac{4L}{C}$，$R^2>\frac{4L}{C}$. 分别在坐标纸上描下充电过程三种情况下的 U_C 波形图，并记下相应的数据.

(2) 测量振荡频率. 在电阻的阻值 $R=0$ 的条件下，由充电过程的无阻尼振荡曲线(图 4.10.9 中曲线 1)测量振荡周期 T，求出振荡频率 f. 将所得结果与由公式(4.10.11)求出的结果进行比较(注意: $\omega=2\pi f$).

特别说明: 此时虽然电阻的阻值 $R=0$，但回路中实际电阻并不为零. 因除连接导线电阻外，电感线圈有直流电阻，方波信号源有内阻，故仍是有衰减的阻尼振荡.

4.10.5　数据处理

1. RLC 串联电路的稳态过程中幅频特性和相频特性数据测量

(1) 幅频特性($U_{PP}=5$ V, $C=0.1$ μF, $L=10$ mH, $R=1$ kΩ)，谐振频率 $f_0=$________Hz(表 4.10.1).

表 4.10.1　稳态过程中电阻电压 U_R 的测量

数据	次数								
	1	2	3	4	5	6	7	8	9
频率 f/Hz									
电压 U_R/V									
电流 I_m/mA									

(2) 相频特性($U_{PP}=5$ V, $C=0.1$ μF, $L=10$ mH, $R=1$ kΩ)(表 4.10.2).

笔记栏

表 4.10.2 稳态过程中信号源电压 U 和电阻电压 U_R 的相位差的测量

数据	次数 1	2	3	4	5	6	7	8	9
频率 f/Hz									
相位 φ/rad									

(3)用坐标纸作稳态过程中幅频特性和相频特性曲线，并在图中标明测量的谐振频率.

(4)品质因数 Q:

$$Q=\frac{1}{\omega_0 RC}=\frac{\omega_0 L}{R}=\_\_\_\_\_\_\_\_$$

2. RC 串联电路的暂态过程数据处理

(1)在坐标纸上描下不同 τ 值的 RC 串联电路的 U_C 波形图，并标现相应的实验参数，然后选其中一个计算下列值:

$R=$________，$C=$________，$f=$________，$x_{1/2}=$________，$D=$________.

(2)由式(4.10.14)求出时间常数 τ:

$$\tau=1.44T_{1/2}=\_\_\_\_\_\_\mathrm{s}$$

(3)将所得结果与理论值 $\tau_0=RC$ 比较，并求出相对误差.

$$\left|\frac{\tau-\tau_0}{\tau_0}\right|\times 100\%=\_\_\_\_\_\_\_\_$$

3. RLC 串联电路的暂态过程数据处理

(1)在坐标纸上描下 RLC 串联电路充电过程三种情况下的 U_C 波形图，并标出相应的实验参数.

(2)在坐标纸上描下 RLC 串联电路在电阻值 $R=0$ 的条件下的 U_C 波形图，由波形图得到无阻尼的振荡曲线测量振荡周期 $T=$______s.

(3)计算无阻尼自由振荡频率

$$f=\frac{1}{T}=\_\_\_\_\_\_\_\_\mathrm{Hz}$$

(4)计算无阻尼自由振荡频率的相对误差

$$\left|\frac{f-f_0}{f_0}\right|\times 100\%=\_\_\_\_\_\_\_\_$$

李萨如图形法测相位差

4.10.6 实验注意事项

(1)仪器使用前应预热 10～15 min，并避免周围有强磁场源或磁性物质.

(2)仪器采用开放式设计，使用时要正确接线，不要短路功率信号源，以防损坏，使用完毕后应关闭电源.

笔记栏

(3) 方波的频率不宜太高(约 100～2000 Hz).

4.10.7　实验思考题

1. 在实验中如何判断串联电路发生了谐振？为什么？

2. 在研究 RC 串联电路的暂态过程中，如何利用记录的波形测量电路的时间常数？

4.11　氢原子光谱的研究

氢原子的结构最简单，它的谱线具有明显的规律，最适宜进行理论与实验的比较. 从 19 世纪末叶起人们对氢光谱进行了越来越精确的测量，发现了各个氢光谱系和谱线的精细结构，并从理论上对氢光谱的成因进行了完善的解释. 氢光谱的研究为量子理论的建立和发展起到了十分重要的作用.

4.11.1　实验目的

(1) 通过对氢光谱的研究，验证巴耳末公式的准确性，从而对玻尔氢原子理论的实验基础有具体地了解.

(2) 测定氢的里德伯常量，对近代测量所达到的精度有初步的了解.

(3) 学习摄谱、识谱和谱线测量等光谱研究的基本技术.

(4) 学习实验数据的曲线拟合方法.

4.11.2　实验原理

1. 氢原子光谱公式

在可见光区域氢光谱可以用巴耳末经验公式(1885 年)来表示，即

$$\lambda = \lambda_0 \frac{n^2}{n^2 - 4} \tag{4.11.1}$$

式中：n 为连续的整数 3, 4, 5, …各谱线对应的波长为 $\lambda_\alpha, \lambda_\beta, \lambda_\gamma$, …通常称为氢的巴耳末线系. 为了更清楚地表明谱线分布的规律，里德伯将式(4.11.1)改写为

$$\frac{1}{\lambda} = \frac{4}{\lambda_0}\left(\frac{1}{4} - \frac{1}{n^2}\right) = R_{\mathrm{H}}\left(\frac{1}{2^2} - \frac{1}{n^2}\right) \tag{4.11.2}$$

式中：R_{H} 称为氢的里德伯常量. 把上式右侧第一项中的 2 换为 1, 3, 4, 5, …可得氢光谱的其他线系.

玻尔在上述实验规律的基础上，建立了氢原子玻尔理论. 根据这个理论，每条谱线对应于原子从一个能级跃迁到另一个能级所发射的光子，对巴耳末系应满足如下公式

$$\frac{1}{\lambda} = \frac{me^4}{8\varepsilon_0^2 h^3 c\left(1 + \dfrac{m}{M}\right)}\left(\frac{1}{2^2} - \frac{1}{n^2}\right) \tag{4.11.3}$$

笔记栏

式中: ε_0 为真空中的电容率; h 为普朗克常量; c 为光速; e 为电子电荷; m 为电子的质量; M 是核的质量. 式(4.11.3)与式(4.11.2)比较, 有

$$R_{\mathrm{H}}=\frac{me^4}{8\varepsilon_0^2h^3c\left(1+\dfrac{m}{M}\right)}=\frac{R_\infty}{\left(1+\dfrac{m}{M}\right)}$$

其中

$$R_\infty=\frac{me^4}{8\varepsilon_0^2h^3c} \tag{4.11.4}$$

R_∞表示将核的质量作为∞(假定核不动)时的里德伯常量.

通过实验由式(4.11.2)测定氢的里德伯常量, 然后把它和理论值式(4.11.4)比较, 即可证玻尔理论的正确性. 由于里德伯常量的测定和一般的基本物理常量相比可以达到更高的精度, 所以在实验物理中测定里德伯常量占有重要的地位. 它目前的公认值为

$$R_\infty=(10973731.534\pm0.013)\,\mathrm{m}^{-1}$$

$$R_{\mathrm{H}}=(10967758.306\pm0.013)\,\mathrm{m}^{-1} \tag{4.11.5}$$

2. 实验数据的曲线拟合

在氢光谱实验中一般是先在同底片上拍摄下铁谱和氢谱, 然后找出并用读数显微镜等仪器测出某一氢线 λ_{H} 及其两侧紧邻的已知波长 λ_1、λ_2 的两铁谱线的位置 x_{H}、x_1、x_2, 最后由式(4.11.6)算出待求波长 λ_{H}, 如图 4.11.1 所示.

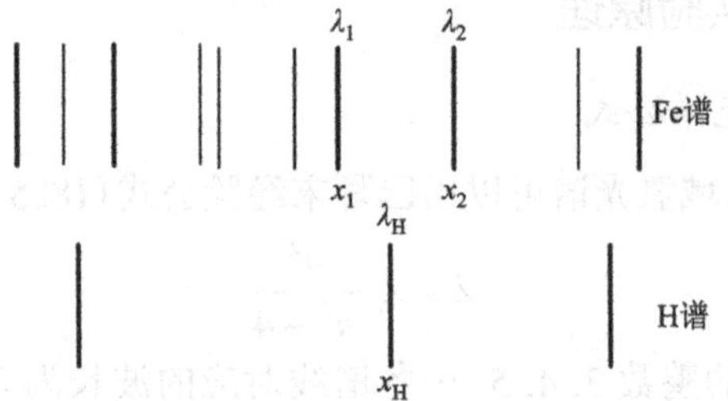

图 4.11.1 波长计算示意图

$$\lambda_{\mathrm{H}}=\frac{x_{\mathrm{H}}-x_1}{x_2-x_1}(\lambda_2-\lambda_1) \tag{4.11.6}$$

式(4.11.6)是线性内插公式, 若波长随测读数显微镜上的读数非均匀变化, 如图4.11.2所示, 则线性内插公式计算出来的波长 λ_{H} 并非实际波长 λ_{H}, 因此采取三次插值法, 避免线性内插产生的系统误差.

三次插值法是根据已知数据构造出三次多项式, 然后根据所构造的三次多项式进行插值. 构造三次多项式也即用最小二乘法对数据进行多项式曲线拟合, 构造一条最好的曲线去逼近已知数据, 使之满足拟合后的数据点与采样点之差的平方和最小. 通用数学工具软件MATLAB能方便地处理此问题.

笔记栏

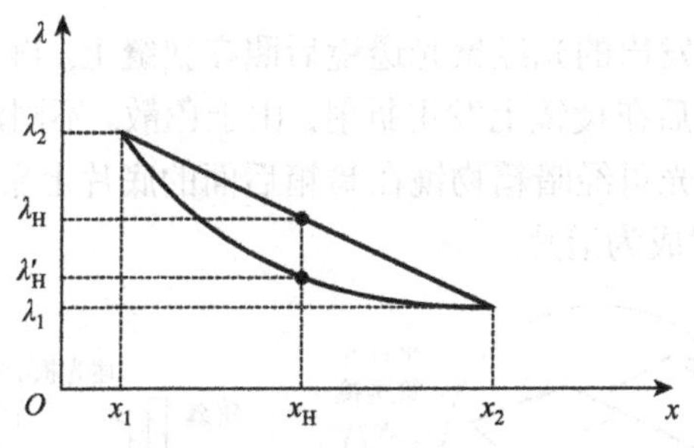

图 4.11.2　线性内插法求谱线

本实验为简化实验装置和操作, 采用氦氖放电管的光谱线作为已知谱线, 直接用测微目镜测得一组氦氖光谱和一条氢光谱的位置. 采用三次插值法得出待求波长.

用 MATLAB 进行三次插值的步骤如下:

(1) 采集氦氖光谱的数据 x_i(位置读数), y_i(波长值);

(2) 采集氢光谱的数据 x_H(位置读数);

(3) MATLAB 程序如下

```
x=[x1 x2 x3 x4 x5 x6 x7];                        %氦氖光谱位置输入
y=[y1 y2 y3 y4 y5 y6 y7];                        %氦氖光谱波长输入
xi=x1:0.1:x7;                                    %待插值位置
xH=x0;                                           %氢光谱位置输入
ycubic=interp1(x,y,xi,'cubic');                  %三次插值
ylinear=interp1(x,y,xi,'linear');                %线性插值(作为比较用)
yH1=interp1(x,y,xH,'cubic')                      %三次插值计算的氢光谱波长
yH2=interp1(x,y,xH,'linear')                     %线性内插计算的氢光谱波长(作为比较用)
plot(x,y,'*',xH,yH1,'o',xi,ycubic,'-')           %画图,'*'表示测量点,'o'表示插入点
grid on                                          %图形中画网格
```

在对应位置输入测量数据, 执行程序, 可求得 y_{H1} 为待测氢光谱波长.

4.11.3　实验仪器

小型摄谱仪、氦氖放电管、氢放电管、测微目镜.

1. 氢放电管

在充有氢气的放电管的两端加适当的电压, 氢原子受到加速电子的碰撞被激发, 从而产生辐射. 这个过程叫辉光放电, 辉光放电发出的光就作为氢光源. 氢放电管的电源应为与激光电源相同的专用电源, 为保护电源, 放电电流不要太大, 一般不要超过 8 mA.

2. 小型摄谱仪的结构和工作原理

小型摄谱仪是结构相对简单、使用方便的一种摄谱装置, 它适合要求分辨率不太高的摄谱工作. 它的主要结构如图 4.11.3 所示. 其工作原

笔记栏

理如下: 从光源发出的光经聚光透镜后照在狭缝上, 再经平行光管透镜变成平行光, 然后在棱镜上发生折射. 由于色散, 不同波长的光以不同角度射出. 这些光再经暗箱物镜在暗箱后面的底片上聚成谱线, 曝光后底片冲洗出来就成为谱片.

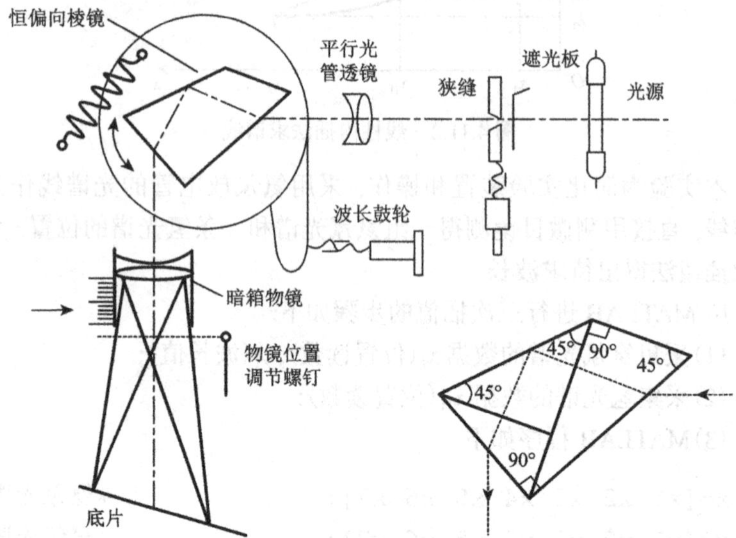

图 4.11.3 小型摄谱仪原理图

(1) 狭缝. 狭缝由两个特制的刀片组成. 狭缝宽度决定谱线的宽度和谱线的强度. 缝宽可由螺旋精细调节, 并以刻度轮读数. 刻度轮上的一分格代表 0.005 mm, 与刻度轮配合的圆柱上标尺的每一分格代表 0.25 mm. 由于狭缝结构精细, 缝的质量(刀片刃口的几何形状是否规则)决定谱线的质量. 因为它常暴露在外面, 极易受尘埃和呼吸时的水蒸气玷污而受损, 仪器不用时要随时关闭遮光板. 一般实验室已调好狭缝, 同学不宜调节, 以免造成机械损伤.

(2) 棱镜. 小型摄谱仪的分光元件为恒偏向棱镜, 光路如图 4.11.3 右下角所示. 放棱镜的小台可由螺旋调节而转动, 螺旋外附一鼓轮, 称为波长鼓轮. 将小台调到某一方位时, 相应地有某一称为中心波长的光线以 90°的偏向角从棱镜射出. 相应光线的波长值可由波长鼓轮上的读数来确定. 如果是用底片拍摄, 需要同时拍很多谱线, 那么这时应将鼓轮置于谱线中间波长的读数位置. 这样可以清晰地摄出整个可见光波段的所有谱线.

(3) 底片匣. 安装底片的底片匣又称暗匣(本实验不用). 在安装底片匣的地方安装测微目镜用来测量谱线.

(4) 遮光板. 装在光阑外边, 可以使光路封闭或打开, 以控制曝光时间. 在仪器不用时还可以防尘.

4.11.4 实验内容与步骤

(1) 在摄谱仪狭缝前放好氦氖放电管, 仔细调整放电管和透镜位置,

使之成一条清晰的亮线照在狭缝上. 调节摄谱仪的波长鼓轮和测微目镜的位置找到各种颜色谱线中红色区域一端置于目镜视野中部.

(2) 在摄谱仪狭缝前放好氢放电管，仔细调整放电管和透镜位置，使之成一条清晰的亮线照在狭缝上. 调节摄谱仪的波长鼓轮和测微目镜的位置找到氢光谱的红谱线位置(先要把测微目镜的焦距调好，使测微目镜叉丝竖线对准红谱线并在视场中央).

(3) 换上氦氖放电管(此时不要再调节波长鼓轮，也不要调节测微目镜的位置)，只调氦氖光源的位置，使测微目镜能看到清晰的氦氖谱(有多条谱线). 找到在叉丝竖线最邻近的较亮较宽的左 3 条、右 4 条为待测的氦氖谱线(如果不能确认可找老师来确认). 记下测微目镜的悬挂位置(如 44.452 mm)，并细心调节测微目镜的调节旋钮来移动叉丝，将叉丝按顺序对齐该 7 条谱线(最好从左到右)，精确测量并记录 7 条谱线对应的测微目镜中叉丝的位置.

(4) 换上氢放电管，测量氢红谱线的位置，数据记录在测量表格中.

4.11.5　数据处理

1. 三次测量氦氖 7 条谱线及氢 α 光谱的位置(表 4.11.1)

表 4.11.1　测量氦氖 7 条谱线及 α 光谱的位置和波长

次数	测量值								计算值
	目镜位置/mm	x_1	x_2	x_3	x_4	x_5	x_6	x_7	x_H	y_H
1										
2										
3										
	波长 λ/nm	y_1 638.3	y_2 640.2	y_3 650.6	y_4 653.3	y_5 659.9	y_6 667.8	y_7 671.7	y_H = ______nm	

2. 用三阶多项式曲线拟合计算氢原子光谱的红谱线波长 $\lambda_\alpha = y_H$，对三次 y_H 计算值取平均

$$\lambda_\alpha = y_H = \_\_\_\_\_\_\_\_ \text{nm}$$

3. 计算里德伯常量 R'_H. 把测量值换算为真空中的波长 $\lambda = N\lambda_\alpha$，$N$ = 1.000 285 为空气的折射率. 对氢红线，由公式(4.11.2)取 $n = 3$ 得

氦氖光谱和氢红线光谱

$$R'_H = \frac{1}{N\lambda_\alpha\left(\frac{1}{2^2}-\frac{1}{3^2}\right)} = \_\_\_\_\_\_\_\_ \text{m}^{-1}$$

可计算里德伯常量 R'_H. 并与公式(4.11.5)的公认值 R_H 比较相对误差

$$\left|\frac{R_H - R'_H}{R_H}\right| \times 100\% = \_\_\_\_\_\_\_\_$$

笔记栏

4. (选做)用同样方法分别对氢光谱的蓝、紫谱线(λ_β, λ_γ, λ_δ)进行测量，求出其谱线波长及里德伯常量. 对应谱线参考值 $\lambda_\beta = 486$ nm, $\lambda_\gamma = 434$ nm, $\lambda_\delta = 410$ nm.

4.11.6 实验注意事项

(1) 摄谱仪是精密仪器，使用时必须小心爱护，特别是狭缝位置及宽度不要自己动手调节.

(2) 调节光源时要注意安全，电极上的高压千万不要用手触摸.

(3) 开始测量后一定不能移动测微目镜，以免以前的测量数据作废.

(4) 旋转测微目镜只能向一个方向，不然会引起空程差.

附录 >>>
常用单位和数据表

A.1 中华人民共和国法定计量单位

我国的法定计量单位包括: ①国际单位制的基本单位(附表 A.1.1); ②国际单位制的辅助单位(附表 A.1.2); ③国际单位制中具有专门名称的导出单位(附表 A.1.3); ④可与国际单位制并用的我国法定计量单位(附表 A.1.4); ⑤由以上形式构成的组合形式的单位; ⑥由词头和以上单位所构成的十进倍数和分数单位(附表 A.1.5).

附表 A.1.1 国际单位制的基本单位

量的名称	单位名称	单位符号	量的名称	单位名称	单位符号
长度	米	m	电流	安[培]	A
质量	千克	kg	物质的量	摩[尔]	mol
时间	秒	s	发光强调	坎[德拉]	cd
热力学单位	开[尔文]	K			

附表 A.1.2 国际单位制的辅助单位

量的名称	单位名称	单位符号
平面角	弧度	rad
立体角	球面度	sr

附表 A.1.3 国际单位制中具有专门名称的导出单位

量的名称	单位名称	单位符号	用 SI 基本单位的表示式	其他表示示例
频率	赫[兹]	Hz	s^{-1}	
力; 重力	牛[顿]	N	$(kg\cdot m)\cdot s^{-2}$	
压力, 压强; 应力	帕[斯卡]	Pa	$kg\cdot(m^{-1}\cdot s^{-2})$	$N\cdot m^{-2}$
能量; 功; 热	焦[耳]	J	$(m^2\cdot kg)\cdot s^{-2}$	$N\cdot m$
功率; 辐射能量	瓦[特]	W	$(m^2\cdot kg)\cdot s^{-3}$	$J\cdot s^{-1}$
电荷量	库[仑]	C	$A\cdot s$	
电势; 电压; 电动势	伏[特]	V	$(m^2\cdot kg)\cdot(s^{-3}\cdot A^{-1})$	$W\cdot A^{-1}$
电容	法[拉]	F	$(s^4\cdot A^2)\cdot(m^{-2}\cdot kg^{-1})$	$C\cdot V^{-1}$
电阻	欧[姆]	Ω	$(m^2\cdot kg)\cdot(s^{-3}\cdot A^{-2})$	$V\cdot A^{-1}$

续表

量的名称	单位名称	单位符号	用SI基本单位的表示式	其他表示示例
电导	西[门子]	S	$(s^3 \cdot A^2) \cdot (m^{-2} \cdot kg^{-1})$	$A \cdot V^{-1}$
磁通量	韦[伯]	Wb	$(m^2 \cdot kg) \cdot (s^{-2} \cdot A^{-1})$	$V \cdot s$
磁通量密度，磁感应强度	特[斯拉]	T	$kg \cdot (s^{-2} \cdot A^{-1})$	$Wb \cdot m^{-2}$
电感	亨[利]	H	$(m^2 \cdot kg) \cdot (s^{-2} \cdot A^{-2})$	$Wb \cdot A^{-1}$
摄氏温度	摄氏度	℃	K	
光通量	流[明]	lm	$cd \cdot sr$	
光照度	勒[克斯]	lx	$m^{-2} \cdot cd \cdot sr$	$lm \cdot m^{-2}$
放射性活度	贝克[勒尔]	Bq	s^{-1}	
吸收剂量	戈[瑞]	Gy	$m^2 \cdot s^{-2}$	$J \cdot kg^{-1}$
剂量当量	希[沃特]	Sv	$m^2 \cdot s^{-2}$	$J \cdot kg^{-1}$

附表 A.1.4 可与国际单位并用的我国法定计量单位

量的名称	单位名称	单位符号	换算关系和说明
时间	分	min	1 min = 60 s
	[小]时	h	1 h = 60 min = 3600 s
	天(日)	d	1 d = 24 h = 86 400 s
平面角	[角]秒	(″)	1″ = (π/648 000) rad (π 为圆周率)
	[角]分	(′)	1′ = 60″ = (π/10 800) rad
	度	(°)	1° = 60′ = (π/180) rad
旋转速度	转每分	r/min	1 r/min = (1/60) s^{-1}
长度	海里	n mile	1 n mile = 1852 m (只用于航海)
速度	节	kn	1 kn = 1 n mile/h = (1582/3600) m/s (只用于航海)
质量	吨	t	1 t = 10^3 kg
	原子质量单位	u	1 u ≈ $1.660\,565\,5 \times 10^{-27}$ kg
体积	升	L, (l)	1 L = 1 dm^3 = 10^{-3} m^3
能	电子伏	eV	1 eV ≈ $1.602\,189\,2 \times 10^{-19}$ J
级差	分贝	dB	
线密度	特[克斯]	tex	1 tex = 1 g/km

附表 A.1.5 用于构成十进制倍数和分数单位的词头

因数	词头名称	词头符号	因数	词头名称	词头符号
10^1	十	da	10^{-1}	分	d
10^2	百	h	10^{-2}	厘	c
10^3	千	k	10^{-3}	毫	m
10^6	兆	M	10^{-6}	微	μ
10^9	吉[咖]	G	10^{-9}	纳[诺]	n
10^{12}	太[拉]	T	10^{-12}	皮[可]	p
10^{15}	拍[它]	P	10^{-15}	飞[母托]	f
10^{18}	艾[可萨]	E	10^{-18}	阿[托]	a

A.2 常用物理数据表

附表 A.2.1 基本和重要物理常数

物理量	符号	数值	单位	相对不确定度/10^{-6}
真空中光速	c	2.997 924 58	$10^8\ m\cdot s^{-1}$	(精确)
真空磁导率	μ_0	$4\pi\times10^{-7}$	$H\cdot m^{-1}$	(精确)
真空电容率	ε_0	8.854 187 817 …	$10^{-12}\ F\cdot m^{-1}$	(精确)
引力常数	G	6.672 59(85)	$10^{-11}\ m^3\cdot kg^{-2}\cdot s^{-2}$	128
普朗克常量	h	6.626 175 5(40)	$10^{-34}\ J\cdot s$	0.60
基本电荷(元电荷)	e	1.602 177 33(49)	$10^{-19}\ C$	0.30
精细结构常数	α	7.297 353 08(33)	10^{-3}	0.045
里德伯常量	R_∞	1.097 373 153 4(13)	$10^7\ m^{-1}$	0.0012
玻尔半径	a_0	0.529 177 249(24)	$10^{-10}\ m$	0.045
电子静止质量	m_e	0.910 938 97(54)	$10^{-30}\ kg$	0.59
电子荷质比	$-e/m_e$	1.758 819 62(53)	$10^{-11}\ C\cdot kg^{-2}$	0.30
质子静止质量	m_p	1.672 623 1(10)	$10^{-27}\ kg$	0.59
质子比荷	e/m_p	0.957 883 09(29)	$10^8\ C\cdot kg^{-1}$	0.30
中子静止质量	m_n	1.674 928 6(10)	$10^{-27}\ kg$	0.59
阿伏伽德罗常量	N_A	6.022 136 7(36)	$10^{23}\ mol^{-1}$	0.59
法拉第常数	F	9.648 530 9(29)	$10^4\ C\cdot mol^{-1}$	0.30
摩尔气体常数	R	8.314 510(70)	$J\cdot(mol\cdot K)^{-1}$	8.4
玻尔兹曼常量	k	1.380 658(12)	$10^{-23}\ J\cdot K^{-1}$	8.5
标准大气压	P_0	1.013 25	$10^5\ Pa$	
冰点绝对温度	T_0	273.15	K	
标准状态下理想气体的摩尔体积	V	22.413 996	$10^{-3}\ m^3\cdot mol^{-1}$	
标准状态下声音在空气中的速度	u	331.45	$m\cdot s^{-1}$	
标准状态下干燥空气密度	P_a	1.293	$kg\cdot m^{-3}$	

附表 A.2.2 在标准大气压下不同温度的水的密度

温度 t/℃	密度 ρ/($kg\cdot m^{-3}$)	温度 t/℃	密度 ρ/($kg\cdot m^{-3}$)	温度 t/℃	密度 ρ/($kg\cdot m^{-3}$)
0	999.841	17	998.744	34	994.371
1	999.900	18	998.599	35	994.031
2	999.941	19	998.405	36	993.68
3	999.965	20	998.203	37	993.33
4	999.973	21	997.992	38	992.96
5	999.965	22	997.770	39	992.59
6	999.941	23	997.538	40	992.21
7	999.902	24	997.296	41	991.83

续表

温度 t/℃	密度 ρ/(kg·m^{-3})	温度 t/℃	密度 ρ/(kg·m^{-3})	温度 t/℃	密度 ρ/(kg·m^{-3})
8	999.849	25	997.044	42	991.44
9	999.781	26	996.783	50	988.04
10	999.700	27	996.512	60	983.21
11	999.605	28	996.232	70	977.78
12	999.498	29	995.944	80	971.80
13	999.377	30	995.646	90	965.31
14	999.244	31	995.340	100	958.35
15	999.099	32	995.025		
16	998.943	33	994.702		

附表 A.2.3 常见物质的密度(除注明的外，其温度都是在 20℃)

物质	密度 ρ/(kg·m^{-3})	物质	密度 ρ/(kg·m^{-3})
铝	2698.9	冰(0℃)	880
铜	8960	甘油	1260
铁	7874	蜂蜜	1435
银	10 500	甲醇	792
金	19 320	乙醇	789.4
钨	19 300	乙醚	714
铂	21 450	汽车用汽油	710～720
铅	11 350	氟利昂-12	1329
锡	7298	氟氯烷-12	
水银	13 546.2	变压器油	840～890
钢	7600～7900	氢气(标准状态下)	0.089 88
石英	2500～2800	氦气(标准状态下)	0.1785
水晶玻璃	2900～3000	氮气(标准状态下)	1.251
窗玻璃	2400～2700	氧气(标准状态下)	1.429

附表 A.2.4 固体物质的线膨胀系数

物质	温度范围/℃	α/(10^{-6}℃$^{-1}$)	物质	温度范围/℃	α/(10^{-6}℃$^{-1}$)
铝	0～100	23.8	锌	0～100	32
铜	0～100	17.1	铂	0～100	9.1
铁	0～100	12.2	钨	0～100	4.5
银	0～100	19.6	石英玻璃	20～200	0.56
金	0～100	14.3	窗玻璃	20～200	9.5
钢(0.05%碳)	0～100	12.0	花岗石	20	6～9
康铜	0～100	15.2	瓷器	20～70	3.1～4.1
铅	0～100	29.2			

附表 A.2.5　某些金属和合金的电阻率(20℃时)及其温度系数

物质	电阻率/(μΩ·m)	温度系数/(℃$^{-1}$)	物质	电阻率/(μΩ·m)	温度系数/(℃$^{-1}$)
铝	0.028	42×10^{-4}	锌	0.059	42×10^{-4}
铜	0.0172	43×10^{-4}	锡	0.12	44×10^{-4}
银	0.016	40×10^{-4}	水银	0.958	10×10^{-4}
金	0.024	40×10^{-4}	伍德合金	0.52	37×10^{-4}
铁	0.098	60×10^{-4}	钢(0.10%～0.15%碳)	0.10～0.14	6×10^{-3}
铅	0.205	37×10^{-4}	康铜	0.47～0.51	$(-0.04\sim+0.01)\times10^{-3}$
铂	0.105	39×10^{-4}	铜锰镍合金	0.34～1.00	$(-0.03\sim+0.02)\times10^{-3}$
钨	0.055	48×10^{-4}	镍铬合金	0.98～1.10	$(-0.03\sim+0.04)\times10^{-3}$

附表 A.2.6　在 20℃时金属的杨氏模量

金属	杨氏模量 $Y/(\times10^{11}\ N\cdot m^{-2})$	金属	杨氏模量 $Y/(\times10^{11}\ N\cdot m^{-2})$
铝	0.69～0.70	镍	2.03
钨	4.07	铬	2.35～2.45
铁	1.86～2.06	合金钢	2.06～2.16
铜	1.03～1.27	碳钢	1.96～2.06
金	0.77	康铜	1.60
银	0.69～0.80	铸钢	1.72
锌	0.78	硬铝合金	0.71

附表 A.2.7　部分液体的黏滞系数

液体名称	温度/℃	$\eta/(10^{-3}\ Pa\cdot s)$	液体名称	温度/℃	$\eta/(10^{-3}\ Pa\cdot s)$
水	0	1.787	乙醇酒精	0	1.780
	5	1.519		20	1.190
	10	1.307		−20	1.773
	15	1.134		0	0.834
	20	1.002	甘油	−20	1.34×10^{5}
	25	0.8904		0	1.21×10^{4}
	30	0.7975		5	6.26×10^{3}
	40	0.6529		15	2.33×10^{3}
	50	0.5468		20	1.49×10^{3}
	60	0.4665		25	945
	70	0.4042		300	629
	80	0.3547	蓖麻油	10	2420
	90	0.3147		20	986
	100	0.2818		40	231
甲醇	0	0.817	乙醇	0	0.296
	20	0.584		20	0.243

附表 A.2.8 在20℃某些固体的比热容

物质	比热容 kal/(kg·K)	比热容 kJ/(kg·K)	物质	比热容 kal/(kg·K)	比热容 kJ/(kg·K)
铝	0.214	0.895	镍	0.115	0.481
黄铜	0.0917	0.380	银	0.056	0.234
铜	0.092	0.385	钢	0.107	0.447
铂	0.032	0.54	锌	0.093	0.389
生铁	0.13	0.54	玻璃	0.14～0.22	0.585～0.920
铁	0.115	0.481	冰	0.43	1.797
铅	0.0306	0.130	水	0.999	4.176

附表 A.2.9 某些液体的比热容

物质	温度/℃	比热容 kal/(kg·K)	比热容 kJ/(kg·K)	温度/℃	比热容 kal/(kg·K)	比热容 kJ/(kg·K)
乙醇	0	2.30	0.55	20	2.47	0.59
甲醇	0	2.43	0.58	20	2.47	0.59
乙醚		4.220		20	2.34	0.56
水	0		1.009	20	4.182	0.999
氟利昂-12					0.84	0.20
变压器油	0～100	1.88	0.45			
汽油	10	1.42	0.34	50	2.09	0.50
水银	0	0.1464	0.0350	20	0.1390	0.0332

附表 A.2.10 在海平面上不同纬度处的重力加速度①

纬度 φ/℃	$g/(m\cdot s^{-2})$	纬度 φ/℃	$g/(m\cdot s^{-2})$
0	9.780 49	50	9.810 79
5	9.780 88	55	9.815 15
10	9.782 04	60	9.819 24
15	9.783 94	65	9.822 94
20	9.786 52	70	9.826 14
25	9.789 69	75	9.828 73
30	9.793 38	80	9.830 65
35	9.797 46	85	9.831 82
40	9.801 80	90	9.832 21
45	9.806 29		

①表中所列数值是根据公式 $g = 9.780\,49(1 + 0.005\,288\sin^2\varphi - 0.000\,006\sin^2 2\varphi)$ 算出的，其中 φ 为纬度.

附表 A.2.11 常用光源的谱线波长长度

Hg(汞)	Na(钠)	He-Ne 激光	He(氦)	Ne(氖)	H(氢)
623.44 橙	589.59(D_1)黄	632.8 橙	706.52 红	650.65 红	656.25 红
579.07 黄	589.995(D_2)黄		667.82 红	640.23 橙	486.13 绿蓝

续表

Hg(汞)	Na(钠)	He-Ne 激光	He(氦)	Ne(氖)	H(氢)
576.96 黄			587.56(D_3)黄	626.65 橙	434.05 蓝
546.07 绿			501.57 绿	621.73 橙	410.17 蓝紫
491.60 绿蓝			492.19 绿蓝	614.31 橙	397.01 蓝紫
435.83 蓝			471.31 蓝	588.91 黄	
407.78 蓝紫			447.15 蓝	585.25 黄	
404.66 蓝紫			402.62 蓝紫		
			388.87 蓝紫		